서해와 조기

나승만 · 조경만 · 고광민 · 이경엽
이윤선 · 김 준 · 홍순일   지음

景仁文化社

이 논문은 2005년 정부재원(교육과학기술부 학술연구조성사업비)으로
한국학술진흥재단의 지원을 받아 연구되었음(KRF-2005-005-J13702).

서 문

　이 책은 한국학술진흥재단 2005년 중점연구소 지원 과제 9년 중
1단계 1차년도(2005.12~2006.11) 연구 결과를 담아낸 것이다. 「국
가 해양력 강화를 위한 도서·해양문화 심층연구」라는 과제 아래
유형문화자원 분야와 무형문화자원 분야로 세분하여 연구를 하
고, 그 성과를 단행본으로 간행한 것이다. 이 책은 제2세부 분야
「한국 도서·해양문화의 서해권 연구－무형문화자원 분야－」이
다. 우리 연구단은 도서·해양문화에 담긴 의미찾기 작업을 섬과
바다의 문화현장에서 주민과 함께하는 방식으로 진행해 왔다. 서
해권 도서·해양문화의 조사와 활용방안의 연구는 바로 이러한
내용을 핵심으로 한다.

　서해권은 우리나라 조기를 위시하여 갯벌이 펼쳐져 있는 황금
어장으로서 이른바 '조기문화'와 '갯벌문화'를 특징으로 한다. 또
한 새만금간척사업이라는 국책사업이 시행되는 현장이어서 도
서·해양문화의 원형이 훼손될 위험성이 가장 높은 곳이다. 그리
고 중국 및 북한과 접경하고 있어 역사적으로, 문화적으로 교류와
긴장이 중층화된 해역이다. 서해권을 1단계 연구 대상지역으로 선
정한 것은 바로 이 때문이다.

　조기는 동아시아 최대 경제성 어종이다. 그래서 한국, 중국, 일
본 어부들은 자신들이 갖고 있던 어구를 투입하여 조기잡이에 나

섰다. 자신들이 구사하고 있던 방식으로 조기잡이를 했는데, 그런 이유로 인해 조기잡이 어구와 조기에 대한 인지 내용이 조금씩 차이가 있었다. 이 점은 조기에 대한 고유한 인식을 담고 있는 독자적 내용이기도 했다. 우리 연구단은 이 점에 주목하여 서해와 조기잡이 어로문화를 논의했다. 해류와 조석潮汐의 변화, 조기의 회류로回遊路와 시기, 색이索餌 습성, 산란장 조건과 산란 습성, 어로자금 동원 방식, 조기 가공과 저장, 판매, 조기잡이의 다양한 어선과 어망들, 조기잡이의 다양한 기술들, 풍어를 기원하는 의례와 굿 등은 조기잡이 관련된 다양한 문화적 유산들이 바로 그것이다. 이 논의를 통해 서해권 도서·해양문화의 특성에 접근한 것이다.

이 책은, 전체를 총괄하는 글로서 '서해 칠산의 조기잡이 어로문화에 주목하는 이유', 그리고 대상의 인식 방법으로서 '자원과 생태계 그리고 생활', 인식대상의 조사 연구로서 '서해와 조기'에 대한 논문들로 구성되어 있다.

우선 논의한 것은 「서해 칠산의 조기잡이 어로문화에 주목하는 이유」(나승만)이다. 이 글에 의하면 서해의 코드는 갯벌, 조기, 소금이다. 특히 조기잡이 어로문화는 19~20세기 한국 서해권의 문화 원형이라고 하겠다. 어부는 서해·동아시아 바다가 개방되면서 어류들에 관심을 가졌다. 한국과 중국에서는 바다에 주목하고 표적 어종으로 조기를 겨냥했다. 월동한 조기떼들이 산란장이자 색이장인 서해 칠산어장으로 대행군을 할 때 한국어부는 이를 표적으로 서해 조기잡이를 한 것이다. 여기에 일본도 참여함으로써 조기잡이는 동아시아적 사건이 되었다.

한·중·일 어부들은 조기를 동아시아 최대 경제성 어종으로 인식하고, 경제적 부가가치가 있는 조기잡이에 참여했다. 국가 해양력에 대한 개안이 있었던 것이다. 따라서 조기잡이 어장은 국제성을 지니게 되었다. 우리의 경우 '한국 어업계의 일대 큰 일'로, 황해도의 중선·망선, 전라도의 정선, 충청도의 주목 등에서 보는 것처럼 다양한 어구어법이 개발되었고, 관련된 의례가 활발하게 전개되었고, 예능들이 연행되었다. 그리고 상고선의 수송, 법성포의 굴비 등에서 보는 것처럼 판매와 분배 방식이 매우 독특하며, 내재된 모순도 많이 있었다. 이 책은 각 편에서 이러한 구체적인 내용들을 고찰해 갈 것이다.

다음에 논의한 것은 「자원과 생태계와 생활을 인식하기: 서해 주민들의 어로와 환경인식」(조경만)이다. 이 글은 서해 주민들의 어로와 환경을 생태학적 관점에서 살피되, 자원과 생태계와 생활의 인식을 고찰한 것이다. 사람들이 자신의 어장공간으로 만든 해양환경 속에서 자신의 어로활동과 해양환경에 대해 갖는 인식을 다룬 것이다. 필자는 서남해, 서해 연안과 섬 몇 곳에서 인식의 존재와 사례를 서술하면서 과거 자원의 풍요에 대한 기억은 고갈로 인한 환경과 생태계에 대한 인식을 제고시킨다고 했다. 덧붙여 앞으로의 해양환경과 해양문화에 대한 연구는 거시적인 차원에서 부분적 사례들의 정체와 위상, 의미들을 전체적으로 판단하는 작업을 요한다고 했다.

끝으로 논의한 것은 '서해의 조기'에 관한 것이다.

첫째, 「조도 조기잡이 닻배 어로 고찰」(나승만)에 대한 논의이다. 이 글은 조도 조기잡이 닻배를 민속지적 관점에서 살피되, 닻배 어로에 주목하는 동시에 그 특징을 검토한 것이다. 필자는 이 글에서 조도 닻배의 어로 방식과 어구에 대하여 충실하게 민속지적 정리를 했다. 그리고 닻배 어구는 조기에 주목한 조도의 어업세력들의 창조적 생업도구로 인식하였다. 특히 조도 닻배 어로 세력들을 중선망 어업세력들과 연관지어 해석하고 있다. 즉 임진왜란 이후 연안 어업권에서 이탈해 섬인 조도로 입도한 세력들은 조선 후기 신흥 민중 세력의 하나이고, 조도 닻배 어로는 칠산 어장의 조기잡이를 겨냥해 개발된 어구어법이라고 했다.

둘째, 「조기의 어법과 민속－주벅·살·낚시를 중심으로－」(고광민)에 대한 논의이다. 이 글은 조기의 어업을 민속학의 관점에서 주벅·살·낚시를 살핀 것이다. 태안반도泰安半島를 중심으로 주벅, 살, 낚시로 이루어지는 전통적인 조기의 생태生態 어법漁法과 민속民俗을 다룬 것이다. 주벅의 경우 녹도의 주벅, 어기 어선, 공동의 구성원, 보수, 말장주벅, 주벅어로의 물때(썰물), 시기(큰 사리 때) 등을, 살의 경우 방사형, 만형 등 두 가지 형태, 살의 설치(섬의 살은 '물지겁'을 따라 방사형, 그리고 만과 해협의 살은 만형으로 설치) 등을, 낚시의 경우 부세와 조기의 낚시 시기, 조기 판매대금의 분배 민속 등을 거론했다. 덧붙여 여섯 개의 살을 구명해야 한다고 했다.

셋째, 「녹도의 조기잡이와 어로신앙」(이경엽)에 대한 논의이다. 이 글은 충남 녹도의 조기잡이를 어로신앙의 관점에서 살피되, 주벅고사와 당제를 통해 조기잡이권의 문화교류를 궁구한 것이다. 필자에 의하면 녹도의 사례가 서해안 조기잡이 문화의 여러 특징을 잘 보여준다. 어로요의 경우 조기잡이 노래의 선택적 수용과 교류 과정을 보여준다. 주벅 고사의 경우, 어로의 생태적·사회적 조건과 의례의 밀접한 관계를 말해준다. 또한 여러 형태의 공존 양상을 통해 통합적 교류 형태를 살펴볼 수 있다. 그리고 녹도 당제는 서해안 일반의 면모를 띠고 있지만, 그 수행 방식에서 지역성을 보여준다. 녹도의 경우 세습무계 무당들이 당제에 참여한다는 점이 특징이다. 그리고 주변 몇몇 섬과 함께 전횡이란 신을 모시고 있는 국지적 분포 양상을 보여준다. 녹도의 사례는 조기잡이권 문화 교류의 다층성을 말해준다. 보편적이고 기층적인 형태와 국지적인 양상들이 더불어 논의되어야 한다는 사실을 거듭 확인하게 된다.

넷째, 「조기파시의 기억과 기록」(김준)에 대한 논의이다. 이 글은 조기잡이를 생활문화사적 관점에서 살피되, 조기파시를 소수의 기억과 제한된 기록으로 살핀 것이다. 필자는 조기에 대한 소수의 기억과 제한된 기록을 검토하면서 조기가 신격으로서 시대와 해역을 넘나들었다는 것, 조기파시가 어업기술(나일론 그물, 안강망 기계배의 보급)과 상관한다는 것에 주목했다. 특히 서해해역에서 파시가 형성되는 이유는 조류를 이용한 어전, 주목, 중선, 궁선 등의 어업 특성에 있기 때문이고, 어선, 운반선 등의 등장(밀집)과 유흥장의 형성이 있었기 때문이라고 했다. 덧붙여 조기 연구를 요청했다.

다섯째, 「칠산 조기잡이의 구비전승과 해양정서」(홍순일)에 대한 논의이다. 이 글은 칠산 조기잡이를 구비문학의 관점에서 구비전승물, 해양정서, 문화정책의 상관성을 밝히되, 해양정서의 양상과 의미, 그리고 해양문화사적 의의를 살핀 것이다. 생명생태면에서 임경업 장군(위도자료)과 최영 장군(추자도자료), '재수가 좋다, 재수가 나쁘다'(추자도자료)는 신앙의 상상을 통한, 임경업 장군과 조기잡이의 논리적 신격화를 보여준다고 할 수 있다. 적응자연면에서 어장운세(추자도자료), '고기는 돈'(추자도자료)은 의례의 꿈을 통한, 선장과 어장일의 논리적 인격화를 보여준다고 할 수 있다. 다양개방면에서 영광군 법성포·진도군 의신면의 칠산어장놀이(법성자료) 및 띠뱃놀이(부안군 위도자료), '법성포 굴비'(법성자료)는 놀이의 언어를 통한, 조기잡는 사람과 조기파는 사람의 교차적 교류를 보여준다고 할 수 있다. 의식진취면에서 황도붕기풍어제 배치기(태안군 안면도자료)와 조도의 닻배노래[조기잡이노래](진도군 조도자료), '물반 고기 반'(서남권, 남해 및 제주권)과 '물 한 말에 고기가 석 섬'(서해권)은 노동의 소리를 통한, 서남권 조도와 서해권 안면도의 문화적 확대를 보여준다고 할 수 있다.

여섯째, 「조기잡이 닻배노래」(이윤선)에 대한 논의이다. 이 글은 닻배노래를 소리연행의 관점에서 살피되, 어로요의 리듬분화와 인터랙션(주고 받기)을 살핀 것이다. 필자는 인터랙션의 원형성이라고 할 수 있는 것들은 리듬이든 선율이든 주로 대구형식을 이루는 것이고 이를 효율적으로 이행시키는 기제로 포뮬라 등의 기법이 활용되었고 했다. 사설에서의 주고받기, 민요 일반의 메기고 받기, 선율에서의 대구형식, 노동 동작의 밀고 당기기 형태나 선율 및 리듬을 통한 노래 겨룸의 형태 등은 주고 받기(또는 밀고 당기기)라는 인터랙션에 기반하고 있다고 했다. 즉, 인터랙션의 문화원형성에 있다고 했다. 덧붙여 닻배노래라는 묶음노래를 통해서 추출된 원리들을 어로요 일반의 분화 양상으로 확대하는 데 제한적이라고 했다.

우리연구소는 한국학술진흥재단이 선정하는 중점연구소로서 1999년부터 6년간 서남해권 도서·해양문화 조사 연구사업을 완료했다. 그 이후 다시 같은 종류의 사업인 중점연구소에 선정되어 2005년 12월부터 2014년 11월까지, 9년간 1단계 서해권(3년), 2단계 남해 및 제주권(3년), 3단계 동해권(3년) 등의 권역별 연구를 수행하고 있다. 이 책은 9년간 지속되는 조사연구사업의 첫 번째 성과물이다.

이 책의 주제어는 '섬과 바다, 주민, 도서 해양문화, 문화자원(cultural

resources)이며 전체를 아우르는 키워드는 문화론적 지역활성화이다. 이 주제어들을 민속지적, 문화생태적, 활용론적 관점에서 풀어가고 있는 것이 이 책의 주된 흐름이다. 그런데 첫 해의 성과물이기 때문에 주제어 중 섬과 바다, 주민들의 생업문화에 대한 현지조사 연구 성격이 강조된다. 참여 연구진들은 민속학, 구비문학, 문화인류학, 사회학, 문화콘텐츠의 전공자들이며, '문화론적 지역활성화'를 키워드로 공유하고, 학제간 공동연구방법론'을 기둥삼아 연구의 내용과 방법을 조율하고 있다.

우리 연구단은 제1단계 제1차년도 연구총서를 내면서 그 동안 도움을 주신 분들께 감사의 인사를 드리지 않을 수 없다. 우선 도서문화연구소의 연구력을 인정하고, 연구원들이 중점연구소를 통해 잠재적 역량을 발현할 수 있도록 기회를 준 한국학술진흥재단의 관계자 및 심사위원님들께 감사한다. 다음에 도서·연안문화의 조사·연구에 대한 성과물을 의욕적으로 선점하기 위해 해양문화에 대한 개척의지를 불태우며 노고를 아끼지 않은 연구팀 구성원 여러분을 위로한다. 그 다음으로 연구 과정에서 협조와 지원을 아끼지 않은 군청과 각 섬의 면사무소 관계자 여러분, 특히 열성적인 제보와 정책에 대한 의견을 주신 섬지역 주민들께 고마운 마음을 전한다. 그리고 제1단계 제1차년 연구성과물을 책으로 만들어 주신 경인문화사의 사장님과 편집장님 및 관계자 여러분께 감사를 드린다.

2008년 10월 16일
연구책임자 **나승만**

제1부

서해 칠산의 조기잡이 어로문화에 주목하는 이유

나 승 만

Ⅰ. 조기잡이는 한국과 중국 어로문화의 상징

서해를 대표하는 몇 가지 상징물이 있다. 갯벌, 조기, 소금이 그것이다. 도서문화연구소 중점과제 연구단은 조기, 갯벌, 소금이라는 코드를 통해 서해권의 문화를 논의하려고 한다. 그 중 먼저 조기로 서해 문화를 논의하고자 한다.

조기가 동아시아 최대 경제성 어종이라는 데는 두말할 여지가 없다.[1] 그런 때문인지 한국, 중국, 일본 어부들은 자신들이 갖고 있던 어구를 투입하여 조기잡이에 나섰다. 자신들이 구사하고 있던 방식으로 조기잡이를 했는데, 그런 이유로 인해 조기잡이 어구와 조기에 대한 인지 내용이 조금씩 차이가 있다. 이 점은 대단히 중요한 사항으로, 조기에 대한 고유한 인식을 담고 있는 독자적 내용이기도 하다. 우리 연구단은 이 점에 주목하여 조기잡이 어로문화를 논의하려고 하며, 이 논의를 통해 서해권 도서·해양문화의 특성에 접근하려고 한다.

청명 한식을 기점으로 조기 어군들이 산란을 위해 대행군을 벌인다. 제주도 남방에서 동중국해와 대만 인접지역 일대 수심 60~80m 전후 되는 곳에서 조기들이 월동한다. 이 월동장은 조기뿐 아니라 서해의 난대성 어류들 대부분이 월동하는 공간이기도 하다. 제일 먼저 월동에서 깨어난 조기들이 어군 단위로 청명 한식 무렵 쿠로시오 난류가 확산되는 기운을 타고 북상北上 또는 서행西行하기 시작한다. 그 이유는 산란하기 위해서다. 산란하기 위해서는 반드시 어군 단위가 되어야 한다. 왜냐면 암조기가 산란을 한 위에 숫조기들이 집단으로 방정을 해야 부화되기 때문이다.

산란장으로 이동하는 조기떼들은 크게 세 코스를 타는데, 첫째는 한국 서해안으로 북상하는 코스이고, 둘째는 중국 발해로 진입하는 북상 코스이고, 셋째는 중국 황해 또는 동중국해 연안으로 진입하는 서향 코스이다. 서해로 진입하는 조기떼들은 어군을 지어 소흑산도와 대흑산도를 거쳐 칠산 바다에 유입한다. 그리고 점차 북상하여 죽도와 연평열도를 거쳐 압강구까지 진출하는 약 두 달간에 걸친 대행군을 벌인다.

조선시대 중기까지 해금시대海禁時代 서해는 어류들의 천국이었다. 인간의 간섭을 받지 않고 자연의 질서에 따라 먹이를 먹으며 산란하고 성장하고 번식하고 사망했다. 오랜 시간 동안 한국의 서해, 중국의 발해, 황해, 동중국해는 어류의 천국이었다. 임진왜란 이후 청이 개국하면서 점차 바다가 어부들에게 개방되었다. 그 시기가 17세기 중반부터다. 해금시대 어류들의 천국인 동아시아 바다는 어류들로 넘쳤다. 인간의 시각에서 보면 어업자원으로 넘치는 바다, 황금의 바다가 된 것이다. 농업이 주요 생산력이었으며, 인구 증가로 새로운 생산력이 필요한 시점에서 황금의 바다는 생산력 문제의 돌파구로 인식된다. 이 상황의 변화에 따라 해안의 여러 해양 상업도시들이 형성·성장하게 된다.

원·명 해금시대라는 역사적 상황을 공유하고 있으며, 황해를 공유하고 있는 한국과 중국은 해금시대를 지나고 개방의 시대로 접어들면서 제일 먼저 바다에 주목했으며, 그 표적 어종이 조기였다. 우리 연구단은 조선 후기 사회적 개혁의 동력을 제공한 것이 어업자원이었으며, 그 핵심적인 것이 조기였다고 본다. 봄이 되면 한국의 어업 세력들은 막대한 자본을 끌어 모으고, 도구와 기술들, 인력을 총동원하고, 풍어 기원의 다양한 의례를 마친 후 조기잡이 대장정에 나섰다.

기계 동력선이 개발되기 전까지 제주도 동남방과 동중국해의 제주도 인접 지대는 월동하는 어류들에게는 안심하고 겨울을 보낼 수 있는 월동장이자 휴식처였다. 겨울을 보내면서 축적된 에너지로 산란을 준비한 풍만한 암조기들과 정충을 가득 채운 건장한 숫조기들로 구성된 소규모 단위의 수많은 어군들이 각기 자신들의 산란장을 찾아 대장 조기의 인도에 따라 대행군에 나선다. 칠산어장으로 향하는 조기떼들, 연평어장으로 향하는 조기떼들, 그리고 각기 자신들이 태어나고 자란 곳을 찾아 산란하기 위해 산란장을 향해 대행군을 벌인다. 청명 한식이 지나면 개군個群 단위의 수많은 조기떼들이 대어군을 이뤄 서해 산란장으로 유입해 들어온다. 바로 이 조기떼가 한국 어부들의 표적이다.

한국 어부들은 1960년대까지 서해에서 조기잡이를 했다. 조기잡이와 관련된 다양한 문화적 유산들이 전승된다. 해류와 조석潮汐의 변화, 조기의 회유로回遊路와 시기, 색이索餌 습성, 산란장 조건과 산란 습성, 어로자금 동원 방식, 조기 가공과 저장, 판매, 조기잡이의 다양한 어선과 어망들, 조기잡이의 다양한 기술들, 풍어를 기원하는 의례와 굿 등은 조기잡이 관련 문화들이다. 이 책에서는 이런 주제들을 차분히 다뤄가고자 한다. 이런 주제들은 농업문화, 상업문화와는 다른 요소들을 내포하고 있다.[2]

그리고 다음으로는 중국에서도 조기잡이가 19~20세기 동안 주력 어업이었다는 점을 상기해야 한다. 중국 어민들도 한국 어민들과 마찬가지로 조기를 중요하게 여겼다. 따라서 조기잡이 관련 자료는 두 나라의 어로, 해양문화 비교연구의 좋은 소재가 된다. 중국인들도 한국인들과 마찬가지로 조기를 가장 중요한 어류로 인

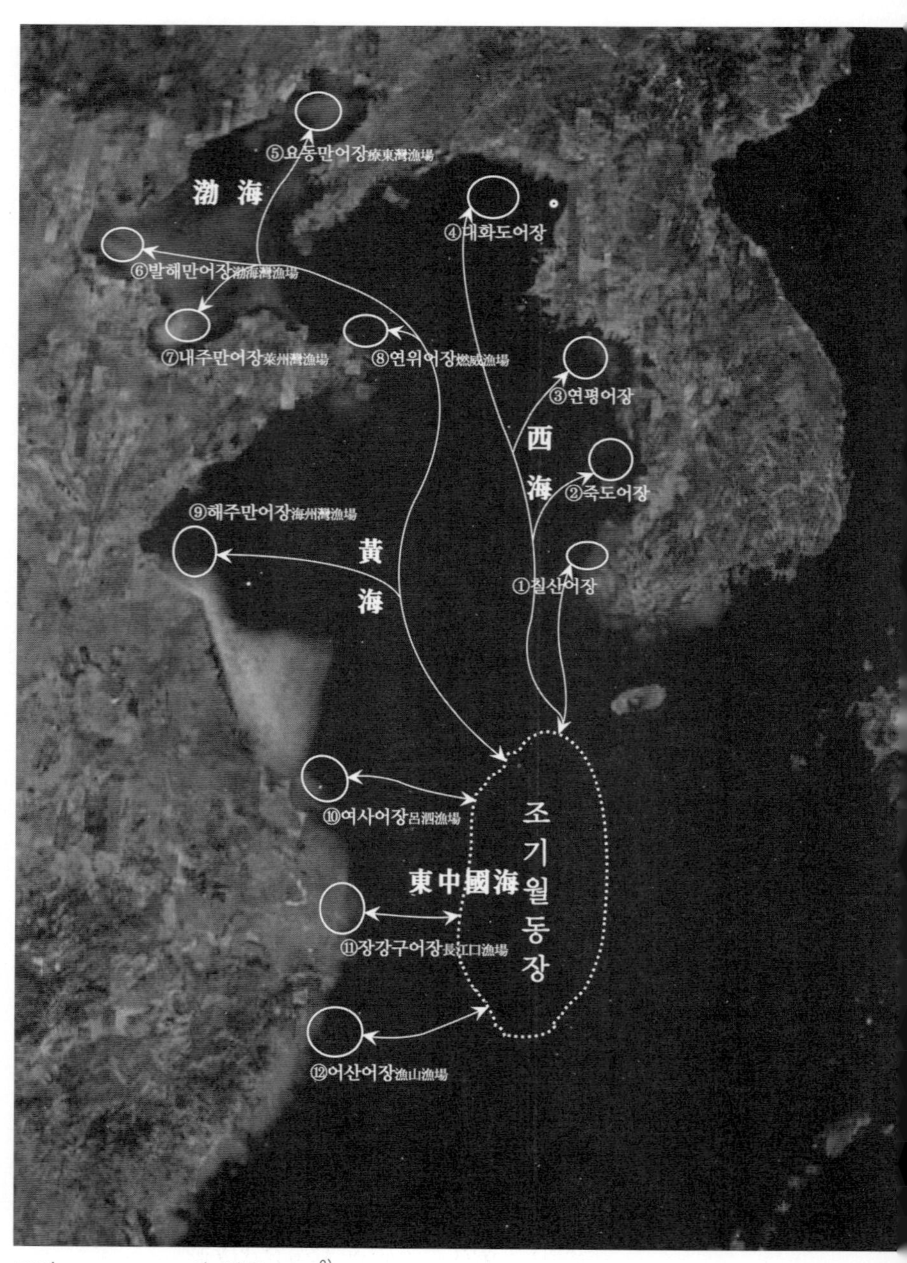

조기(참조기와 부세)의 회유 어도[2)]

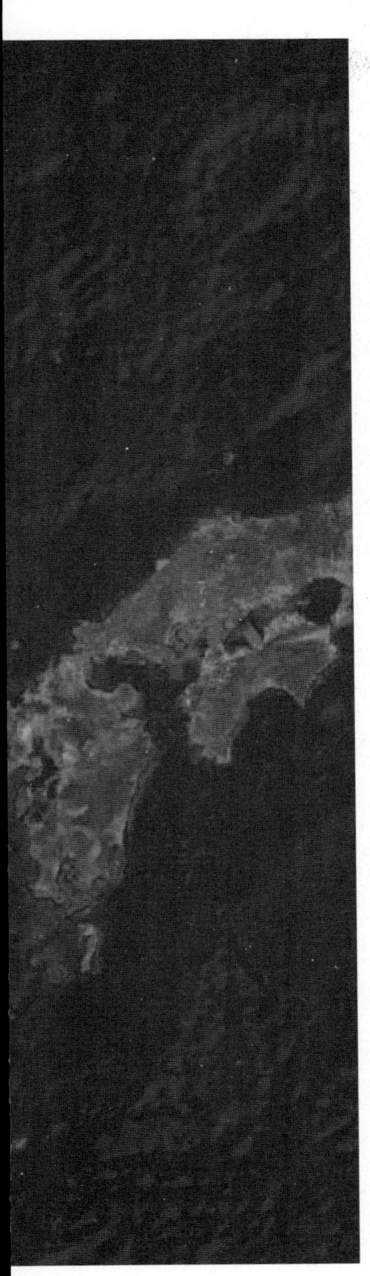

식하고 있다. 조기잡이를 위해 대규모의 어선과 어망을 건조하고, 조기에 대한 생태지식이 깊이 연구되어 전승되고 있으며, 관련 어로문화가 복잡하게 얽혀 있다. 대량으로 어획하여 소비했고, 경제성이 높았다는 점에서 한국과 중국은 동일하다. 다만 차이가 있다면 한국과 중국 산동성에서는 참조기가 인기있고, 강소성, 절강성에서는 부세가 인기있다는 차이 정도다. 그러므로 조기잡이 어로문화는 한국과 중국이 공유하고 있는 공동의 어로관행이며, 동질적 문화소를 담고 있어 비교연구의 중요 대상이 된다.

Ⅱ. 조기 산란장이자 색이장인 서해 칠산어장

서해를 이해하는 방식이 몇 가지 있겠는데, 지리적으로, 생태적으로, 문화적으로 이해하기 등이 있을 것이다. '문화적으로 이해하기'는 아마도 이 모든 방식을 통합한 안목이 아닐까 생각된다. 문화로서 서해를 이해하기 위해서는 서해가 지닌 생태적 생산력을 고려하는 것이 중요할 것이다. 이런 관점에서 보면 서해가 난대성 어류의 산란장이라는 점에 가장 주목이 간다.

서해는 천혜의 어류 산란장이자 성장지로서 중국 발해, 동중국해의 주산군도와 더불어 아시아 난대성 어류의 삼대 산란장 중 하나다. 특히 한국과 중국인들에게 인기가 있으며, 경제성이 뛰어난 조기는 이곳 세 산란어장에서 태어나고 성장하여 가을에 월동장인 제주도 남방 동중국해로 회귀하는, 1년 단위의 규칙적 회유를 하고 있다. 한국의 서해는 조기의 산란장이자 색이장이다.

서해는 중국과 한국에 의해 둘러싸여 북쪽 경계는 산둥반도와 요동반도를 잇는 선, 남쪽 경계는 진도 서단, 제주도의 차귀도와 양자강 입구를 잇는 선으로 구분한다. 면적은 404,000㎢, 용적은 17,620㎦이며, 수심은 대부분 60~80m로서 평균 수심44m, 최고 수심은 홍도 서부 해역의 103m이다. 그러므로 서해는 수심 100m 미만의 광대한 동아시아 대륙붕의 일부분이다.3) 1908년에 발간된 『한국수산지韓國水産誌』에서는 서해를 진도 북서로부터 압록강구鴨綠江口에 이르기까지로 규정하였다. 그리고 지리적 특징으로 굴곡이 풍부하고 섬이 많다고 하였으며, 연안 돌출부를 기준으로 3 지대로 구분할 수 있는데, 북쪽의 1구는 청나라 요동반도와 황해도 돌출한 반도의 의해 형성된 큰 만으로 서조선만西朝鮮灣이라고 칭하였다. 중앙의 1구는 북쪽 황해도黃海道 장산곶長山串에서부터 남쪽 서산반도까지다. 강화만, 경기만, 경성만이라고도 불렀다. 다른 하나는 서산반도로부터 남쪽에 이르기까지다.4)

어류의 회유에 영향을 미치는 중요한 요소는 해류와 수온이다. 서해의 해류는 봄철에 황해난류가 유입되어 영향을 미치고 가을철에 북서계절풍 영향으로 생겨서 겨울에 지배적 영향을 발휘하는 연안수가 있다. 동중국해를 북상하는 쿠로시오의 한 지류가 제주도 남쪽에서 2분된 일부가 황해난류로서 제주도 서쪽을 통과하여 서해로 유입되고 있는데, 봄철이 되면 계절풍 영향을 받아 북상하기 시작하여 서해 전체에 영향을 미친다. 여름철인 8월에 0.4노트의 최강유속으로 발해에까지 유입하려는 경향을 보이나 그 세력은 극히 미약하다. 가을철인 10월부터 황해난류의 약세와 북서계절풍에 의한 취송류로서 서해 연안수의 형성·남하로 인하여 난류가 북상하지 못하고 제주해협을 동류한다. 이때 발생하는 서해안 연안수는 염분농도가 대마난류보다는 낮고 중국대륙연안수보다는 높다. 겨울철 수온 6℃ 이하, 염분 32.5%고, 6월 봄철에 34.2%로 최고염분을 보이고 여름철에는 표면수온 26℃, 염분 32.2℃의 비교적 고밀도수가 된다.[5]

서해의 수온은 연변화가 상당히 심하며 특히 연안 천해수역에서는 여름철에 고온으로 상승하나 겨울철에는 수온저하가 심하여 북부 연안은 결빙한 때도 있다. 그래서 겨울에는 난대성 어류들이 서해에서 모두 철수해야 하는 현상이 발생하게 된다. 서해 표면수온 분포는 겨울철에는 2~8℃(북부 2~4℃, 중부 5~6℃, 남부 7~8℃)의 황해고유 연안수로 덮이게 되며, 여름철에는 북부해역 24~25℃, 중부해역 26~27℃, 남부해역 27~28℃로서 연교차는 20~22℃이다. 50m층 및 저층 수온분포는 겨울철에 표층~저층이 균질한 분포를 보이나 봄부터 표면수온의 상승과 더불어 연안 측의 수온도 15℃까지 상승되어 전선이 형성된다.[6]

그 때문에 봄철 황해난류를 타고 난대성 어류들이 산란장을 찾아 북상하며, 가을철 찬 연안수가 확장되면 난대성 어류들이 제주도 남방 동중국해 월동장으로 회귀하는 현상이 발생한다. 숭어와

같은 토착 어류들은 연안 수심이 비교적 깊은 곳에서 겨울을 보낸
다. 또 연안일지라도 수심이 깊어 일정한 수온을 유지하는 곳에서
는 난대성 어류들이 월동하는 현상도 보인다.

조업 방식, 어구의 형태를 결정짓는 것은 조류다. 조류의 변화
가 다양하면 어구도 다양하게 발달한다. 서해의 경우 조류의 변화
가 크기 때문에 이에 적응하는 다양한 어구들을 볼 수 있다. 서해
안의 조석은 일반적으로 일조부등이 적으나, 조차가 크므로 약간
큰 조고의 부등을 볼 수가 있다. 평균 해면은 1월에 최저, 8월에
최고로 되며, 그 차는 약 0.5m 정도이다. 유속은 조석의 고저에 의
한 격심한 흐름이 생겨 연안 항구 또는 도서간의 수도 등에서는
유속이 5~6노트, 때로는 7노트 이상이나 되는 곳도 있어 선박의
출입은 조석의 고조시를 많이 이용하고 있다.[7]

칠산바다는 전라남도 칠산도에서 위도에 이르는 바다의 총칭이
다. 수심이 얕아 4~5발 정도가 보통이고, 깊은 곳도 7~8발을 넘
지 않는다. 바닥은 사니질沙泥質이며 보통은 완만한 경사면을 이룬
다. 조류 속도는 1시간에 6~7노트(해리와 같음, 1노트 1.852m)고, 방향
은 들물 때는 북상한다. 조석간만의 차는 사리 때는 1장丈(10자) 7,
8척尺, 조금 때는 1장丈이다. 조기는 대군을 이뤄 2월경부터 산란
하기 적정한 수온을 찾아 이 낮은 곳으로 온다.[8]

오횡묵이 기록한 지도군 총쇄록에서는 칠산바다를 위도에서 나
주 경계까지로 규정하고 있다. 그리고 그 바다에 해마다 고기가
많이 잡혀 팔도에서 수천 척의 배들이 이곳에 모여 고기를 사고파
는데, 오고 가는 거래액은 가히 수십만 량에 이른다고 하며, 가장
많이 잡히는 것이 조기인데, 팔도에서 같이 먹을 수 있다고 하였
다.[9] 1897년의 기록에서는 칠산 조기어장에 대하여 다음과 같이

기록하였다.

> "분 군의 칠산도는 매년 봄에 조기 어장이 형성된다. 이곳 또한 본 군에 속한 곳이기 때문에 관원을 보내 제반 사항을 훈시하고 규정대로 세금을 준비하여 상납하게 하였다. 본래 칠산어장은 바다 폭이 백여 리나 되어 팔도의 어선들이 몰려온다. 그물을 치고 고기를 잡는 배가 근 백여 척이 되며, 또한 상선도 왕래하여 거의 수천척이 된다. 그 어장이 형성된지 오래지 않고 많은 백성들이 모이는 관계로 병교兵校 황운기, 하리下吏 김갑제와 향인鄕人 황건주를 감독관으로 하여 관원들을 통솔하게 하여 어장 사무를 위임하였다."10)

라고 기록하였다.

『한국수산지』에서는 칠산을 조기어장으로 기록하고 있다. "조기잡이로 가장 유명한 칠산과 위도어장에서는 2월 중순에 시작하여 4월 상순에 끝난다. 북쪽으로 올라갈수록 점차 늦어지는데, 황해도 연평열도 부근에서는 4월부터 5, 6월경까지이다. … 여기에 이르면 주요 어장의 하나인 칠산과 같은 곳에는 팔도의 어선들이 이곳으로 폭주하고, 상고선 또한 어선들을 따라 모여 든다. 돛, 돛대, 선체들이 복잡하게 얽혀 흡사 해상에 큰 섬이 출현한 것과 같이 보인다. 밤이 되면 각 배마다 불을 피워 어획을 표시하여 상고선을 불러들인다. 이때 불빛이 수면에 반사되어 그 미려함과 장엄함이 장관을 이룬다."11)라고 기록하였다.

안마군도를 중심으로 한국 3대 어장의 하나인 칠산어장이 형성되어 있다. 연안의 넓은 간석지와 얕은 바다는 각종 새우류, 조개류의 서식장이 되고 있으며 김과 톳 등의 양식이 성행하고 있다. 그리고 해저에는 해초가 서식하고 있어 어류 산란에 최적 조건을 만들어낸다.

조기잡이를 했던 어부들의 증언에 의하면 처음 조기잡이는 안마도 인접 외해에서부터 시작된다. 그리고 점차 조기떼의 앞머리를 겨냥하며 연안으로 들어온다. 음력 이월 초 칠산에 도달한 배들은 법성포 앞, 또는 위도 근해에서 사공의 판단에 따라 조기잡이를 시작하여 조기떼를 따라 다니며 조업한다.

Ⅲ. 동아시아 최고의 경제성 어류 조기

조기는 아시아 최고의 경제적 가치를 지닌 어류다. 봄이 되면 알찬 조기들이 쿠로시오 난류의 확산을 타고 산란하기 위해 어군 단위로 산란어장인 서해에 진입한다. 어민들은 어군 단위로 진입하는 조기떼를 노려 포획한다. 조기는 맛이 좋아 한국인과 중국인들이 가장 선호하는 어종인 동시에 대량으로 포획하기 때문에 경제적 가치가 매우 뛰어나다. 그래서 한국과 중국 어부들은 다양한 어구어법을 구사하여 조기잡이에 종사하였으며, 대량 포획을 하면 팔자를 고치기 때문에 다양한 기술을 개발하고 판매망을 구축하고 관련 의례를 수행하는 가운데 조기잡이 어로문화를 성립·발전·전승해 왔다.

그런데, 흥미있는 것은 일본 어부들도 조기잡이에 뛰어들었다는 점이다. 『한국수산지』에는 다음과 같이 기록하여 일본 어부들이 조기잡이에 참여했음을 전한다. "일본인 어부들이 잡은 것으로는 주로 생선을 잡았으며, 그 일부분은 한국에 팔고, 다른 것은 일본에 수송했다. 한국 내지에 판매한 것 중 한국인 수요를 위해 제공된 것은 조기 등이고, 다른 고기들은 한국에 사는 일본인들에게 제공되었다. 또 일본으로 수송된 것 중 전복, 해삼 등은 청국을 겨냥해 제조하여 일본에서 다시 청국으로 수송했다.[12] 대일본수산전습소 출신 마사하야시 히데오正林英雄가 큐슈九州 아리아케바다有名海에서 안강망을 사용한 것을 시작으로 그 후 이 어업에 종사하는 사람들이 속출하여 광무 10년에는 출어선이 310척이 되었다. 그리고 어구는 마사하야시 히데오가 사용한 것에 따라 안강망을 사용하였다. 고기가 많을 때는 한꺼번에 4~5만 마리, 없을 때라도 5~6천 마리를 잡는다. 때로는 그물 속에 고기가 가득하여 끌어올리면 그물이 파손되는 때도 있다.”[13]라고 기록되어 있다. 일본인들이 조기잡이 어업에 종사하게 된 것은 명치 33년부터라고 기록하고 있으며, 기록에 의해 한일합방 이전 1890년대에 일본 어부들이 한국 어장에 진출하여 조업했으며, 한·중·일 삼국 사이에 수산물 교역이 빈번했음을 알게 된다. 위의 자료에 의하면 일본인 어부들은 조기잡이의 수익성을 좇아 한국 서해에 진출하여 한국 서해 어장의 조기잡이에 가세했음을 알 수 있다.

조기는 농어목 대구과에 속하는 물고기의 총칭이다. 참조기, 부세, 보구치 등이 이에 속한다. 참조기는 몸이 길고 빛깔이 회색을 띤 황금색이며, 입이 홍색을 띠고 있는 점이 특색이다. 겨울에 따뜻한 바다에서 월동한 뒤 북상하면서 산란을 하게 되는데, 주요 조기 어장터는 산란터와 밀접한 연관을 맺고 있다. 주요 산란장은 칠산어장과 연평도어장, 그리고 중국의 발해 등 한국의 서해안과 중국의 발해다. 산란을 위해 회유할 때는 소리를 내면서 튀어 오르는 습성이 있다.

조기에 관한 기록은 실록류에서부터 현대의 기록에 이르기까지 다양하다. 그중 조선 세종 14년(1432)에 편찬된 세종실록 지리지의

토산부에 어류 34종의 이름과 함께 석수어石首魚가 등장하는데, 이
것을 최초의 기록으로 볼 수 있다. 그러나 조기를 원료로 하는 염
건鹽乾 가공품인 영광굴비가 고려 때부터 유래했다는 일설이 있
어14) 조기어업은 훨씬 더 이전부터 이루어졌을 것으로 추정된다.
조기에 관한 상세 기록은 단연『자산어보』를 꼽을 수 있다.

> 큰놈은 한 자 남짓 된다. 모양은 민어를 닮았고 몸은 작으며, 맛 또한
> 민어를 닮아 아주 담담하다. 쓰임새도 민어와 같아 알은 것을 담는 데 좋
> 다. 조금 큰놈(속칭 보구치)은 몸이 크나 머리가 짧고 작으며 굽어 있다. 그
> 러므로 후두부가 높다. 비린내가 나서 포를 만드는 데 쓸 수 있을 뿐이다.
> 칠산바다에서 나는 보구치(흰조기)는 그 맛이 조금 나으나 그것 역시 좋지
> 않다. 조금 작은 놈(속칭 盤厓라고도 한다)은 머리가 약간 날카롭고 엷은 흰빛
> 이다. 가장 작은 놈(속칭 黃石魚라고도 한다)은 길이가 4~5치 정도로 꼬리가 매
> 우 날카롭고, 맛이 좋으며 가끔 어망 속에 들어오기도 한다. 살피건대『임
> 해이물지臨海異物志』15)에서는 석수어의 작은 놈을 추수라고 부르고 그 다음
> 것을 춘래라 불렀다.16)

어류학사전에서 조기는 수조기[꽃조기, 조구, 대황어, 대선], 황조기
[참조기, 노랑조기, 기름조기, 황조구, 소황어, 소선, 화어], 보굴치[보졸치, 보구
치, 흰조기, 백석수어]로 분류하기도 한다.17) 주로 조기는 참조기를 말
하는 것으로 황금조기라고도 부른다.18)

참조기는 농어목 민어과에 속하는 저서성 어류로 몸의 빛깔은
회색을 띤 황금색이고, 입술이 홍색이다. 몸 빛깔이 황금색이어서
"노랑조기", "황금조기"라고도 한다. 황금을 좋아하는 사람들에게
선호의 대상이었으며 또한 육질이 쫄깃쫄깃하고 맛이 향긋해 예
부터 사람들의 사랑을 받아왔다.19) 그러나 참조기는 등 동쪽으로
회색을 띤 황금색, 옆줄 아래쪽은 선명한 황금색을 띠고 있어 부
세 등의 타 어류와는 비교적 구별이 용이하다. 또 맛이 좋아 한국
인의 식탁에서 즐겨 찾는다. 이것은 우리나라 서남해와 발해만,

동중국해 등 수심이 40~160m인 모래나 뻘인 곳에 주로 서식한다. 그리고 체장 30㎝ 정도의 크기가 되면 3~6월인 춘계에 3~7만 개의 알을 낳고 동물성 플랑크톤 및 어류의 알을 주 식성으로 하고 있다.[20]

그러나 참조기도 한낮에 조업을 하면 누런 색깔이 감소하는 경향도 있다고 한다.[21] 또 한낮 중에서도, 조금질에 잡은 조기는 희고 사릿질[22]에 잡은 조기는 누렇다고 한다. 다만, 이것은 "갓사람들(법성포 등)이 먼저 알고 조기를 구입한다."는 구술을 통해서 알 수 있듯이, 조업방법의 차이나 일광과 관련된 신선도의 차이라고 보는 것이 옳겠다.[23]

부세는 길이가 길고 고기 자체가 단단하다. 비늘 끝에 검은 띠가 있고, 색깔도 황금빛이 아닌데다가 등도 검기 때문에 참조기보다 크고 단단해 보인다. 꼬리가 가늘면서 쭉 빨았기 때문에 보기에는 화려해 보인다. 눈도 동그랗고 예쁠뿐더러 맛도 좋다.

보구치는 백조기라고 부르기도 한다. 색깔 자체가 하얗고 몸과 머리가 모두 옆으로 약간 납작하고 몸의 길이가 길지 않아 체형이 긴 타원형이다. 등쪽은 황갈색이고, 아래쪽은 은백색이며, 아가미 뚜껑에는 검은 점이 있다. 모든 지느러미는 흰색으로 거의 투명하며 반문은 없다. 수심 40~100m의 바닥이 모래와 펄인 곳에서 살며, 우리나라 서해에서 산란하는데 남해와 동해 남부, 일본에서 인도, 태평양에 이르기까지 널리 분포한다.[24]

한식 이후부터 조도군도의 닻배들이 칠산바다에서 잡아올린 조기는 참조기이고 조도군도의 연안에서 낚시와 주낙 등으로 채포하던 조기는 부세와 보구치인 것으로 보인다. 그러나 닻배로 칠산바다에 부세잡이를 나갔다는 구술 등을 전제로 한다면 꼭 참조기만이 칠산바다를 산란처로 삼았던 것은 아니라고 본다. 한 측면에서는 한식 이전 조도군도의 연안에서 주낙으로 잡았던 조기도 참조기라고 볼 수 있으며, 7, 8월 이후에 주낙으로 잡았던 조기도 회유해 내려가던 참조기라고 볼 수 있는 것이다.[25]

조기는 회유성 어족이기 때문에 주로 3~4월 칠산바다를 경유하여, 산란을 하고 황해를 돌아 다시 동중국해로 빠져나간다. 지금은 동중국해, 타이완, 일본 남부, 한국 등의 연근해에 분포한다. 연안성 어류로 수심 40~200m의 바닥이 모래나 뻘인 해역에서 서식한다. 암수 모두 2세어(몸길이 17cm 이상)가 되면 산란을 시작한다. 산란기는 3~6월이며, 산란장은 중국 발해 연안과 한국의 서해안 일대이다. 먹이는 주로 갑각류(젓새우류, 요각류, 새우류 등) 등의 동물성 플랑크톤을 먹는다. 옛날 같지 않고 지금은 저층 트롤어업에 의하여 대부분이 어획된다.

민어와는 가슴지느러미의 색깔(민어는 검다)에서 잘 구별되며, 동일 속의 부세와는 뒷지느러미 연조수(부세는 주로 8개)로 식별할 수 있다.

Ⅳ. 팔도 어선들, 다양한 어구어법이 집결된 서해의 조기잡이

한국수산지 기록에 따르면 조기는 경상남도 마산을 기점으로 서쪽에서 잡히며, 북으로는 평안도에 이르는 연해에서 잡혔다. 이 나라 사람들이 가장 좋아하는 어류의 하나다. 또 관혼상제에서 빠지면 안 된다. 그래서 어디서나 볼 수 있다. 그 어업의 성대함은 명태 다음 간다. 근년에는 일본인의 출어가 점차 증가하는 추세다. 수년 후에는 명태어업을 능가할 것이다. 분포가 대단히 넓다. 그중 가장 좋은 어장으로 이름난 곳은 전라도 칠산어장과 황해도 연평열도 부근이다. 어기는 다소 차이는 있지만 경강3도 연안, 전라도 연안은 6월부터 9월경까지인데, 가장 유명한 칠산과 위도어장에서는 2월 중순에 시작하여 4월 상순에 끝난다. 북쪽으로 올라갈수록 점차 늦어지는데, 황해도 연평열도 부근에서는 4월부터 5, 6월경까지이다. 어구는 망선網船(조망繰網), 중선中船(안강망鮟鱇網 종류), 정선碇船(저자망底刺網), 주목駐木(낭대망囊待網), 어전漁箭 및 외줄낚시 등을 이용했다. 이들 중 한국인이 사용한 주요한 것으로는 망선, 주목, 안강망, 정선 및 중선이다. 일본인들은 주로 안강망을 사용했다. 이 어업은 한국 어업계에 일대 큰일로서, 여기에 이르면 주요 어장의 하나인 칠산과 같은 곳에는 팔도의 어선들이 이곳으로 폭주하고, 상고선 또한 어선들을 따라 모여 든다. 돛, 돛대, 선체들이 복잡하게 얽혀 흡사 해상에 큰 섬이 출현한 것과 같이 보인다. 밤이 되면 각 배마다 불을 피워 어획을 표시하여 상고선을 불러들인다. 이때 불빛이 수면에 반사되어 그 미려함과 장엄함이 장관을 이룬다26)고 기록되어 있다.

조기잡이 어구가 지역에 따라 다르다. 황해도에서 온 배들은 대부분 중선 또는 망선으로 하며, 중선에는 어부 25~30명이 타고, 한 어기에 300관 내외를 어획한다. 칠산어장에서 어기를 마치면 바로 황해도 연평탄으로 옮긴다. 망선에는 어부 34, 35~40명이 타며, 야간에 12회의 조업이 이루어진다. 한 어기에 잡는 고기는 1천 관 이상이다. 이 망은 중선과는 달리 조류가 약하고 완만한 곳에

서 사용한다. 전라도에서 온 배들은 대부분 정선碇船으로 어부 14~
15명이 타고, 한 어기 어획고는 200관 정도다. 충청도의 경우는 어
부 10~14, 15명이 타며, 한 어기 어획고가 1천 관에 미치며, 대부
분 주목으로 한다.[27] 이 자료에 따르면 중선과 망선은 주로 황해
도, 경기도 어부들의 어구였고, 닻배인 정선碇船은 전라도 어부들
이 구사하는 어구였다. 충청도 중부지역 어민들은 주로 주목을 이
용하여 조기를 포획하였다.

판매 방법은 우선 상고선의 손을 거쳐 가까운 어시장에 운반된
후 각 지방으로 분산 운송된다. 상고선은 어선에 자금을 미리 대
주고, 출어하면 따라가서 어장에 대기하다 어획한 어획물을 사들
인다. 이때 고기 1000마리당 700마리로 계산한다. 즉 300마리는
대부금의 이자로 수취한다. 때로는 한 척의 어선에 3~4척의 상고
선이 있는데, 어선 주위에 정박해 있다 순서에 따라 어획물을 사
들인다. 어선의 이익 분배는 어획 매매 대금에서 망대網代, 식료食
料, 주유료酒油料, 기타 잡비를 공제한 잔액을 선주와 평분平分으로
나눈다. 어획물이 200관이라면 망대, 식료 등 제 잡비로서 150관
을 제하고 잔액 50관을 가지고 25관은 선주가 갖고, 나머지 25관
을 선원들이 함께 분배한다.[28]

상고선이 수송하여 판매하는 곳은 남해에서는 부산, 통영 및 삼
천리, 칠산에서는 법성포, 군산 및 강경이다. 연평열도에서는 경성
부근의 마포, 진남포의 각 시장이다. 상고선은 어획물을 생선인
채로 시장에 수송하거나 계절이나 장소에 따라 배안에서 소금간
을 한다. 시장에서는 생선의 상태로, 간해서 말리거나 혹은 저장
하여 각지로 수송한다. 염장품은 선어鮮魚보다도 고가인데, 고기잡
이 철 이외에 시기에 따라서는 10배 이상의 가격에 미치는 때가

자주 있다. 특히 가을철에는 우란분宇蘭盆의 제물로 사용하여 수요가 많기 때문에 자금력이 풍부한 점포에서는 큰 통에 소금 간하여 밀봉하여 보관했다가 고가로 오르면 판매한다.[29]

안마도에서 잡은 조기가 더 비싸다. 그 이유는 안마도에서 잡은 고기는 시기적으로 볼 때 귀하기 때문이고 위도에서 잡는 시기가 되면 조기가 흔하기 때문에 가격이 싸다. 그리고 조기는 특별히 처음 잡히는 시기에 비싸다. 귀해서 비싸고 처음 잡히는 햇조기는 육지에서 수요자가 많기 때문이다. 황해도 연평바다로 들어오는 조기는 조금 늦게 들어오고 칠산바다에 들어오는 조기는 조금 일찍 들어오며 조기가 각기 다르다. 칠산 조기잡이가 위도에서 끝나면 연평도까지 올라간다.

옛날부터 진상품으로 유명한 굴비는 참조기를 말린 것으로 주로 법성포에서 가내공업으로 생산하고 있다. 법성포法聖浦는 서해안의 주요 어항이며, 영광굴비는 법성포 앞바다인 칠산해七山海에서 잡히는 조기를 말린 것이다.

Ⅴ. 19~20세기 한국 서해권 문화원형 조기잡이 어로문화

조기잡이가 한국에서 어느 때부터 커졌을까? 여기에 대해서는 주강현이 지도군총쇄록의 내용과 이중환의 택리지 내용을 결합시켜 조선 후기부터 큰 어장이 형성되었으며, 구한말에 어획량이 급증되었고, 일제 말에 절정을 이뤘다가 60년대 이후 소멸된 것으로 추정한 바 있다.30) 필자도 이 견해에 동의하고 있다. 그리고 여기에 더하여 조기잡이가 한국과 중국 어부들 공동관심사였다는 점, 그리고 19세기 말에는 일본 어업세력들까지 조기잡이 대열에 가세하게 되었다는 점을 새롭게 보아야 한다고 생각한다. 가히 동아시아적 사건이라고 보아야 할 것이다. 필자는 이런 관점에서 조기잡이를 문화권의 차원에서 연구할 것을 제안한 바 있다.31)

19~20세기 서해, 황해와 동중국해 도서·해양문화는 조기잡이를 중심으로 한 어로생산에 기반을 두고 있고, 조기잡이로 인해 일어난 경제적 부가가치가 19~20세기 동아시아 변화의 원동력이 되었다. 일본은 바다가 지닌 생산력에 일찍이 개안했다. 일본인들이 지닌 한국의 어업활동에 대한 관점이 『한국수산지韓國水産誌』 서문의 하나인 <本書の由來>에 잘 나타나 있다. 이 부분을 집필한 統監府技師農商工部技師 農商工部水産局水産課長 庵原文一은 이 글에서 어장으로서의 가치가 일본에 비해 월등히 좋지만 일본과 비교하여 단위당 생산액이 <十分の一>에 미치지 못하기 때문에 농상공부農商工部 내에 수산국水産局을 설치하고 개발·이용의 방법을 알려 국리민복國利民福을 추구하기 위해 이 책을 발간하게 되었다고 밝히고 있다.32)

조기가 동아시아 최대 경제성 어종이었기 때문에 한·중·일 어부들이 모두 조기잡이에 참여하였다. 조기잡이 어장은 가히 국제성을 지닌다. 다양한 어구어법이 개발되었고, 관련된 의례가 활발하게 전개되었고, 예능들이 연행되었다. 그리고 판매와 분배 방식은 매우 독특하며, 내재된 모순도 많이 있다. 이 책은 서해 도서·해양문화 연구 3년차의 첫 해 부분으로 출간되는 것이며, 각 편에서 구체적인 내용들을 고찰해 갈 것이다.

1) 나승만, 「中國 舟山群島의 大黃魚 잡이와 黃魚文化」, 『島嶼文化』 26, 목
포대학교 도서문화연구소, 2005.12, 47쪽.
2) 이 조기회유어도는 중국해양어업자원의 조기와 부세 회유도, 주강현의 한
국 서해 참조기 회유도, 필자가 조사한 중국 발해 참조기 회유어도 등을
참고하여 그린 것임.
中國漁業資源調查和區劃 編輯委員會編, 『中國漁業資源調查和區劃之一
中國海洋漁業資源』, 浙江科學技術出版社, 1990, 46쪽, 圖4 小黃魚分布廻
游示意圖, 114쪽 圖3 大黃魚分布廻游示意圖
주강현, 『조기에 관한 명상』, 한겨레 신문사, 1998, 276쪽 조기 회유로
그림.
나승만, 「大風船時代 渤海 長島縣 砣磯島 어민들의 조기잡이에 대한 현
지작업」, 『島嶼文化』 23, 목포대학교 도서문화연구소, 2004.6, 141쪽
<지도 3> 조기의 魚道와 수심 및 어도 명칭.
3) 해양수산부 국립해양조사원, 어업정보도(고군산군도에서 진도), 2004년 11
월, 8쪽.
4) 農商工部水産局, 『韓國水産誌』 一, 1908년 5월 5일 : 2001년 7월, 민속
원 영인본, 41쪽.
5) 해양수산부 국립해양조사원, 『어업정보도(고군산군도에서 진도)』, 2004년 11
월, 8쪽.
6) 해양수산부 국립해양조사원, 『어업정보도(고군산군도에서 진도)』, 2004년 11
월, 8쪽.
7) 해양수산부 국립해양조사원, 『어업정보도(고군산군도에서 진도)』, 2004년 11
월, 8쪽.
8) 農商工部水産局, 『韓國水産誌』 一, 1908년 5월 5일 : 2001년 7월 민속원
영인본, 226쪽.
9) 智島郡 叢瑣錄, 1896년 5월 13일.
10) 智島郡 叢瑣錄, 1897년 2월 26일.
11) 農商工部水産局, 『韓國水産誌』 一, 1908년 5월 5일 : 2001년 7월 민속원
영인본, 226쪽.
12) 農商工部水産局, 『韓國水産誌』 一, 1908년 5월 5일 : 2001년 7월 민속원
영인본, 201쪽.
13) 農商工部水産局, 『韓國水産誌』 一, 1908년 5월 5일 : 2001년 7월 민속원
영인본, 226쪽.
14) 원종오, 「법성포의 영광굴비에 관한 연구」, 교원대지리교육과대학원 석

사학위논문, 1997, 11쪽.

15) 당나라 단공로段公路가 편찬한 책으로 책 자체는 전해지지 않음.

16) 주강현, 『조기에 관한 명상』, 한겨레신문사, 1998, 51~52쪽.

17) 최여구, 『조선의 어류』, 과학원출판사(평양), 1964, 207쪽.

18) 국립수산진흥원수산공학과홈페이지 : 참조기, 부세, 보구치 등에 대해 사진과 함께 자세하게 설명하고 있다.

19) 주강현, 『조기에 관한 명상』, 한겨레신문사, 1998, 54~55쪽.

20) 배동환, 「한국근해에 있어서 참조기 어업의 자원생물학적 연구」, 『중앙수산시험장 수산자원조사보고』(4), 국립수산진흥원, 1960, 1~106쪽.

21) 박계용(92, 어업), 상조도 여미리, 2001년 3월 16일 필자 조사

22) 조금질은 조금길이라는 뜻, 즉, 조금을 전후한 시기에 사릿질은 사리길이라는 뜻.

23) 허효석(81), 상조도 여미리, 허웅에 의하면 실제 조기가 색깔이 변하는 것이 아니라, 햇볕과 출하시기 등과 관련되어 있다고 한다.

24) 주강현, 『조기에 관한 명상』, 한겨레신문사, 1998, 53쪽.

25) 이관학(50, 어업), 진도군 조도면 죽항도리, 2001년 3월 22일 이윤선, 이경엽, 필자 등이 병풍도, 거차도, 죽항도, 청등도 주변에서의 조기 주낙과 조기 낚시에 대해 면담조사 하였음.

26) 農商工部水産局, 『韓國水産誌』 一, 1908년 5월 5일 : 2001년 7월 민속원 영인본, 225~256쪽.

27) 農商工部水産局, 『韓國水産誌』 一, 1908년 5월 5일 : 2001년 7월 민속원 영인본, 227쪽.

28) 農商工部水産局, 『韓國水産誌』 一, 1908년 5월 5일 : 2001년 7월 민속원 영인본, 228쪽.

29) 農商工部水産局, 『韓國水産誌』 一, 1908년 5월 5일 : 2001년 7월 민속원 영인본, 228쪽.

30) 주강현, 『조기에 관한 명상』, 한겨레신문사, 1998, 78~79쪽.

31) 나승만, 「中國 舟山群島의 大黃魚 잡이와 黃魚文化」, 『島嶼文化』 26, 목포대학교 도서문화연구소, 2005.12.

32) 農商工部水産局, 『韓國水産誌』 一, 1908년 5월 5일 : 2001년 7월 민속원 영인본, 本書の由來, 1~2쪽.

제2부

자원과 생태계와 생활을 인식하기
-서해 주민들의 어로와 환경인식-

조 경 만

Ⅰ. 생존활동과 해양환경에 관한
주민의 인식을 찾는 작업

　사람들은 자신을 둘러싼 자연과 사회와 자신의 생활에 대해 인식을 품고 산다.[1] 자연으로부터 생존자원을 취하고 자연을 관리하는 것은 인간 생활의 한 부분이다. 사람들은 그러한 행동을 하고, 이용과 보존에 대해서 이야기하고, 논박을 벌인다. 주민의 자연환경에 대한 적응에서부터 환경론자들의 보존에 대한 담론에 이르기까지 다양한 집단과 개인들이 다양한 방식으로 자연의 이용과 보존을 둘러싸고 행위와 사고와 담론을 구축해 왔다. 이러한 행위, 사고, 담론을 살펴보면 환경에 대한 지식, 적응기술과 지식, 환경변동과 생계 변동에 대한 대응전략 등이 발견된다. 한발자국 더 들어가면 이용과 보존에 대한 사람들 나름대로의 지식, 가정, 개념, 기대, 감정, 태도 같은 것을 찾을 수 있다. 사람들에게 이에 대한 인식이 서 있는 것이다.

　이 인식은 궁극적으로는 사람들이 자신을 둘러싸고 있는 자연환경과 생활에 대한 것이다. 보존, 이용에 관한 인식은 환경과 자기 삶에 대한 인식을 바탕으로 하기 때문이다. 지속가능한 적응과 이용이건 단기적 이윤을 위한 환경착취이건 사람들은 자신들 생존을 둘러싸고 있는 자연환경과 자기 생활에 대한 인식을 가지고 자연을 대하고 경제와 사회를 영위하는 것이다. 또한 사람들은 현실을 맞부딪치고 새로운 것들을 경험하면서 세상과 자기 존재에 대한 인식들을 바꾸고, 새롭게 창출해 간다. 이 글은 이러한 양상들 중에서 사람들이 자연환경 속에서 자신이 벌이는 활동에 대해,

그리고 그 활동과 상호작용하는 자연환경에 대해 어떠한 인식을 갖고 있는가에 관한 것이다. 서남해, 서해 어민과 어업 및 해양환경과 관련하여 일을 하는 사람들의 이야기이다.

지금까지 한국의 해양환경과 인간생활에 대한 연구는 대부분 물적, 기술적, 경제적, 사회적 측면에 치중해 왔고, 관념적 측면에 대한 연구는 부분적 관심사 정도에 머물고 있다. 주민들의 해양환경에 대한 지식이나 민속, 생애사적 경험을 다룬 사례연구들에서는 사람들의 인식이 어느 정도 다루어지고 있다.2) 이 사례들에는 바다로부터의 자원 획득에 집중하는, 전유적專有的 관계 인식이 지배적으로 나타난다. 한편 어부가, 표해록漂海錄, 어로요에 관한 한 연구3)에서는 실질적 해양 경험에서의 해양 인식, 관념적 인식, 생활의 처지에 따른 해양 인식 등 다양한 측면에서의 인식과 태도들이 분석되어 있어 자원에 국한된 인식을 벗어난 사람들 인식 세계를 보여준다. 이를 제외하고는 대부분 정작 바다에서 생존자원을 얻고 사는 사람들에게 해양환경은 제1차적으로 자원의 처소이며 이와 관한 연구는 대부분 바다를 전유적 관계로 보는 인식들을 집중적으로 다룰 수밖에 없었다.

자원이 점점 고갈되어 가고 어장 환경이 피폐해지며 이 때문에 주민사회 안팎에서 사람들이 이 문제를 목도하고 있는 현대사회에서는 해양환경과 자기생활에 관한 인식들이 생성될 가능성이 높다. 그 인식이 환경보존을 자각하는 사람들의 것이건, 환경파괴자가 자기 행위의 대상에 대해 갖게 되는 것이건 현대사회는 환경을 명시적으로 인식하고 그에 접하는 자기 생활을 인식하게 되는 사회이기 때문이다. 이러한 정황을 고려하여 이제는 부분적인 자연전유 인식을 넘어서 보다 전체적인 환경과 인간생활 인식들을 찾을 필요가 있다. 설령 이들이 당장의 경제적, 사회적 필요에 가려져 사람들 스스로에게서 간과되거나 단초적인 데 머무는 것이라 할지라도, 혹은 다른 인식들에 가려져서 그 정체를 찾기 어렵다 할지라도 이것들은 탐색되어질 가치가 있다. 환경의 지속성과 이에 기반을 둔 생활양식으로의 변화, 발전 관념의 변화가 무엇보다도 중요한 과제로 등장하고 있는 현재의 상황에서 사람들에게 존재하는 이러한 인식들은 변화의 맹아로서 큰 의의를 갖고 있기 때문이다.

이 글은 인간과 문화를 체계적으로 분석하거나 깊은 해석을 하며 고도의 이론을 도출해내는 것을 목표로 하지 않는다. 또한 행위와 사물의 외현, 객체적 상태 등에 대한 구체적 기술도 현 상황에서는 이 글의 대상에 맞지 않는다. 현장에서 발견되는 인식 형태와 내용들은 매우 단편적이고 유동적이다. 그리고 식별하기 어려울 정도로 다른 것들과 혼재되어 있으며 때로는 모순적이기도 하다. 작은 파편이나 단편을 찾고 대략적인 내용이나마 기술해내는 것이 목전의 과제이다. 문서화된 자료들도 마찬가지이다. 다른 목적과 관점으로 쓴 글들을 다시 재해석하면서 그 안에서 단편들을 찾아야 한다. 이 글은 우선 자연환경의 지속성, 인간생활의 발전에 관한 근래의 연구와 실천 동향을 살핀다. 다음 칠산어장으로 나가는 어종들의 산란장이라 불리는 함평만 주민들과의 면담자료에서 이들이 자신의 어로 공간과 생태계, 자원에 대해 갖는 인식을 찾는다. 부분적으로 서해, 서남해 조기 어로에 관련된 기록과 현지조사 자료들에서 어로 활동과 해양환경에 관한 인식의 단서들을 찾아 포함시켰다. 본래는 조기잡이에 국한하여 사례 서술의 일관성을 높이려 했다. 그러나 2006년 초부터 8월까지 문헌자료를 찾고, 전북 부안군 위도, 부안군 연안, 인천 등을 다니며 조기잡이 및 유통의 경험을 갖고 있는 사람들을 만난 결과 거의 모든 내용들이 어로기술, 어장과 시장의 형상에 관한 것들에는 현저한 인식이 나타나지만, 조기와 조기잡이를 하는 어민들이 의존하고 있는 환경 자체에 대한 인식은 단편적으로만 나타날 뿐이었다. 또한 겉으로 나타나는 어로도구, 기술, 물리적 환경에 관해서는 구체적인 기록물이나 면담자료가 가능했지만 사람들의 생각에 관해서는 매우 단편적이고 일반적, 혹은 축약적인 자료들만 확보할 수 있었다. 이 글의 목적이 바다에서의 사람들 활동과 바다환경에 대한 사람들 생각을 서술하는 것이었기에 조기잡이 조사 결과만으로는 이를 충분히 서술할 수 없었다. 필자는 조기잡이를 넘어서 어로 전반과 어장 장소 전반, 그리고 이를 포괄하는 해양환경 전반을 염두에 두고 서술을 하기로 결정하고 1998년과 2002년 함평만에서 조사한 자료들을 재해석하였고, 2006년 조기잡이에 대한 조사 자료들 중에서 이 글의 논지에 맞는, 상당히 단편적인 자료들은 이 자료들의 전반적 메시지가 무엇인지를 언급하는데 그쳤다. 조기잡이에 대한 본격적인 글은 주민의 외현적인 사실들에 대한 기억을 넘어 심리적, 문화적 경험에 대한 기억과 그 경험에 대한 평언評들 하나하나를 다시 찾고 체계화할 때에 가능할 것이다. 이 글은 단편적 혹은 개괄적인 구술들을 놓고 그 자료가 사람들의 인식에 관해 무엇을 말해주는가를 짚어보는, 초보적 단계의 작업이다.

Ⅱ. 자연환경과 인간생활:
지속성과 발전에 관한 논의들

해양환경과 인간생활에 대한 문화연구는 예전에는 자연현상에 대한 지식, 적응기술과 어로활동, 해양생물의 이용, 유통 경제와 사회제도의 적응적 측면 등에 집중되어 왔다. 근래에는 자원고갈과 해양오염이 심각해지면서 어로와 같은 해양 문화요소가 환경에 미치는 영향과 사회와 문화에 미치는 영향 등이 관심사가 되고 있다. 예컨대 아키미치秋道智彌는 어로 문화fishing culture의 내용에 대해 설명하면서, 어로가 환경과의 상호관계성을 가지면서 다른 한편으로 사회제도와 기구, 문화적인 가치부여에 의해서도 규정된다고 말한다.4) 이 복합적 관계를 좀 더 확대하여 다음과 같이 말할 수 있다. 어로는 몸, 도구, 기계와 자연 에너지를 사용하는 인간활동이다. 어로기술은 적응과 재창조의 산물이다. 자연환경에 적응하여 지식과 도구와 기계가 만들어지고 다시 자연전유 능력을 높이기 위한 새 기술이 만들어진다. 이 문화요소는 자연조건에 적응하는 한편 자연자원의 전유나 공간의 변형 등으로 환경에 영향을 미치는 상호관계에 놓여 있다. 어로활동은 또 다른 층위에서는 그 산물의 부양력을 토대로 유통, 소비 과정이 일어나고, 사회구성원이 규정되고 어로활동을 위한 사회적 규범과 가치관이 형성된다. 역으로 한 사회가 갖는 경제적 요구, 사회 유지의 요구, 생활 가치 같은 것이 어로활동의 질적, 양적 사항들을 규정한다. 어로는 이렇듯 해양환경과 인간생활(문화) 양자에 대한 복합적인 상호관계 속에 있는 인간 문화요소이다. 해양환경에서 좀 더 범위를 넓혀 자연환경

전반과 인간생활에 관한 몇 가지 논의들을 살펴보자.

자연환경은 인간이 접근하여 생활영역이나 접촉 영역이 되고, 자원전유의 처소가 되면서 얼핏 보기에는 순전한 야생野生 같아도 사실은 야생의 경우와 다른 자연－인간관계에 놓인다. 인간에게 직접적 영향을 주는 자연환경이란 인간 활동을 통해 복합적 상호 관계 속에 놓여진 환경이며 인간이 자기의 활동 영역으로 간주하면서 인간 문화에 의해 재규정되는 환경이다. 그 속에 들어있는 환경요소들도 마찬가지이다. 턴불은 아프리카 이투리 숲에 사는 수렵채집민 밤부티 피그미가 이웃 농경민인 '흑인부족'과 숲에 대해 갖는 인지, 친밀도, 행위양식에 있어 현격한 차이가 있음을 보여주고 있다.5) 숲과 그 속의 동식물들이 인간의 접촉에 따라 현격하게 달리 인식되고 달리 다루어지는 것이다.

베네트J. Bennett는 생태학적 전이ecological transition라는 말을 쓴다. 그에 의하면 생태계가 인간 영역으로 이입해 들어와 인간과의 관계망 속에 놓이며 인간의 이에 대한 적응과정, 적응전략이 이루어지고 자연과 인간생활 간의 상호규정과 상호영향이 일어난다.6) 지속가능성sustainability의 문제도 논리적으로 볼 때 자연환경과 인간생활의 복합적 관계가 이루어지는 장場에서 인간이 어떻게 자연환경의 지속성과 자기 삶의 지속성을 성취하는가의 문제이다. 근래에는 같은 맥락의 논의가 연구를 넘어 계획, 실천의 영역에서 일어나고 있다. 일본에서 논의되는 사토야마里山 계획7)은 직접적으로 인간에 의해 영향을 받아 물성物性이 형성된 자연과 이에 대한 인간의 문화를 초점으로 하고 있다. 사토야마는 본래는 마을 산, 마을 숲을 뜻하나 지금은 인간이 이용하고 접촉해 온 자연을 전반적으로 지칭하는 용어로 향하고 있다. 일본 환경성은 사토야마를

순수한 자연과 인간의 인공적 문명 간의 중간지대로 정하고 바로 이곳의 '인간의 손길이 가해진' 자연에 대해 보존과 이용계획을 세우고 있다. 사토야마의 생태계를 보존하고 그곳에서 행한 인간의 문화를 보존하면서 그로부터 발전의 행로를 찾는다는 것이다. 해양에 대해서도 마찬가지이다. 사토우미[里海]라는 개념이 새롭게 제시되고 있으며 인간생활에 연접한 바다, 해변, 어촌 등의 공간과 생물, 무생물들을 대상으로 한 보존과 발전을 내용으로 하고 있다. 요약하면, 자연환경은 인간이 생존자원을 전유하는 대상인 동시에 생태학적 체계를 유지함으로써 자기 존재를 지속시키는 자체적 체계이다. 인간의 자원전유의 지속성은 생태학적 체계의 지속에 의존해 있다. 달리 말해 인간의 삶이 자연환경의 지속성에 의존해 있다. 베네트가 말하는 생태학적 전이가 이루어지고 있는 자연, 일본의 사토야마와 같은 자연은 인간의 손길과 발길이 닿고 인간 생활양식이 생태계의 체계와 과정에 영향을 미치고 있는 자연, 인간이 자기 삶의 영역으로 인식하고 있는 자연이다. 이 경우에는 야생wildlife과 달리 인간의 작용이 자연환경의 지속성에 깊은 영향을 미친다. 한국의 연안 중에도 자연이 곧 인간의 생활영역인 곳들이 상당수이다. 우리나라 갯벌은 다른 나라에 비해 인간의 개입이 현저하며 해변의 해조류, 어패류 채취 지역도 그러하다. 전남 무안군, 함평군이 접해 있는 함해만(함평만)은 깊이 들어 온 바다를 촌락들이 에워싸고 있는 형태이다. 이 바다, 갯벌, 촌락이 오래 전부터 긴밀히 연결된 생활영역으로 존재해 왔다. 이 곳 어장과 해변 공간에 대해 주민들이 취해 온 태도, 행위는 다양하고 복합적이다.

Ⅲ. 자원 고갈과 주민 반응

1. 자원의 남획과 주민 인식: 공공목장의 비극

하딘G. Hardin이 제기한 '공공목장의 비극tragedy of the commons'은 목초지와 목동의 행동에 대한 가정을 갖고 공공재에 대한 인간행위의 특성을 논하려 한 것이다.8) 공공적으로 접근이 허용되어 있는 목초지를 놓고 목동들은 각기 조금이라도 더 많은 가축들을 그곳에 들여 놓으려 한다. 하나라도 더 들여놓는 데서 얻는 사적 이득이 따로 키울 때 드는 비용보다 더 크기 때문이다. 이는 그 개인에게는 합리적인 행위선택으로 비추어진다. 그러나 모든 목동들이 같은 행동을 취하기 때문에 과다하게 사육을 하게 되고 모두에게 재앙적인 손실이 초래된다(Hardin, 1968). 하딘의 이 모델은 개인의 합리성과 집합적 합리성 사이에 간극이 있으며 개인은 자신의 사적 이익에 근거한 공공재 접근을 제어하지 못 한다는 가정에서 비롯된다. 또한 개인 합리성은 이익 극대화에 기초해 있고 자원 이용을 통제할 제도나 규칙을 설정할 수 없다는 가정에서 비롯된다. 이는 행위 차원뿐 아니라 자연 혹은 자원에 대한 인식의 차원까지 결부된 가정이다. 이에 따르면 인간은 본래 개인의 사적 이윤추구 동기에 따라 세상을 바라보게 되며 자신의 행위, 자신의 생활을 바라보는 눈도 그러하다. 이 때문에 공공재를 없애고 사유화하든가 아니면 정부 차원의 통제를 가하지 않는 한 환경착취가 불가피해진다. 그래서 하딘의 모델은 국유화, 사유화, 하향적top-down 발전계획 등을 정당화하는 데 쓰이기도 하고, 지역주민이나 공동체 차원의 자율적 관리 능력을 가려버리기도 한다.

한국 서남해에서 보호지역 지정을 둘러싸고 주민들에게 생기는 불안, 지방자치단체가 주민 반응을 예측하고 갖는 불안 중에 공공 목장의 비극을 상기시키는 것이 있다. 전남 무안군 해제반도와 함평 사이에 외해로부터 깊이 들어와 있는 함평만의 사례이다.[9] 2001년 해양수산부가 함평만의 무안 쪽 연안을 습지보호지역으로 지정하고자 했을 때 한동안 이곳 어촌계장들은 분노, 불안의 반응을 보였다. 자신들과 충분히 논의하지 않았다고 분노했고 '왜 무안 쪽인가' 불만스럽고 불안한 반응을 보였다. 이 반응은 첫째, 그간 각종 보호지역으로 묶여 행위제한 때문에 고통을 받아 온 데다 또 다른 보호지역이 생겨남으로 인해 제한을 더 받으리라는 예측 때문에 생겼다. 새롭게 어업권을 받으려 할 때에도 어려움이 따르리라는 예측도 했다. 다음, 함평만의 한정된 어장 공간과 어족 자원의 상황에서 자신들만이 제한을 받는 것이 상대적으로 재화 획득 기회의 격차를 크게 벌인다는 것이다. 2002년 8월 함평만 한 주민의 언급이다.[10]

> 이들은 습지보존지구로 지정됐다고 해서 여기를 중점적으로 … 기관에서 지금 습지보존지구로 지정이 되었기 때문에 그쪽만이라도 잘 관리를 허느냐 그건 아니거든요, 오히려 ○○○에서는 새우조망이라 해가지고 그 허가를 내주려고 발버둥치고 그것 때문에 또 지난번에 공청회를 또 했어요. 그때도 전부다 이구동성으로 다 반대를 했어요. 그러면 어째 ○○○만 그렇게 해서 해주면은 다른 시군 어선을 가진 사람들은 뭣이냐 그 말이여.

제보자는 자신들이 살고 있는 곳 건너편 주민들은 보호지역 지정을 반대한데다 새로운 종목의 조업허가까지 받을지도 모르기 때문에 상대적 격차, 상실감 같은 것을 느낀다. 상대편은 재화 획득을 최대화하기 위해 보호지역 지정을 반대한데다 공공 해역까지 더 사적 점유占有를 하도록 허가를 받기 위해 노력하는 반면 자신들은 행위제한까지 받게 되었다는데 대한 불만을 갖는 것이다. 구술내용을 보면 제보자는 보호지역 지정의 의의를 부정하지는 않는다. 그러나 이웃이 더 많은 재화 획득 기회를 갖게 되는 불평등한 상황에서 자신들 쪽만 관리한다는 것이 유효한지에 대해 의구를 갖는다. 필자가 보기에 어로기회 감축, 제한이 해당 지역에 균등하게 적용되어야 함은 당연한 일이라 할 수 있다. 이 점이 지켜지지 않는 보호지역 지정에 문제가 있다고 볼 수 있다. 그러나 여기서 주목되는 것은 제보자에게 보호지역에 대한 반응이 주로 기회의 사회적 균등, 불균등에 관한 것으로 집중되어 있다는 점이다. 공공재를 대하는 인식이 어로의 기회, 재화 획득 기회에 초점이 맞추어져 있는 것이다.

불법어로는 공공목장의 비극과는 조금 다른 문제이다. 공공목장의 비극에서 비유를 위해 설정한 목축은 공공적으로 허용된 것이다. 이에 비해 불법어로는 말 그대로 허용되지 않은 어로이다. 그렇지만 공공지역에서 일어나는 일이고 사적인 이익 극대화 욕구가 작용한다는 점에서 유사하다.

함평만에서는 2000년대 중반부터 사라지기 시작했지만 그 전까지는 주민들의 저인망 어선에 의한 불법어로가 성행했던 곳이다. 수산자원보호지역으로 지정되어 있어서 법적으로는 불법어로가 있을 수 없지만 실제로는 불법어로가 끊이지 않았다. 또한 2003년 우리나라 최초로 습지보호지역으로 지정되어 갯벌, 어종, 철새 등의 보호와 어민들의 행위제한이 정해졌지만 불법어로는 상당기간 사라지지 않았다. 다음은 2002년 8월 현경면, 해제면에 사는 제보자들이 밝힌 당시의 상황이다.

○○○에는 주민들 중에 불법어로를 하는 배가 30호 가량이 된다. 앞바다에는 낙지가 많이 잡히는데 주낙(연승)으로 잡아야 하나 한꺼번에 많이 잡기 위해 고대구리(저인망)를 쓰면 불법이다. 불법어업을 하는 이들은 갯벌에 묻힌 낙지를 잡기 위해 고대구리로 바닥을 긁는다. 특히 행정관청의 단속선이 지나고 난 밤에 이러한 일을 하며 운항을 하지 않는 주말에도 집중된다. 이들은 어구를 배에 실어 놓으면 적발 대상이 되기 때문에 바닷물에 담가 놓은 채 다닌다. 동계洞契 때에 마을사람들이 모여 불법어로를 막고 적발된 이들을 신고를 하자는 결의도 했다. 그러나 실제로는 어렵다. 한 마을 사람들을 고발하기 어렵고, 다른 마을 사람들을 고발할 경우 우리 마을 사람들도 다칠 것 같아 그렇게 하지 못한다. 불법어로를 하는 한 마을 사람들은 자신들에게만 하지 말라 하면 다른 마을 사람들은 그리 하는데 자신들만 못하게 되니 결국 우리만 손해 아니냐는 이야기를 한다. 일전에 마을 사람 중에서 신고를 한 사람이 있었다. 그 후 누가 신고를 했는지 알려지게 되어 반목이 있었다.

이곳에서는 낙지, 오도리(보리새우)가 주된 불법어로 어종이다. 마을공동체에서는 불법어로가 다른 주민들에게 피해를 주고 어종이 고갈되므로 동계와 같이 공동체적 차원에서 신고를 정당화시켜 주고자 했다. 마을 사람 중 이를 신고하는 이가 있을 때 지연관계 때문에 갖게 될 심리적 갈등을 마을 공동체 차원에서 함께 결의했다는 점에 기대어 해소토록 한 것이다. 그러나 실제로 신고하는 이가 그 해에 1명에 불과했다. 불법어로를 하는 사람들의 인식은 이를 막을 경우 다른 마을 사람들은 여전히 그 기회를 갖는데 자신들만 손해라는 것이다. 이들은 불법어로 행위를 통해 전유 기회의 최대화를 추구하는 것이며, 이들에게 어로 금지는 '있는 기회'를 놓치는 일, 상대적으로 타인에 비해 손해를 보는 일로 인식되는 것이다. 누구나 풀밭에서 소를 뜯기는 공공목장의 비극의 상황이 여기서도 일어나는 것이며, 사람들은 불법어로의 금지를 다른 사람들과 경쟁적으로 자원을 전유하던 바다의 '공공목장'에서 물러나게 되는 것, 결국 자신만이 손해를 보는 것으로 인식하는 것이다.

　불법어로를 하는 사람들은 얻고자 하는 자원에만 집중하며 전체 환경은 고려되지 않는다. 이웃과의 사회관계도 깨뜨려 버리곤 한다. 제보자들은 밤에 조업하는 배들이 양식장까지 망쳐 놓는다고 성토한다. 해변까지 저인망으로 바닥을 긁기 때문이다.

　　고대구리를 하는 사람들은 고기가 안 잡히면 해변까지 저인망으로 긁는다. 그러면 그쪽 뻘은 낮아지고 다른 쪽에 그 뻘이 쌓인다. 워낙 그물이 촘촘한 것을 쓰다보니 그물이 가득 차게 되는데 이 상태에서는 기계가 그물을 들어올리지 못하므로 한동안 그물을 물 속에 넣어둔 채 배를 움직여 흙 등이 빠져나간 후에 들어 올린다. 골라낼 것은 고르고 그러면 다(나머지를) 바다에 버린다.

　이들의 경제생활도 불법어로를 중심으로 체계화되어 있다. 선박에 싣고 다니는 장비는 어로현장에서 적발될 경우 압수당하며 같은 장비를 새로 만드는 데 시간이 걸린다. 그만한 손실 위험을 감수하면서 작업을 해야 하기 때문에 만약의 손실을 대비하는 차원에서도 어로가 더욱 착취적일 수밖에 없다. 또한 불법어로의 적발로 인한 경제 전체적인 손실 자체가 다시 불법어로를 통해 보충되는 악순환의 구조를 갖고 있다.

　　고대구리를 하는 사람들은 합동단속반에 걸리면 벌금을 물고 나와서도 수협 탈퇴를 해야 한다. 수협에서 제외되면 선박용 유류를 공급받지 못한다. 고대구리 하다가 걸리면 벌금을 물어야 하기 때문에 그날 저녁 또 가서 일을 한다. 그러니 이것이 지켜질 수가 없다.

　이렇듯 이들은 환경을 자원의 재생산 능력이나 물리적 환경과는 거리가 먼, 자기중심의 최대 획득을 위한 전유 대상으로 바라본다. 자신의 경제생활도 불법어로를 중심으로 체계화되어 있다.

언제나 손실 위험을 갖는 모험적인 생활을 영위하며 손실을 계속
적인 불법어로로 보충해대려 하기 때문에 생활의 위험이 쳇바퀴
처럼 돌아간다. 이러한 상황에서 자연은 장기적으로 이득을 가져
올 재생산 능력의 장場이 아니라, 일시적으로 그리고 모조리 자원
을 획득해 버리는 단기적 모험의 장, 장비와 법적, 경제적 위험까
지 감수하면서 한 때를 도모하는 투기적인 장이 된다.

　2002년 조사 당시 무안 주민들이 강조했던 것은 행정기관의 강
력한 의지와 단속, 감시를 통한 해결책이었다. 당시 여수 해역에
서는 주민들 스스로 불법어로를 자제하기로 결의했다 하며 이곳
주민들도 이를 알고 있었으나 함평만에 대해서는 자신들의 인간
관계 때문에 행정기관에 의한 단속과 감시에 의존하려는 경향이
강했다. 우선 주민들은 함평만에 단속 선박이 체류하고 있을 것을
원했다. 먼 곳에 있다가 가끔 들어오는 단속 선박은 감시와 단속
의 빈도가 낮을 뿐 아니라 불법어로 어선들이 연락을 취하여 쉽게
회피할 수 있다는 것이다. 현경면 월두리의 김○○ 씨는 단속 선
박이 바다에 떠 있기만 해도 충분히 감시 역할을 할 수 있을 것이
라 예측한다.

> (단속 선박으로) 무안호 하나가 있다. 이틀 정도 함평만에 있다가 간다. 무
> 안호 하나를 도리포에 띄워놓고 선외기(작은 선박 종류 중 하나)를 우리 집 앞
> 에 놔두면 한척도 안 뜬다. 왜? 선외기가 있기 때문에 언제 올지 모르니까
> 배가 나가지를 못한다. 그러면 단속이 된다.

　행정기관에서는 경제적 유인誘引으로 불법어로를 막으려는 조
치도 있었다. 마을에 선착장 등의 시설 설치 예산이 있으나 마을
스스로 불법어로를 근절시킬 때만 예산을 집행하겠다고 하였다.
마을 이장이 주민들에게 이를 알렸으나 지켜지지 않았다. 그밖에

도 정부가 불법어로를 막기 위해 어로를 개선할 자금을 저리로 융자해주기도 했다. 불법어로를 하다가 적발되면 융자금이 회수되고 고율의 이자를 물게 되어 있었다. 적발이 되면 상당히 어려운 상황에 처하는 것이다. 그러나 이 역시 실효를 거두지 못했다. 모험을 해서라도 단기간에 얻을 소득에 대한 기대가 컸기에 많은 사람들이 융자금을 받고도 위험을 무릅쓰고 불법어로를 계속했다. 다른 사람이 불법어로를 계속하는데 자신만 중단하면 결국 자신의 손해라는 의식도 작용했다.

이상의 사례는 불법어로로 인해 공공재의 파괴는 물론 불법 당사자의 개인 경제와 사회적 삶이 파탄 위험에 있어도 사람들의 인식을 불법어로를 통한 단기적, 사적 이익추구가 더 지배했음을 말해준다.

2001년에 함평만의 무안 해제면, 현경면 쪽 갯벌이 국가지정 연안습지 1호로 지정되었음에도 불법어로는 2000년대 중반까지 계속되었다. 그러다가 2006년부터는 차츰 감소되다가 2008년에 들어서는 거의 자취를 감추었다. 이곳 불법어로의 감소는 행정력에 의한 것이었다. 행정력은 두 가지 방향으로 진행되었다. 하나는 선박을 감소시키는 정책이었다. 행정당국에서는 선체 보상금을 책정하고 감척 시한을 두어 그 기간 내에 감척을 할 경우 선체의 규모에 따라 보상금을 지급했다. 주민들은 보상금, 시간 모두 한정된 것임을 알고 자신의 조업 상황, 선체의 상태, 가계의 상태 등을 보아 손익을 따졌는데, 상당히 많은 사람들이 보상의 기회를 잃지 않기 위해 감척에 응했다. 불법어로를 하던 주민들에게는 더 복잡한 계산이 있었다. 행정기관에서 불법어로에 대해 전보다 훨씬 큰 벌금을 매겨 나가자 사람들은 예전처럼 벌금을 내더라도 조업을 계속하려는 모험을 않게 되었다. 불법어로가 점점 어려워지자 많은 사람들이 시한 내에 보상금이라도 타기 위해 감척을 하기에 이르렀다.

이상의 과정을 보면 하딘의 공공목장 비극 모델과 양상이 조금 다르지만 결국 이 모델의 현실화라고 할 수 밖에 없는 현상이 보인다. 누구나 사적 이익의 극대화를 위해 공공재를 이용하려 하기 때문에 공공재가 파괴되고 결국 사람들 모두가 몰락한다는 것이 이 모델이다. 불법어로를 하는 사람들 간에는 어느 하나가 이를 금하려 해도 다른 사람이 지속하는 한 그만두지 못하는, 자원에 대한 경쟁적 전유 욕구가 있었다. 한편 불법어로의 피해를 입고 있는 다른 주민들은 내부적인 집합적, 공동체적 강제력은 발휘하지 못하고 있었다. 결국 불법어로를 하는 일군의 주민들에 의해 모두의 자원이 고갈되어 가고, 생태계가 파괴되는 상황이었다. 이 상황에서 행정기관의 하향적 조치가 있었고 그것이 현재까지 효력을 발휘하고 있다. 앞으로 그 효력이 지속될 것인지, 또 다른 형태의 불법어로가 나타날 것인지는 현재로는 예측하기 어렵다.

2. 어장고갈에 대한 주민의 내생적 대응

하딘의 모델에 대해 통상적으로 제기되는 비판은 인간에게 집합적, 공동체적 동기가 있고 자원 관리의 잠재력이 있다는 사실을 간과하고 있다는 것이다. 모든 인간을 사적 이익 극대화와 경쟁, 그리고 공공의 몰락이라는 시나리오에 의하면 왜 어떤 곳에서는 공동체적 관리가 존재하며 어떤 곳에서는 그렇지 못한가를 설명할 수 없다는 설명력의 결함도 있을 수 있다. 실제로 앞서 사례처럼 행정주도적인 문제해결만 있었던 것은 아니다. 무안군 현경면

용유리 어촌계장 윤행용(남 55세, 2002년 당시) 씨에 의하면 이곳에서
는 자체적으로 강력히 불법어로를 통제하여 1990년대 중반까지
성행하던 것이 2000년대에 들어와서는 거의 자취를 감추었다. 함
평만 내에서는 연승업을 하는 소형선박들만 남게 되었고 유자망
등으로 큰 규모 어로를 하는 어선들은 칠산바다로 나갔다.

　현실화되지는 않았으나 주민들이 품고 있었던 문제해결 방안도
있었다. 이들은 현실화된 제반 과정들에 가려져 있었고 당사자의
의식 속에서 묻혀 있었다. 1990년대 말 함평군 함평읍 석두리를
조사했을 당시 손석주(남, 65세, 1998년 현재) 씨의 다음과 같은 구술이
대표적이다.[11]

　　　　과거에 비해 지금은 굴이나 갯지렁이 채취량이 못한 편이다. 환경이
오염되어서라기보다는 그동안 너무 많이 캐서 자원이 고갈된 탓이다. 몇
년 만 쉬었다 채취하면 엄청나게 많은 양을 얻을 수 있을 것이다. 이곳은
전에는 반지락이 많았던 곳인데 지금은 거의 없어져 버려 1996년에는 반
지락 종패를 20ha 정도 뿌렸다. 그런데 날씨가 너무 더워서 제대로 자라
지 못하고 썩어 버려 손해를 보았다. 그렇지만 일부 종자가 다시 살아나
여름이 되면 다시 캘 수 있을 것이다. 이곳은 옛날부터 모든 어종의 산란
지역이다. 지금은 고대구리 때문에 자원이 고갈되어 양이 줄어들고 있지
만 그래도 이곳에서 나는 모든 것들이 맛이 뛰어나다.

　그는 잠시 조업을 중단하면 자원이 풍요해질 것이라 기대한다.
제보자의 처음 말은 굴, 갯지렁이, 반지락에 집중되어 있고 다음
말은 함평만이 산란장이라는 어장의 특징을 설명한다. 그 다음 말
은 수산물의 맛으로 맺는다. 서로 동떨어진 언술들 같지만 통하는
점이 있다. 굴과 갯지렁이의 과다한 채취와 감소, 반지락의 감소,
불법어로로 인한 어종 감소 등이 문제인데, 이곳은 본래 어종의
'산란지'였을 정도로 어류 생애사에서 중요한 단계에 있는 곳이고
다양성이 두드러진 곳이다. 이러한 모습은 현실이었던 동시에 앞

으로 희구하는 모습이기도 하다. 조업 휴식에 대한 언급은 특정 어종에 국한된 것이 아니라 할 수 있다. 즉, '산란장'이라는 말로 한편으로는 실제 사실을 지칭하고 다른 한편으로는 그의 인식 속에 자리를 잡은 풍요한 함평만 어장을 지칭한다. 그는 조업 휴식으로 그 어장이 살아나기를 그렸다.

IV. 과거의 풍요: 자원에 대한 특정적 인식

어민들의, 자기가 경험한 어장과 어류에 대한 이야기는 그만큼 어획을 할 자원의 풍요했다는 데 초점이 맞추어져 있다. 사람들의 관심은 자원에 있었고 과거의 풍요한 자원에 대한 상상像, image을 가지고 있었다. 목적을 둔 부분에 대한 특정적인specific 인식이 현저했고 그 부분을 포괄하고 있는 전체, 즉 해양환경이나 생태계는 그들 이야기의 직접적 대상이 되지 않았다. 물론 자원을 포괄하고 있는 것이 해양환경이고 인간의 어로 행위 자체가 자연적인 생태학적 관계에 개입하는, 달리 말해 문화적으로 생태계를 재구성하는 것이지만 이러한 '체계'에 대한 인식까지 나타나는 것은 아니었다.

무안군 현경면 오류리 곡지마을은 함평만에서 남쪽으로 해제반도의 좁은 육지를 건넌 탄도만 바닷가에 있다. 2002년 8월 15일 면담 당시 이곳 주민 김영준(남, 70세) 씨는 젊었을 때 중선 배로 외해外海를 다니던 부친을 따라 어로를 했다. 1979년에는 김씨가 직접 배를 지어 선주를 했던 적도 있다. 그 외에 오랫동안 이곳에서 어로, 반지락 양식, 굴 양식, 김 양식, 갯지렁이 유통업을 했다. 그에게 곡지마을 앞의 갯벌과 바다는 자신의 생계터전이다. 그가 묘사하는 자기마을 앞바다의 모습이다.

> 젊은 나이에 어촌이장을 한번 했었다. 그때부터 지금까지 없어지지 않는 것이 고대구리이다. 단속공무원들을 일부로 오라고 해서 너희들 힘이 미치지 못하면 우리가 지원을 할 테니까 같이 단속을 하자. 그러면 우리가 지원을 해주마라는, 이럴 정도로 열정적으로 고대구리를 막아보았다. 갯벌 중에서 주민들이 많이 얻어 가는 생물들이 제일 먼저 낙지가 있고 … 굴, 갯지렁이, 고동, 게, 바지락 등이 있다. 예전에는 부서, 숭어, 장어, 가자미, 봄철이 되면 오징어, 복어, 돔(도미) 등의 어류 종류 등이고 전어, 운저리(망둥어) 등이다. 지금은 남아 있는 것이 숭어, 운저리, 철 따라서 돔도 오고, 전어 이렇게 남아 있다. 여름철에 새우가 많이 나온다. … 자연산 오도리를 잡는 것이 전부 고대구리로 잡는다. 밤에만 잡는다. 불법을 안 하고 잡는 법은 어구개발이 안 되어 있다.

여기서도 불법어로에 대한 이야기가 나오는데 이는 그의 어장 모습에 불법어로가 크게 각인되어 있기 때문으로 보인다. 그 다음 그는 주민이 많이 잡는 낙지부터 갯벌의 생물들을 열거한다. 이후 예전에 잡히던 9종의 어종을 들고 지금 남은 것으로 숭어, 운저리, 도미, 전어를 든다. 처음부터 과거와 현재를 대비시켜 설명하고자 한 구술이 아니지만 예전의 다양한 어종들이 열거되고 다음 요즈음 그의 눈에 뜨이는, 절반 정도 남은 어종이 나온다.

조기잡이는 서해 어로 중에서 가장 큰 조업이었으며 구체적인 어장환경, 어로기술과 장비, 어로와 유통의 경제, 사회조직, 노동요와 민속종교[12] 등이 결합된 문화복합culture complex이었다.[13] 과거의 모습을 돌이켜 보는 어민들의 구술을 살펴보면 수많은 구체적 항목들로 이루어진 조기의 문화복합 중에서 마을 앞 바다의 정경, 조기의 울음, 긴 바닷길의 여정旅程, 만선滿船, 파시波市의 정경이 현저하게 생활과 자원의 이미지로 남아있다.

조기잡이 문화요소의 기록, 관습, 주민 기억들은 이처럼 이동하는 조기 떼를 따라 다니는 여정, 조기잡이와 파시의 주요 지점들에서 보였던 성대한 어로와 파시 풍경들로 채워져 있다.[14] 서해, 남해의 어민들은 북상하는 조기를 쫓아 이른 봄 흑산도 열도 근해부터 조기잡이를 시작해 4월 칠산바다, 5월 중순 연평바다 그리고 이후 용호도 인근에 이르러 6월 하순에 조기잡이를 끝냈다.[15] 완도군, 진도군 일대 어민들의 기억으로는 음력 정월 흑산도로 나가 시작한 조기잡이 어선이 칠산어장, 연평어장을 거쳐 황해도까지 거슬러 올라갔다가 여름이나 되어 내려왔다. 명절을 지내고 바다를 떠돌다가 집에 돌아와 보면 곧 추석명절이나 치르는 것이 그들의 '인생'이었다. 연평도 어민들은 정월에 중선 배를 타고 흑산도까지 내려갔다가 다시 거슬러 올라 연평어장을 맞았다.[16]

영광 법성포에서 낙월도 사이 7개의 섬으로 이루어진 '칠뫼' 일대가 과거 3대 조기어장의 하나로 알려진 '칠산바다'이다. 조선조 말 지도智島 군수로 있던 오횡묵吳宖默의 『지도군총쇄록』[17] 1897년 2월 26일자에는 칠산 어장의 "바다 폭이 백여 리나 되어 팔도의 어선들이 몰려온다. 그물을 치고 고기를 잡는 배가 근 백여 척이 되며 상선 또한 왕래하여 거의 수천 척이 된다"고 묘사되어 있다.

칠산바다, 위도, 연평 등등 곳곳의 어민들에게 거의 공통적으로 나타나는 언술이 '고기 반半, 물 반半'이다. 조기가 밀려들면 바다가 조기의 비늘 빛깔로 하얗게 변하고 바닷물이 절반, 조기가 절반의 바다 공간을 채웠다고 할 정도였다는 말로 어장이 풍요함을 묘사한다. 파시의 풍경에 대한 묘사도 유사하다. "포구에 배가 들어차면 배 위로만 걸어서 멀리까지 간다". 조기를 팔러 온 어선, 조기를 실러 온 상선으로 들어찬 공간 정경의 성대함에 대한 묘사이다. '돈실러 가세'라는 어업요의 구절은 조기를 잡는 것이 곧 바다에서 돈을 실어오는 일이라는, 어민들 심리 속에 들어 찬 포만과 풍요의 비유이다. 파시는 조기와 맞바꾼 돈으로 어민들이 술을 마시고 객고客苦를 푸는 장소이기도 해서 연평도에서는 주민들의, 파시자리 뒤로 발달했던 술집들과 유곽에 대한 기억으로 과거의 영화榮華를 묘사한다.

바다는 어민들의 어로활동을 통해 생활영역이 되고, 크건 작건 어민의 영향력이 미치는 자연이 된다. 생태학적 관계가 달라지는 것이다. 어민의 어로활동으로 생태계는 이 활동과 어로대상을 포함한 환경요인들이 이룬 복잡한 영향력과 작용의 연망을 포함하게 된다. 이 생태계가 어느 행로를 가는가에 따라서 자연의 지속가능성, 그리고 어로활동, 나아가 어민생활 및 사회전체의 수산물 공급-소비 연계의 지속가능성이 결정된다. 어민은 이 생태계 속에 포함되어 있고 환경요인들에 의존해 있다. 어느 하나의 변화가 전체의 변화를 초래한다. 어민이 자원의 일부를 수취하여도 자원의 재생산 능력의 범위를 넘지 않을 때에는 생태계가 유지되고 어로활동이 유지된다. 그밖에도 서식환경의 재생 불가능한 파괴나 변경과 같은 것이 없으면 생태계는 탄력적으로 변화에 반응하면서 지속하고 어로활동도 지속된다. 어민들이 기억하는 과거의 풍요했던 자원들은 인간 중심적으로 볼 때는 자원의 풍요이지만 생태학적으로 볼 때는 지속되는 생태계에 힘입어 나타나는, 생물종의 활발한 발현이다. '고기 반, 물 반'이라는 과거 어장에 대한 어민들의 말은 자원의 풍요를 뜻하지만 그것이 곧바로 이 생물종이 활발하게 발현된 생태계이기도 하다. 그러나 어민들이 예나 지금이나 생태계 자체를 의식한다고 보기는 어렵다. 어민들이 자기 활동에 대한 인식을 전유대상과의 즉자적 관계를 넘어서 생태계라는 전체 체계로까지 넓히는 것은 대단히 희귀한 경우일 것이다. 어민들은 자원을 전유할 뿐이지만 비의도적 차원에서 생태계가 작동하고 지속되며 생물종의 지속적인 발현을 낳은 것이다. 어민들은 전유 대상인 물고기의 발현을 따라 이리저리 이동하면서 어로를 하고 파시 자리에서 물건을 넘기고 술을 마시고 즐기며, 다소의 수입을 갖고 집으로 돌아간다. 그들은 한동안을 집에 머물다가 다시 또 다른 어종의 발현과 회유를 따라 어로생활의 회로回路로 들어간다. 지금 어민들이 기억하는 풍요한 자원의 세계의 바탕에는, 그가 의식하지는 않지만 생물종의 지속적인 발현을 낳았던 생태계, 그리고 어로활동과 파시자리에서의 유흥과 귀향과 다시 어로생활로 복귀하는 생활의 순환을 가능케 했던 생태계가 있었다.

자원이 고갈된 현재, 과거의 큰 어장들에서는 다양한 반응들이 나타난다. 조기잡이가 쇠퇴해 가는 연평도에서 어민들은 한동안은 조기 대신 꽃게잡이에 몰두했으나 2008년에는 이것마저 끊길 것을 염려한다. 과거의 풍요는 추억과 관광객에게 기념관과 어로 흔적과 파시 자리를 통해 지역정체성을 홍보하는 대상이 되어가고 있다. 풍어에 대한 기원도 현재의 상황을 담을 수밖에 없다. 2007년 9월 8, 9일 연평도 임경업 장군의 사당 충민사에서 열린 배연신굿은 그 의례 자체가 임경업 장군의 설화[18]를 배경으로 한 것이어서 조기잡이의 풍요에 대한 주술적 기도企圖가 주요내용이 된다. 그러나 이 행사에는 임경업 장군 설화 관련 역사와 유무형 문화재의 표방, 연평도의 지역정체성으로서의 조기잡이에 대한 홍보, 그리고 이러한 것들을 통한 관광 요소의 강화 등 여타 동기가 함께 작용하였고, 앞으로는 어민들의 풍요를 바라는 절실한 종교적 행위보다는 조기에 대한 문화적 기념과 '추억'으로만 남을 수도 있다.

전북 부안군 위도에서는 주민들이 과거의 풍요가 외부적 요인에 의해 박탈되어 버린 것으로 인식하고, 다시 어장을 회복시키는 것보다는 그 보상심리로 다른 대가를 얻고자 하는 경우도 있었다.

위도에서는 많은 어민들이 영광 핵발전소에서 방출되는 물 때문에 수온이 상승하고, 새만금 간척공사로 인해 조류가 바뀐 때문에 어장이 고갈되었다고 본다. 또한 예전에는 세 번 그물질하고 그물에 붙은 이물질을 떼어내던 것이 지금은 두 번 그물질 후에 곧 그 작업을 해야 할 정도로 바다 환경이 달라졌다 하며 그 원인이 새만금 간척공사로 인한 조류 변화에 있지 않은가 의구를 갖는다. 위도의 지역운동가 서대석(남, 50세) 씨에 의하면 주민들이 과거의 성대했던 위도파시, 위도의 경제적 위상에 비추어 현재의 상황을 비교할 수밖에 없고, 더 이상 풍요를 구가할 수 없다는 인식이 사람들로 하여금 하루빨리 현실에서 벗어나고자 하는 의식을 만든다. 2000년대 초반에 정부에서 위도에 핵폐기장을 설치하고자 했을 때 초기에는 이곳 주민들 상당수가 동의할 의사를 갖고 있었다. 주민들은 그 대가가 개별 가정으로 지급되리라는 기대를 갖고, 그 대가를 갖고 더 이상 과거의 풍요를 기대할 수 없게 된 현실을 벗어나고자 했기 때문이었다. 또한 핵발전소, 새만금 방조제 등 국가사업으로 황금어장이 피해를 입는 등 언제나 박탈당하기만 했기 때문에 이번에는 그 박탈을 상쇄할만한 '덕'을 보자는 의식이 있었다. 과거에 풍요했던 곳이 자원고갈, 환경변화를 겪게 되면서 과거에 비추어 더욱 박탈감을 느끼게 되고, 잃어버린 풍요를 다른 대가로 상쇄하고자 한 경우이다.

V. 생태학적 적응과 생태계의 인식

사람들은 살아가면서 자신이 부딪치고 있는 물리적, 생물적, 이화학적 구조와 과정에 대해 인식을 하고 지식을 활용하면서 산다. 대부분의 경우 생태계라는 전체에 대한 인식, 즉 부분들의 전체로서의 체계에 대한 인식을 하는 것은 아니며, 상호의존과 환류 feedback라는 과정을 인식하는 것은 아니지만 목전의 대상에 대한 인식을 통해 그는 생태계와 통하는 것이며 지식 활용을 통해 생태계에 영향을 미친다.

무안군 현경면 오류리 곡지마을 사람들에게 곡지 앞바다는 다양한 생물들, 어종들로 이루어진 생태계이며, 특히 모래와 갯벌 흙이 섞인 모래갯벌로 특징적인 지형을 이룬 곳이다.[19]

모래하고 흙하고 같이 실려 와가지고 이게 모래 뻘이다. … 사람이 다니다 보면 어떤 현상이 생기냐. 사람이 자꾸 딛고 다니면 뻘하고 흙탕물이 되가지고, 물이 새로 들어 와 버리면 흙탕물은 나가버리고 모래만 남게 된다. 그래 가지고 길이 되어 버린다. 보통사람들은 길이 잘 안 보이는데 지역민들은 아주 달려가듯이 그 길로만 가면 착 간다. 그런 길이 거미줄처럼 다 있고 여기서 출발하면 이리도 가기도 하고 아주 많이 있다. … 그러니까 이런데 가면 물 많이 찰 때 가면 물 속에 잘 안나오는 지역을 많이 볼 수 있다. 주민들은 발 잘 안 빠지고 빨리 갈 수 있는 곳을 다 알고 있다. 어느 정도 아냐면, 주민들은 어떤 거 보면 신기하냐면, 밤에 그물을 물이 강가까지 찼을 때 딱 여기까지 가서 그물을 치고, 고기가 맨 먼저 물이 빠졌다가 다시 들기 시작한 무렵에 고기가 물 따라서 맨 먼저 온다. 숭어라던가 농어새끼, 그것을 노리고 뻘 속에서 가만히 앉아 있는 거다. 물이 차지 않을 때 지금쯤이면 잡는다. … 저걸 어떻게 길을 찾아갈까하는데 정확히 찾아간다. 그 고기를 따서 작업을 하고 나면 벌써 물이 여기까지 찬다. 차는데 그 육감이라는 것이 참 놀랍다.

모래 성분이 많은 갯벌이 거미줄과 같이 길이 된다. 어류가 밀물 때 물을 따라 들어 올 때 어민들이 그 길을 걸어 갯벌에 그물을 치고 앉아서 기다린다. 사람이 조류의 흐름, 어류의 회유 습성에 의존해서 고기잡이를 하는 것이다. 사람들은 완전히 물이 차기 이전에 조업을 끝내고 돌아가는데 물 속에 잠겨 있는 거미줄과 같은 길을 육감으로 알아채면서 걷는다. 자연의 형태와 과정이 사람들에게 구체적으로 인지되고 그 구체성에 근거하여 고기잡이가 이루어지고 익숙하게 집으로 돌아가는, 바다 속의 길이 이루어지는 것이다. 결국 곡지마을 사람들 앞에 있는 바다의 자연은 인간의 머리와 손과 발이 닿은, 인간의 영역 속으로 전이해 들어 온 자연이다. 이러한 방식의 어로가 자원 관리에 있어서 더 지속적이고 환경친화적인지는 알 수 없다. 다만 그는 지형, 지질, 조류, 어류 습성에 구체적으로 적응되어 있고, 사람의 육감이 놀라울 정도로 세세한 국면에서 사람과 자연이 연결되어 있는 세계를 묘사하고 있을 뿐이다. 김영준 씨의 구술은 자연에 대한 구체적 지식과 적절하고 민감한 반응을 통해 인식 속에서, 그리고 행위 속에서 자연과의 긴밀한 상호작용이 이루어지고 있음을 말해주고 있다. 실용론적인 관점에서 보면 이 구술은 어민들의 환경에 적응적인 어로에 관한 것이다. 그러나 다른 한편으로 이 구술은 그가 자기 마을에서 구현되어 온 자연의 세계, 생활세계에 대한 묘사가 된다. 물론 이곳도 불법어로가 있었고 환경오염도 있지만 다른 한편으로 존재하는, 자연과 인간이 긴밀하게 상호작용하는 세계를 그가 이야기하고 있는 것이다.

생태계에 대한 개념을 갖고 있다는 것은 환경 속에 존재하는 다양한 종種들과 물리적 구성요인들을 상호의존과 상호작용의 관점에서 바라보는 것을 뜻한다. 이 개념은 생태계 속에서 자원을 전유하는 인간으로 하여금 특정한 종들을 넘어 총체적 실체로서의 생태계 자체를 인식하게 한다. 나아가 생태계 자체의 균형에 대한 규범적 인식들을 포괄한다.[20]

환경오염으로 사라졌지만 그가 과거에 접했던 한 바다 모습에 대한 설명은 생태계에 대한 인식의 단편을 보여준다. 그는 마을 앞 바다환경이 변한 것을 생물종 한 두 가지를 지표로 삼아 설명한다.

> 우리 마을이 무안군뿐만 아니라 갯벌을 가장 많이 가지고 있는 지역이다. 옛날에 보면 '깔딱구'가 있는데 지금은 많이 없어졌지만 갯벌에서 서식하는 것이다. 여름철에 새까말 정도로 많이 있었다. 그만큼 바다가 오염이 안 되고 갯벌이 오염이 안 되니까 … 지금은 다 죽었다. 바다를 보면 어릴 때와 달라진 점이 최고로 간조 시에 바다로 가면 … '진지리'라고 한다. 이것이 쫙 누워 있다. 그러면 그 속에 가서 각종 다른 것이 축을 이루고 있으니까, 물이 조금 들어서면 탁하니까 물이 많이 들면 안보이고 물이 사람 한 길 정도 될 때 그 위로 조그마한 배타고 지나가면 그것이 다 서가지고 그 사이로 조그마한 고기들이 헤엄쳐 다니는 것이 보기 좋았는데 이것이 다 없어졌다.

그가 이야기하고 싶은 자연은 '깔딱구'도 있고 '진지리'도 있는 곳이다. 배를 타고 가다 보면 '진지리'들이 일어서 있고 그 사이로 작은 물고기들이 헤엄쳐 다니는 곳이다. 이러한 생물들까지 있을 곳에 있어 다양한 생물종이 들어 찬 세계가 자신이 접하는 자연일 뿐 아니라 왕래하는 생활의 세계이다. 작은 배를 타고 가면서 물 아래로 보이는 '진지리'와 물고기가 좋았던 그는 이들이 지금 사라지고 없음을 이야기한다. 그의 이 구술은 아쉬움을 표현하는 것이지만 달리 보면 생태계의 구성요인들이 있을 곳에 있어야 한다는, 생태학적 당위 혹은 정의에 대한 이야기이고, 그러한 세계를 지켰어야 한다는 규범적 의식을 포함하고 있다.

김영준 씨의 구술에 따르면 1990년대 초반 신안군 지도면과 무안군 해제면 사이의 연륙連陸과 간척은 조류의 변화와 어족의 감소를 가져왔고 주민의 안타까운 반응을 낳게 했다. 그의 말에는 간척되기 이전 이 좁은 해역을 흐르는 바닷물의 흐름에 대한 기억이 들어있다.

> 어류가 변해 버린 것이 옛날에는 우리 바다에서는 지도하고 해수(해제)하고 사이에 해역이 있었다. 해역이 있었는데 여름철 밤이면 물이 바위로 굴러 가는 소리가 들릴 정도였다. 조류도 변해버리고 어족도 감소했다. ○○○씨라고 목포의 부자이며 ○○○○이다. 왜 이러한 생각을 했느냐. 연륙이 안 되면 생각도 못한다. 다리를 놓을 때 가로 질러 놓아서 간척이 쉬웠다. 이쪽 만에 있는 … 우리 해안가에 사는 어민들은 굉장히 아쉽게 생각하고 있다.

지도와 해제 사이의 해역이 막히면서 지형의 변화, 어족의 감소, 조류의 변화를 초래했다는 짧은 언술은 어족 자원에 대한 특정한 인식을 넘어 생물종들과 물리적 구성요인들이 이룬 상호의 존적인 체계에 대한 인식을 보여준다. 그 한 부분으로서 바닷물이 좁은 해역을 흐를 때 물이 내는 소리가 먼 자기마을까지 들렸다는, 예전에 많은 사람들이 그 소리에 대한 경험담을 이야기했을 법한 추억까지 포함되어 있다.

이 해역이 막힌 후 시간이 흘러 2000년대 초에는 다른 곳의 순환과 소통을 이루려는 시도가 있었다. 무안군 태생으로 군청에 근무하는 나상필(51세, 2008년 현재) 씨는 1990년대 중반에 함평만과 탄도만 사이 해제반도의 가장 좁은 곳인 현경면 가입리 인근 지역 두 개의 만 사이를 파서 두 바다를 소통시키는 공사를 꿈꾸었다. 사람들은 이를 '통수通水'라 불렀다. 이 때문에 조류潮流와 어족의 흐름이 변화하게 되고 생태계가 변할 것은 예측되지만 그 변화가 생태계의 파괴가 아니라 조류와 어족의 순환을 낳게 하고 생태계의 개선을 낳는 것이라면 이러한 변경 작업도 의미가 있다고 보았다. 양쪽의 바다를 소통시킴으로써 지척의 거리에 있는 두 바다를 멀리 돌아야 닿게 되는 선박 교통의 문제도 해결될 수 있다고 보았다. 이 계획은 실행 단계에까지 이르렀으나 긍정적 변화가 초래될 것인지에 대한 과학자들의 판단이 이루어지지 않았고 행정적으로도 감행하기에 벅찬 것이어서 유보된 상태이다. 나상필 씨는 이 계획에 몰두했던 당시의 수많은 글들을, 지금은 무안의 바다와 땅에 대한 자신의 인식을 담고 있는 역사자료로 보존하고 있다.

어민 김영준 씨와 무안군의 공직자 나상필 씨의 이야기는 특정한 자원을 넘어서 그 자원을 포괄하고 있는 전체 체계와 그 속 구성요인들 간의 관계에 대한 이야기이다. 전자는 한쪽 해역이 가로 막히면서 생태계, 물리적 환경의 변화상, 그리고 그 이전 조류의 소통이 이루어지던 때의 기억을 이야기한다. 후자는 의도적인 물리적 환경과 생태계의 개선을 이야기한다. 과학적으로 그 변형이 과연 개선인지의 여부를 떠나서, 생태계의 재구성을 생각하는, 즉 체계에 대한 인식을 한다는 점은 이 글에서 기록해 둘 필요가 있다.

Ⅵ. 맺는 말

이 글에서는 사람들이 자신의 어장공간으로 만든 해양환경 속에서 자신의 어로활동과 해양환경에 대해 갖는 인식을 다루었다. 어장이라는 환경은 사람들이 보다 많은 자원전유를 목적으로 접하고 생태학적 관계를 변형시키며, 사람들의 관리에 의해 존속하는 실체이다. 함평만의 경우 해안 가까이 사적 점유 공간이 있으나 상당부분의 갯벌과 안쪽 바다가 공공재이다. 이 공공재에서 사람들은 보다 많은 자원전유를 꾀해 왔으며 하딘의 공공목장의 비극 모델과 같은 공공재의 고갈과 생태계의 파괴 위험을 안고 있는 것이었다. 사람들은 자원이라는 인간중심적 대상에 대한 특정적 인식을 갖고 바다와 어족을 대했다. 불법어로는 이 특정적 인식이 자원의 생태학적 재생능력을 해칠 수준을 넘고, 이에 대한 법적 규제까지 넘어 발휘되는 만성적 갈등요인이었다. 하딘의 모델은 인간의 사적 동기에 따른 운명적 행동과 결과를 상정하고 하향적 조치만이 해결점이라는 인식을 초래하기 쉽다. 함평만의 경우 실제로 그러한 결과가 나타나 2000년대 중반에 국가가 불법어선에 대한 선체 보상을 하고 감척 조치를 취한 후에야 근절되었다. 반면에 사람들이 가졌던 공동체적, 자율적 통제의식은 일부 마을에서 문제해결로 이어졌지만 대부분의 경우 면식사회의 인간관계 때문에 묻혀 버렸고, 조업 휴식의 의견 등 자율적 관리 의식은 개인적 차원에 머물다가 묻혔다. 사람들의 자연환경에 대한 인식은 자원에 대한 특정적 인식에 머물렀고 공공재를 둘러싼 경쟁과 자원남획, 그리고 그렇게 하여 영위하는 생활의 지속에 대한 관성적 인식에 머물렀다. 이 글에서는 그나마 취약하게 존재하다가 묻혀 버린 자율적 통제와 생태계의 재생을 희구하는 자원관리 의식이라도 한 시대에 존재했던 중요한 환경의식의 단면들이라 판단하여 기록하였다.

사람들의 과거 어업에 대한 기억을 보면 자원의 풍요에 대한 인식들로 채워져 있다. 무안 곡지마을 한 제보자의 과거 마을 앞 어종에 대한 구술, 서해 여러 지역 조기잡이 관습과 기억에 대한 구술들이 이를 잘 나타낸다. 과거의 풍요에 대한 어민들의 기억들은 자원에 초점을 둔 특정적 인식을 보여주고 있다. 어민들은 당연히 자기 생존활동을 중심으로 하여 세계를 인식한다. 획득하고자 하는 자원에 대해 특화된 인식을 갖게 마련이다. 과거 자원의 풍요는 어민들에게 의식되지 않는 차원에서 그 자원(생물종)의 발현을 가능하게끔 생태계가 지속되고 있었기 때문이다. 과거 자원의 풍요에 대한 기억은 생태계에 대한 인식까지 담고 있지 않는 것이 당연하다.

한 때 번성했던 자원이 고갈되면 사람들의 환경과 생태계에 대한 인식을 하게 된다. 한 때의 번성했던 자원이 고갈되면 사람들로 하여금 생물종들과 물리적, 화학적 요인들로 이루어진 체계가 유한하고 취약한 것임을 알게 되는데 작용한다는 것이다.[21] 필자는 과거 자원의 풍요에 대한 기억이 이때에 주민의 환경과 생태계에 대한 의식 제고와 현실 개선에 기여할 수 있다는 희망을 가져본다. 과거의 풍요에 대한 묘사가 단순히 '한 때 좋았던 옛날'로서 자원이 고갈된 오늘과 대조되는 것을 넘어서, 그 풍요를 가능하게 했던 환경과 생태계에 대한 상상력을 일으키는 문화자원이 될 수 있다는 것이다. 조사된 바는 없으나 고갈로 인해 환경과 생태계에 대한 인식이 높아지는 상황이라면, 과거 풍요에 대한 기억은 단순한 기억을 넘어서 오늘의 환경 현실과 대조되는 과거의 체계와 과정에 대한 상상력의 시점始點이 될 수 있으며, 이는 결국 지향해야 할 환경의 모습을 그리는 데 기여할 수 있다는 것이다.

곡지마을 김영준 씨가 구술하는 마을 앞바다 지형과 고기잡이, 그리고 밀물에 잠긴 길을 따라 집을 찾아오는 어민들의 이야기는 토착지식으로 주민 적응의 차원을 넘어 목전의 대상물들을 친숙

한 세계로 만들고 자신이 익숙한 생태학적 세계를 구성하였음을 말해준다. 나아가 김씨의, 여러 종들이 생존했던 옛 갯벌과 바다에 대한 구술, 그 종들이 사라진 것에 대한 아쉬움은 생태계라는 전체 체계에 대한 인식을 보여주는 동시에, 존재들에 대한 미의식美意識과 이것들이 제대로 자리를 잡고 있어야 한다는 규범적 의식을 보여준다.

실현되지는 않았지만 무안의 한 공직자가 꿈꾸었고 지금도 실현의 당위를 신념처럼 갖고 있는 해제반도 한 지역의 통수通水는 그가 이 일대 해양 및 육지의 전체 지형과 바닷물의 흐름, 어류의 회유 등에 대한 전체적 인식을 하고 있음을 말해준다. 전체 체계와 과정에 대한 인식이 있어야 생각될 수 있는 계획인 것이다. 문제는 이 인지가 환경에 대한 미시적 상호작용 활동의 결과 얻는 주민들의 토착지식처럼 지속가능한 생태학적 관계를 담고 있는가 이다. 전체적인 조망을 넘어 지형학적 자연성과 환경학적 안전성을 담보해낼 수 있는, 자연과의 구체적이고 상호작용적인 인지가 필요한 것이다. 그렇지 않을 때 이 계획은 기존의 자연을 제압하고 사람들에게 또 다른 획일적 인공을 부여하며, 지속가능한 환경과 인간 생활의 상호작용과 발전을 저해할 수 있다.

서남해, 서해 연안과 섬 몇 곳에서는 과거의 자원 풍요와 현재의 고갈, 생물학적, 물리적 환경의 변화를 둘러싸고 자연에 대한 그리고 생활에 대한 다양한 인식들이 존재해 왔다. 이 글은 사람들이 자기 활동의 영역으로 끌어들인 해양환경에서 나타난 주민의식, 인식의 사례들을 서술하였다. 현대사회의 자원고갈과 이에 관련된 주민의 자원인식, 과거의 풍요했던 자원에 대한 기억, 자원에 대한 특정적 인식을 넘는 생태계 인식의 단서, 생물학적·물

리적 환경 변화에 대한 반응과 새로운 환경변형에 대한 꿈 등의
사례들이다. 이 글은 이 사례들을 열거하는 데 그친다. 앞으로는
해양환경과 해양문화에 대한 연구는 거시적인 차원에서 부분적
사례들의 정체와 위상, 의미들을 전체적으로 판단하는 작업을 요
한다. 통시적, 공시적으로 여러 인식형태들과 내용들의 스펙트럼
을 다루어내는 작업을 요하는 것이다.

1) 이 글에서는 사람과 상호작용하는 해양환경의 공간, 사물과 이에 대한 인간 활동에 나타난 지식, 가정, 개념, 기대, 감정, 태도 등 지적知的, 정서적 사항들을 통합하여 '인식'이라는 용어로 줄여 쓰고자 한다.

2) 일기와 물때, 바다공간에 대한 주민들의 지식 등이 그 예이다. 조경만, 「흑산사람들의 삶과 민간신앙」, 『도서문화』 6, 1988.

3) 나승만 외, 「어부가・표해록・어로요에 나타난 해양인식 태도」, 『섬과 바다―어촌생활과 어민』, 경인문화사, 2005, 211~243쪽.

4) 秋道智彌, 이선애 역, 『해양인류학』, 민속원, 2005, 31쪽 참조.

5) Turnbull, C. M., 이상원 역, 『숲 사람들The Forest People』, 황소자리, 2007.

6) Bennett, J. W., *The Ecological Transition: Cultural Anthropology and Human Adaptation*, Oxford: Pergamon Press, 1976.

7) 2008년 4월 26일과 27일 일본 산다시에서 열린 <G8 국가 환경장관회의 기념 심포지움G8 Environment Ministers Meeting Commemorate Symposium>에서는 '아시아로부터 사토야마를'이라는 주제가 제시되었다. 일본의 사토야마뿐만 아니라 아시아 곳곳의 유사한 생태계, 그리고 여기서의 자연과 인간의 상호작용으로부터 보존과 지속가능한 발전의 흐름을 이루자는 것이다. 일본 환경성 웹문서를 보면 인간을 자연의 일부로 보는 아시아라는 전제를 놓고 이 세계관과 자연―인간의 상호작용이 일어나는 사토야마, 나아가서는 '아시아 곳곳의 사토야마 사례'라는 언술이 발견된다. 지구의 지속가능성을 생각할 때 사토야마의 개념이 매우 중요하며 이를 세계적으로 전파해야 한다는 논의가 있었음을 보고하고 있기도 하다. 사토야마라는 개념과 용어를 통한 이니셔티브의 욕구가 발견된다. "SATOYAMA from Asia"―Toward the Harmonious Coexistence of Human and Nature―(http://www.env.go.jp/en/nature/biodiv/sympo2008_summary_e.pdf) 참조.

8) Hardin, G., *Science*, 1968, 162:1243-1248.

9) 2001년 국가지정 연안습지 1호로 지정되었으며 2008년 1월 람사르Ramsar 습지로 등록, 2008년 6월 전라남도 도립공원으로 지정되었다.

10) 구술 내용의 성격상 이 글에서는 불법어로에 관한 제보자를 밝히지 않고 기관, 단체 등의 명칭을 익명으로 처리한다. 이하 무안 어로와 삶의 조사에 목포대 선영한 선생과 함께함.

11) 이하 조경만, 고철환 편, 「갯벌보존과 지역발전을 함께 하는 길」, 『한국의 갯벌』, 서울대 출판부, 2001.

12) 대표적인 조기잡이 민속종교로 인천광역시 옹진군 연평면(연평도)의 임경

업장군 설화와 관련 의례를 들 수 있다. 이 설화의 조기와의 관계, 종교
적 의미 등에 관해서 주강현,『조기에 관한 명상』, 한겨레출판, 1998 ;
이경엽, 본 책의 글 참조.
13) 과거 조기잡이 선박(전남 진도군 조도면 닻배 등)과 어로장비, 어로방법, 경제
민속 등의 문화복합에 관한 구체적 연구는 나승만,「조기잡이 닻배어로
의 번영과 쇠퇴」,『비교민속학』 27, 2003, 263~291쪽 참조.
14) 2006.8.21 전북 부안군 격포면 위도리 ; 2008.4.21~24 인천광역시 옹진
군 연평면 등 조사자료.
15) 이하 조기잡이 어로의 일반적 양상, 서남해 주민들의 어로에 대한 기억,
어법, 굴비제조, 파시 등에 관해서는 해양수산부,『한국의 해양문화-서
남해역』 하, 2002 ; 나승만,「조기잡이 닻배어로의 번영과 쇠퇴」,『비교
민속학』 27, 2003, 263~291쪽 ; 김준,「생태환경의 변화와 파시촌 어민
의 적응」,『도서문화』 18, 목포대 도서문화연구소, 2001 등 참조.
16) 2001~2008년 사이, 서해를 따라 이동하는 어민들의 자기 인생 평언評言
에 관한 현지조사 자료(수정, 보완, 재조사 중) 참조.
17) 이해준 편,『지도군총쇄록』, 도서문화연구소자료총서 2, 1990 참조.
18) 임경업 장군이 병사들과 연평도를 지나다가 병사들의 굶주림을 해결하기
위해 '땜슴'이라는 곳에서 병사들에게 산에 올라가 나무 가지를 꺾어 오
게 한 뒤 갯골에 세우게 한 후 축문을 외우니 조기들이 하얗게 걸려들었
다. 주민들은 이 지역에 지금도 그물을 쳐 놓으며 연평도에서 가장 고기
가 잘 잡히는 곳으로 보고 있다.
19) 무안군 현경면 오류리 곡지마을, 김영준 씨의 구술, 2002.8.15.
20) Brunk 등은 사람들의 생태계에 대한 개념에서 비롯된, 전체 체계를 바라
보는 관점과 특정적인 자원에 대한 특정적 관점을 구분하며 전자에 의한
생태학적 정의正義(ecosystem justice)란 인간이 생태계에 관여함으로써 발생
되는 규범적 이슈들에 관한 것으로 본다. Brunk, C. & Dunham, S.,
Ecosystem Justice in Canadian Fisheries in *Just Fish*, Coward, H.,
Ommer, R. & Pitcher, T. eds., St. Johns: ISER, 2000, p.13.
21) Brunk, C. & Dunham, S., 같은 책, 2000, p.10 참조.

제3부

서해의 조기

제1장
조도 조기잡이 닻배 어로 고찰

나 승 만

Ⅰ. 조도 조기잡이 닻배에 주목하는 이유

조선 후기 섬에 수군진이 설치되면서 바다가 해금정책에서 어느 정도 풀려나자[1] 조선 해양세력들이 섬과 바다로 진출했으며, 이들이 표적으로 정하고 주목했던 어종이 조기다. 조선 후기 신흥의 시대를 살았던 모든 사람들은 삶의 역전을 꿈꾸었다. 바다가 해양세력들에 개방되자 한·중 어선들은 모두 조기잡이 어장에 출어했으며, 조기잡이 어업으로 경영의 성패를 가름하려고 했다. 성공을 성취하려는 어민들은 모두 조기잡이에 투신해 자본과 기술을 집중했다. 황해 연안 어민들의 어살, 주목망, 정선망, 중선망을 이용한 조기잡이,[2] 중국 발해의 대풍선을 이용한 조기잡이,[3] 중국 절강성 연안과 주산군도 일대의 녹미모綠尾毛 대선對船을 이용한 조기잡이[4]는 조선 후기 해방의 분위기를 타고 성행했던 동아시아권 조기잡이의 대표적 어로선들이다.

조기잡이의 경제적, 문화적 역량은 파시를 보면 알 수 있다. 한국의 흑산, 위도, 연평 파시,[5] 중국中國 발해渤海 연안 도시의 대활어시大活魚市, 절강성浙江省 주산군도舟山群島 일대의 어장 활동[6]과 동중국해 대황어 판매 집결지인 상해上海 양수포楊樹浦와 십육포十六浦 어시장魚市場은 조기를 중심 어종으로 삼아 형성된 파시촌들이다. 이런 정황들은 조기와 조기잡이를 보다 거시적 관점에서 관찰하도록 요구하고 있다. 글쓴이는 이런 맥락들을 파악하며 조기문화권 또는 황어문화권이라는 개념을 제안한 바 있다.[7] 동아시아 문화사에 있어서 결코 소홀할 수 없는 부분임에도 불구하고 어로문화에 대한 가치가 아직까지는 제대로 평가받지 못하고 있는 실정이다.

조도 닻배 조기잡이 어로는 어로 주도권 외곽지대에 위치한 비주류의 어업세력들이 어떻게 주류적 어업세력권에 들어가 표적 어종을 획득해 내고 있는가를 고찰할 수 있는 좋은 자료라고 판단한다. 또한 이러한 정황은 조도뿐만 아니라 당시 황금어장권에 진입하고다 했던 다양한 어업세력들의 한 전형이라고 판단한다. 이런 전제를 가정하면서 이 논문에서는 어구와 어로 방식의 기술사적 측면에 주목하면서 조도 닻배어로의 특징과 그 특징이 지닌 의미를 역사적 맥락 속에서 규명해 보고자 한다.

Ⅱ. 닻배의 민속지적 고찰

이 논문은 민속지적 연구방법에 기초한다. 민속지적 연구란 현장이 사라진 민속자료를 현장 인식에 근거하여 연구하는 방법론적 태도를 이르는 말이다.8) 현장론적 연구와 같은 맥락이지만 현장론적 연구가 민속의 현재적 양상에 대한 조사를 전제로 한 것인 반면 글쓴이가 지향하는 민속지적 연구는 현재는 경험할 수 없지만 자료로 전승되는 민속을 현장 경험자들과의 면담과 공간 답사, 또는 문헌자료 연구를 통해 현장을 재구성하고 이에 근거하여 논의하는 방법적 태도를 의미한다.

조기의 활동 해역은 한국 황해 칠산, 연평 어장, 중국 발해 요동만, 진황도, 발해만, 래주만 일대, 동중국해 주산군도와 절강성 연안 일대인데,9) 조기의 월동, 산란, 색이장에 해당되는 곳으로, 동아시아 대륙붕 지대다. 조도 조기잡이 어로는 황해 칠산 어장권에 속한다.

어로문화권에 따라 어로선이 구별되는 경향이 있다. 한국 황해에서는 비우식 목범선 중선이 주력 어선이고, 발해에서는 비우식 목범선 대풍선이 주력 어선이다. 그리고 주산군도와 절강성 연안에서는 목범선 綠眉毛가 조기잡이 주력 어선이다. 어종을 기준으로 보면 황해와 발해는 참조기 어업권이고 황해 남부와 동중국해는 부세 어업권이다. 그런데 지정학적 특성으로 보면 비우식 목범선의 외곽지대에 위치한 조도에서 전형적인 비우식 목범선인 닻배를 건조하고 고유한 양식의 닻배그물을 개발했다는 점이 주목된다.

1. 닻배 관련 자료 검토

조도 조기잡이 닻배는 비우식 목범선으로 선체는 황해의 전형적 어로선 중선과 같은 형식에 속한다. 배의 이물부가 비우식이라는 점에서 중선과 같다. 그래서 외형상 가재와 닮았다. 가재가 앞발을 벌리고 있는 형상인데, 중선들의 전형적인 형태다. 그러나 구사하는 어망이 닻그물이라는 점에서 암해와 수해가 달린 주머니그물 형식인 중선망과는 구별되며, 바로 이 점이 닻배어로의 특징이다.

이윤선은 닻배의 역사 기록을 찾기 위해 박구병이 주장한 <균역청사목均役廳事目>에 나타난 행망行網과 정선망과의 관련성[10]에 착안하여 정선망碇船網, 정망碇網, 행배그물, 행망이 모두 닻배그물을 지칭하는 용어로 인식했다. 그래서 닻배 기록의 문헌 확인 시기를 1747년으로 주장하고 있다.[11] 이 주장은 글쓴이와 공동으로 조사한 조도 어민들의 닻배 생활사 자료를 통해 현장 속에서 확인되기 때문에[12] 닻배 어로는 18세기 무렵에 이미 성행했던 조도 조기잡이 어법이었음을 확증할 수 있다. 한편 박윤중은 『닷배노리 닷배소리』에서 닻배의 역사를 150년으로 추정하고 있다.[13]

현재 확인할 수 있는 닻배 자료는 1908년에 발행된 『한국수산지韓國水産誌』 1의 닻배 자료, 1928년 조선총독부수산시험장朝鮮總督府水産試驗場에서 출간한 『어선조사보고漁船調査報告』 제2책, 진도군珍島郡 조도면鳥島面 관매도리觀梅島里 석수어石首魚 정선망碇船網 어선漁船 도면圖面 삼십칠도三十七圖부터 사십이도四十二圖에 실린 어선도,[14] 나승만·이윤선이 조사 보고한 조도 닻배 어민들의 어로생활사 구술자료,[15] 이윤선이 박윤중의 닻배 관련 기록 자료와 선체 모형도 그림을 수집하여 보고서 형식으로 수록한 자료,[16] 모형선이 관매도 어선이라는 명칭으로 목포 해양유물전시관에 전시되어 있고, 조오환이 닻배노래에 주목하며 수집한 닻배노래 생활사와 닻배 선체와 닻배그물 그림이 있다.[17] 그리고 닻배 어로의 소멸에 대한 민속사적 검토, 닻배노래에 관한 이윤선의 연구가 있다.[18] 닻배 어로에 관한 상세한 자료는 이윤선에 의해 발굴된 박윤중의 기록과 그림이다. 박윤중은 『닷배노리 닷배소리』라는 제목의 문서 기록에 닻배와 닻배 그물의 재료와 제작 과정을 소상히 설명하고, 닻배노래 가사를 채록한 자료를 남겼다. 그리고 자신이 본 닻배를 사실적으로 그려 그림으로 남겼다.[19]

지금까지 닻배어로의 조사 연구는 주로 닻배노래를 중심으로 전개되었다. 그리고 논의의 대부분이 어로민속과 연계된 구도로 이루어졌는데, 이런 경향은 닻배노래를 어로 현장과 연계시켜 연구하려는 이윤선의 학문적 경향에 의한 결과다. 최근 이윤선은 닻배 어로의 소멸에 관한 의미 찾기 연구에서 닻배 어로의 소멸을 도서지역 문화생태체계와 관련시켜 해석했다.[20] 글쓴이는 이 논의의 목적을 조도 조기잡이 닻배 어로의 특징을 규명하는데 두되, 황해 조기잡이 어로문화사의 전 체계에서 조도 닻배어로가 지닌 의미를 찾아내는데 두고자 한다. 조도 닻배 조기잡이 어로는 동아시아 조기잡이 문화권을 이해하는 중요한 부분으로 인식하고 있기 때문이다. 지금까지 출간된 자료 중 닻배어로를 이해하기 위한 주요 자료들은 다음과 같다.

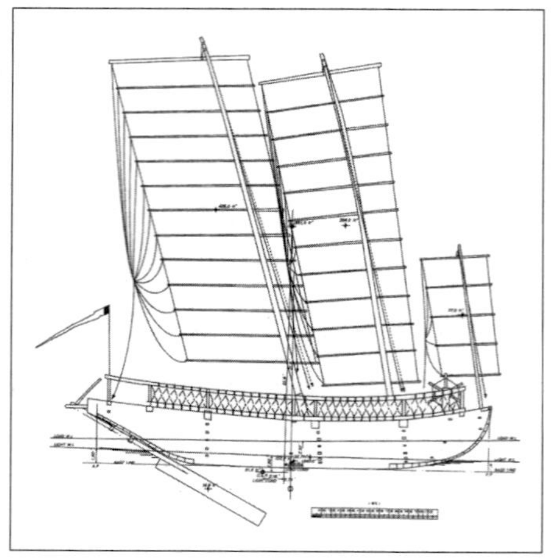

〈그림 1〉 朝鮮總督府水産試驗場,
『漁船調査報告』第二册, 全羅南道 珍島郡 鳥島面
觀梅島里 石首魚 碇船網 漁船 第四十圖
(박근옹 역, 『어선조사보고서』, 대불대 산학협력단
출판부, 2007, 219쪽 도면 인용)

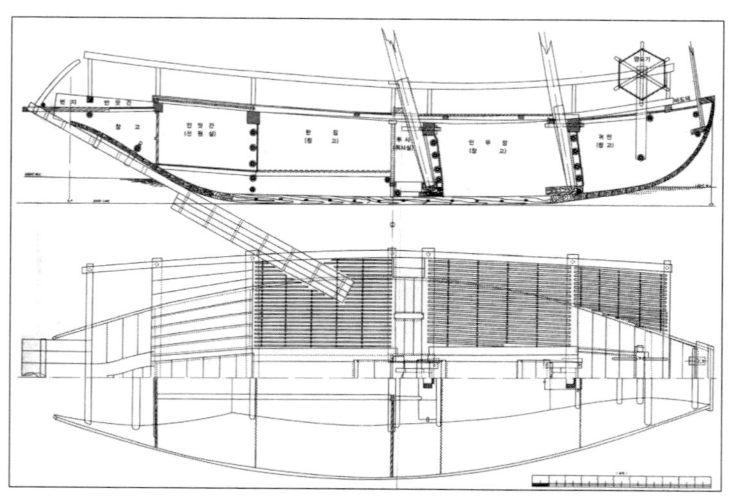

〈그림 2〉 朝鮮總督府水産試驗場, 『漁船調査報告』 第二册, 全羅南道
珍島郡 鳥島面 觀梅島里 石首魚 碇船網 漁船 第三十九圖(박근옹 역,
『어선조사보고서』, 대불대 산학협력단 출판부, 2007, 217쪽 도면 인용)

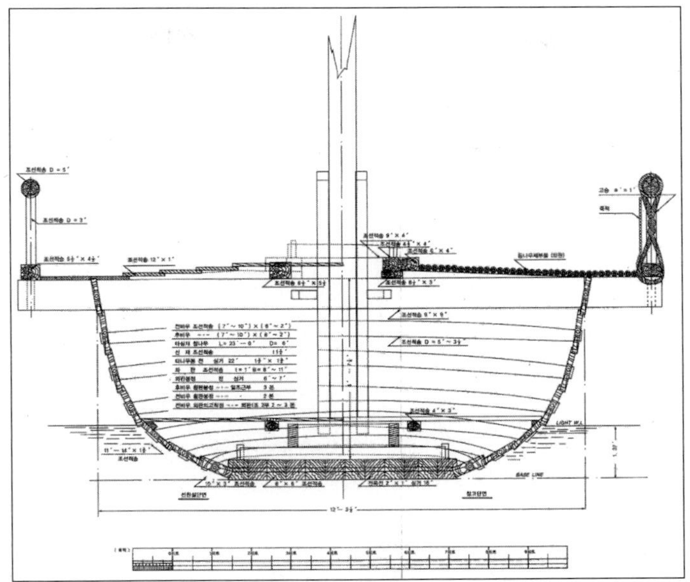

〈그림 3〉 朝鮮總督府水産試驗場, 『漁船調査報告』 第二册, 全羅南道
珍島郡 鳥島面 觀梅島里 石首魚 碇船網 漁船 第三十八圖

(박근옹 역, 『어선조사보고서』, 대불대 산학협력단 출판부, 2007, 215쪽 도면 인용)

〈그림 4〉 박윤중의 『닷배노리
닷배소리』 표지

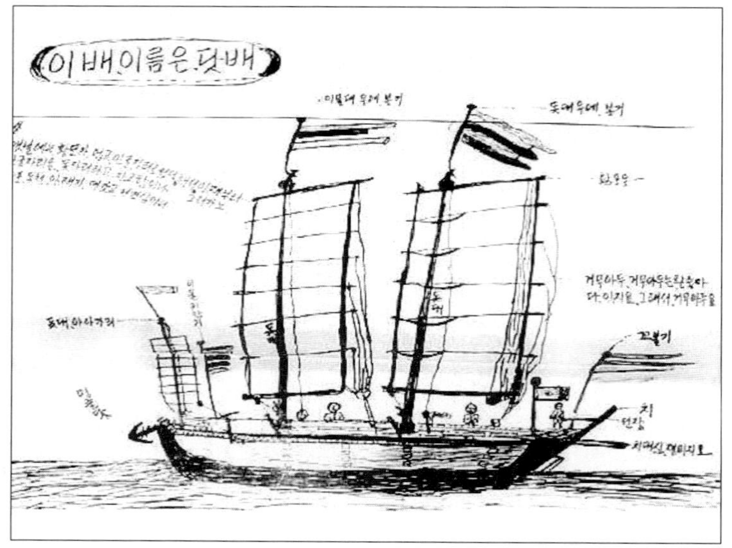

〈그림 5〉 박윤중이 그린 비우식 닻배

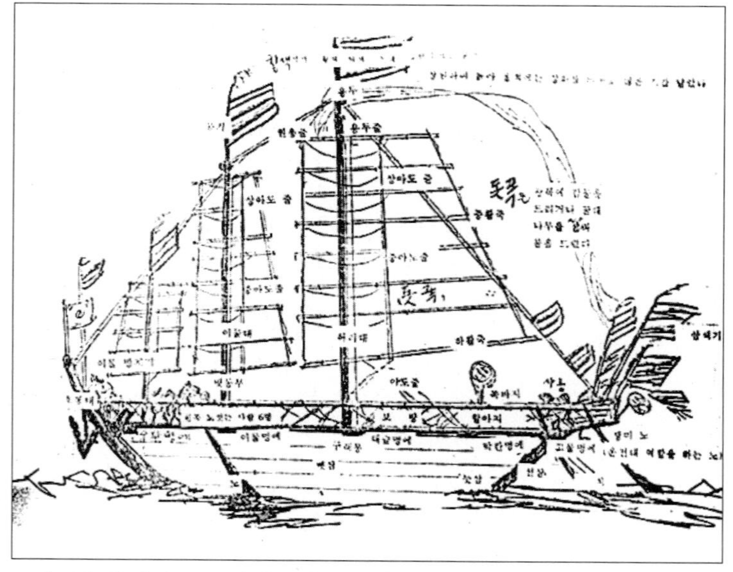

〈그림 6〉 『진도珍島닻배노래』, 51쪽에 조오환이 그린 비우식 닻배

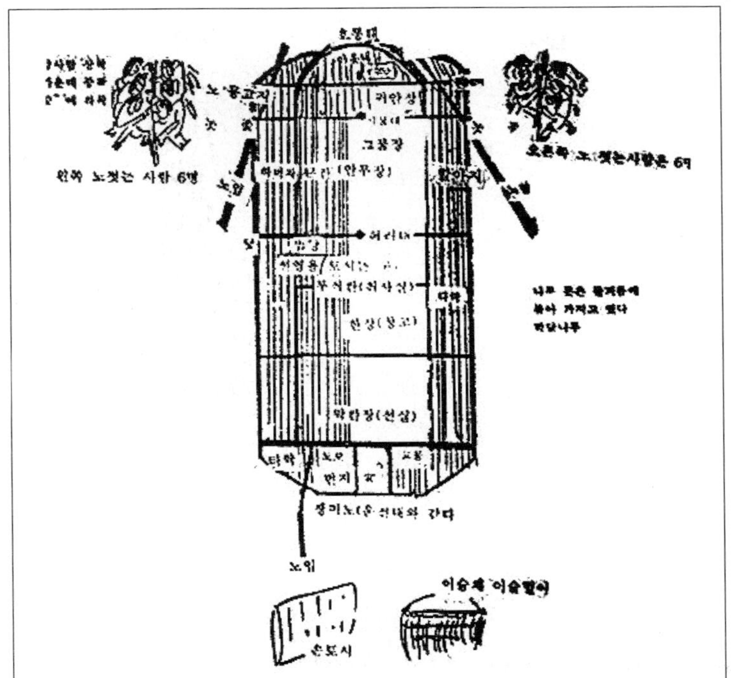

〈그림 7〉『진도珍島닻배노래』, 49쪽에 조오환이 그린 닻배 상판 전개도

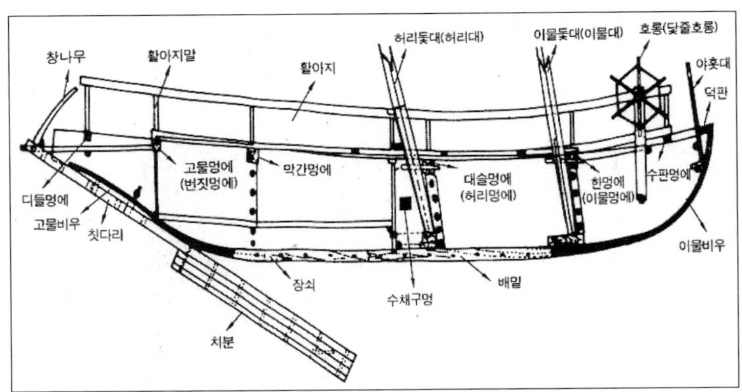

〈그림 8〉 국립해양유물전시관,『우리배 고기잡이』3, 2002, 37쪽,
닻배 측면도

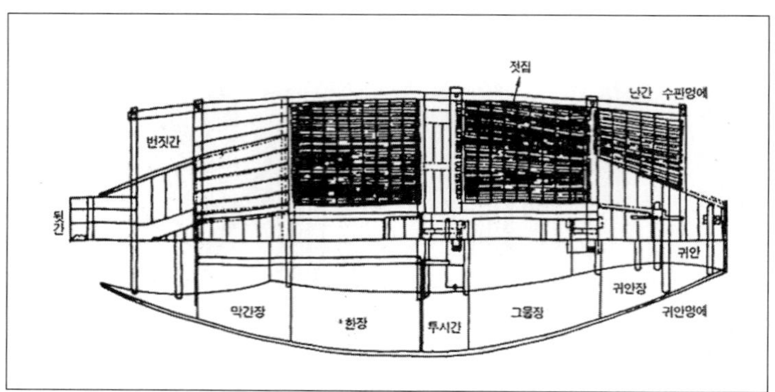

〈그림 9〉 국립해양유물전시관, 『우리배 고기잡이』 3, 2002, 38쪽,
닻배 평면도

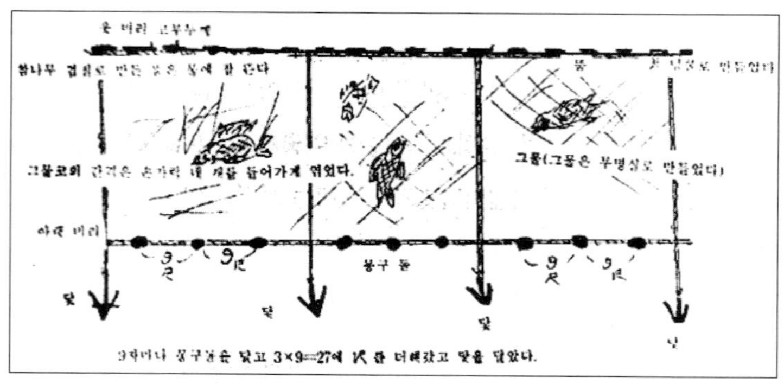

〈그림 10〉 『진도珍島닻배노래』, 76쪽에 조오환이 그린 닻배 그물

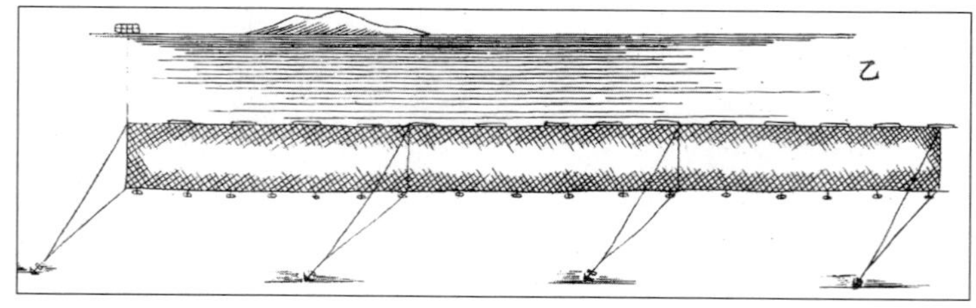

〈그림 11〉 『한국수산지韓國水產誌』 1, 제11도第十一圖 닻배 그물 그림

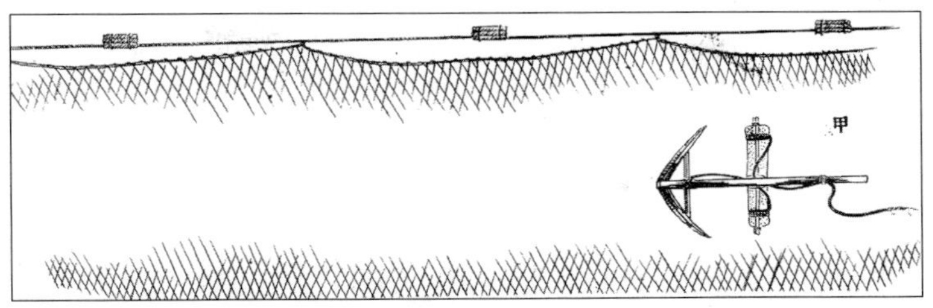

〈그림 12〉『한국수산지韓國水產誌』1, 제11도第十一圖,
닻배 그물 윗벼리와 닻

2. 닻배 선체

닻배는 평저형 저판, 비우식 선수와 선미를 갖춘 목범선으로 황해 전통 어로선의 전형적 형태를 지니고 있다. 기본 구조는 공통되면서 세부적으로 다른 점들이 지역 어로선의 개성적 면모들이다. 어민들은 세부적으로 다른 점들을 관찰하여 어로선의 연고지를 판단한다. 그런데, 차이는 사용하는 그물, 조업 현장, 해양 인지, 조업 의도에 의해 결정되기 때문에 중요한 의미를 지닌다. 닻배의 선체 구조에서 주목되는 부분인 돛과 노, 멍에와 개롱, 젓집과 하라지 부분을 특징적으로 살펴보고자 한다.

닻배는 특히 동력부가 발달해있다는 것이 특징의 하나다. 동력부는 돛과 노인데, 세 개의 돛과 세 개의 노를 사용한다. 세 개의 돛을 부착하고 있는데, 허리돛, 이물돛, 야가리가 그것이다. 허리대 길이가 여섯 발 이상이면 세 개의 돛대를 세우고, 허리대 길이가 5발 이하면 두 개의 돛을 세우고 하나의 새끼폭을 달아 야가리를 대신했다.21) 어떻든 황해 중선의 일반형은 돛이 두 개인데 비해 닻배의 돛이 세 개인 점은 중요한 의미를 지닌다.22)

닻배에서는 세 개의 돛을 어떻게 사용하느냐가 중요하다. 허리돛과 이물돛은 주 동력원으로 원거리 항해에 사용한다. 돛의 사용은 원거리 항해와 어장 작업에서 판이하게 다르다. 원거리 항해에서는 주로 허리돛과 이물돛이 기능을 발휘하고 야가리는 보조적 기능을 한다. 어장 일을 할 때는 바람의 정황에 따라 두 경우가 생긴다. 바람이 많이 불면 허리돛대와 이물돛대를 뽑아서 배에 뉘어 둔다. 바람을 덜 타기 위해서다. 바람이 적절하면 오직 야가리만 사용한다. 돛폭이 작은 야가리를 펼쳐 미풍을 타고, 또 적절하게 노를 저어 이동하며 닻그물을 투망한다. 또 바람이 거칠게 불면 야가리만 펼치고 항해하고, 큰 바람이 터져 피항할 경우 야가리만을 사용하여 피항하는 경우가 많다.23) 야가리는 매우 특징적인 돛이다. 특히 느리고 정교하게 움직일 때 주 동력원으로 사용된다.

돛은 재료에 따라 두 종류가 있는데, 자리돛과 황포돛이다. 자리돛은 다시 두 가지로 구분되는데, 띠풀돛과 왕골돛이다. 선주가 가난하면 띠풀로, 부자면 왕골로 돛을 짰다.24) 일제 강점기에 황포돛으로 교체되었다. 황포돛은 베에 감물이나 꿀패나무(또는 졸래나무라고도 함)를 삶아 물을 드린 것이다. 그러면 방수가 되고 질기다. 황포돛은 자리돛 이후에 나온 돛이다. 선주 경제력에 따라, 또 시대 변화에 따라 <띠풀돛→자리돛→황포돛>으로 변화되었다.

노도 돛과 함께 동력을 일으키는 도구다. 노 배치의 유형이 있는데, 세 착을 찰 경우 배 양옆에 두 착, 고물에 한 착을 차는 형이 있고, 이물 양 귀에 두 착, 고물에 한 착을 차는 두 가지 형이 있다. 두 착을 차는 경우 고물 양 쪽에 차는 것이 일반적이다. 조도 닻배의 노 배치 특징은 이물 양 귀에 두착, 고물에 한 착을 차는 형이라는 점이다. 이유는 닻배그물 작업이 주로 배 중간부에서 이루어지기 때문이다. 이물 수판멍에 양쪽 귀에 두 착의 귀안노를 장착하고, 고물부에 쟁미노 한 착을 장착한다. 귀안노는 동력원이고, 쟁미노는 방향 조종 기능이 강하다. 조오환이 그린 닻배 상판 전개도에 노의 배치가 잘 나타나 있다. 극단적으로 이물 양쪽 귀에서 노를 젓는 점이 특징이다.

선체는 저판, 삼, 비우로 구성된 외부, 멍에와 개롱에 의한 칸 구분, 젓집과 하라지로 된 상판으로 되어 있다. 닻배 선체 외부는 전통한선의 중선과 동일하다. 저판 옆에 여섯 개의 삼을 붙이고, 앞에는 여덟 단의 이물비우를 붙인다. 그리고 고물에는 네 단의 고물비우를 붙인다.

멍에와 개롱으로 칸 구분을 하는데, 닻배는 다섯 칸으로 구분된다. 저판에서부터 양쪽 삼을 개롱으로 연결하며 칸을 구분하고, 맨 위에 멍에를 건다. 중국 발해 대풍선이 격벽식으로 칸막이를 하는 것[25]과 비교해볼 때 개롱과 멍에로 칸을 구분하는 것은 한국 황해 목범선들의 특징 중 하나다. 개롱으로 칸막이를 대신함으로서 칸을 넓게 이용할 수 있는 장점이 있다. 그러나 조난을 당하여 물이 넘어들 경우 쉽게 기능을 상실하게 되는 단점이 있다.

닻배의 상판은 젓집과 하라지로 되어 있으며, 젓집의 형태가 닻배의 특징을 잘 드러낸다. 젓집은 한국 전통 어로선의 일반적 보판 까는 방식이다. 일반적으로 선체의 안쪽에 젓집을 까는데, 닻배는 선체 외부까지 확장되는 난간을 만들기 위해 양쪽에 수판멍에를 별도로 설치하고 그 위에 타락을 만들어 노 젓는 공간을 확보했다. 그래서 상판을 넓게 쓰는 특징이 있다. 상판의 넓은 젓집은 하라지에 의해 보호된다. 하라지는 확장된 젓집 난간에 설치된 배의 울타리다. 목범선 중 하라지가 있는 배와 없는 배가 있다. 닻배에는 하라지가 있다. 수심이 낮은 지대에서 조업하는 중선망 중 하라지가 없는 것도 있다. 또 중국 발해의 대풍선도 하라지가 없다.[26] 하라지는 선원을 위험에서 보호하고 파도가 뱃전을 넘어서는 것을 막아주고 선상의 물건이 파도에 쓸리는 것을 막아준다. 그리고 닻배그물을 거두어들일 때 몸을 의지하는 버팀목이 되기도 한다. 수판멍에를 이용하여 뱃전 외부까지 상판을 확장시킨 점이 닻배 상판의 특징이다. 확장된 타락에서 귀안노를 젓고, 어망작업을 수행한다.

닻배의 기본 구조는 황해 전통 조선 어로선의 구조와 동일하다. 연평어장권의 조기잡이 중선,[27] 임자도 새우잡이 젓중선,[28] 가거도 멸치잡이 어로선,[29] 중국 발해의 조기잡이 대풍선[30]도 동일한 구조를 기반으로 하고 있다. <그림 8>과 <그림 9>는 국립해양유물전시관에서 발행한 『우리배 고기잡이』에 수록된 닻배 측면도와 평면도다. 이 도면은 김재근이 그린 도면[31]을 이용하여 재편집한 것인데, 김재근의 도면도 조선총독부수산시험장朝鮮總督府水産試驗場에서 발행한 『어선조사보고漁船調査報告』 제2책의 어선 도면 제39도第三十九圖를 이용한 것이다.[32] 닻배는 황해안의 일반 중선과 동일한 선체 구조를 지니고 있다.

닻배만의 선체 특징을 정리하자면 다음과 같다. 첫째, 닻배는 평저형 비우식 목범선으로 황해 전통 어로선의 전형적 형식을 지닌다는 점이다. 이점은 다음에 논의하겠지만 황해 어업권을 벗어나 남해 어업권에 더 가까운 해양환경 속에서 황해 어업권의 전통 어로선을 제작하고 운영했다는 점은 시사하는 바가 크다. 여기에 대해서는 다음 장에서 거론하겠다. 둘째로는 세 개의 돛과 세 개의 노를 사용한다는 점이다. 일반적으로 전통 어로선의 돛이 두 개인데 비해 닻배는 기동성이 강조되는 세 개의 돛과 노를 사용하고 있다는 점이 특징이다. 세 번째, 상판의 젓집이 발달해 있다는 점이다. 상판 젓집을 넓히기 위해 수판명에를 덧대서 공간을 확보하고, 이 공간은 노 젓는데 이용된다. 네 번째로는 하라지가 부착되어 있다는 점이다. 하라지를 부착하면 여러 가지 이점이 있는데, 무엇보다도 선원들의 생명이 보호된다.

3. 닻배 그물

닻배그물은 정선망碇船網 또는 정망碇網이라고도 하였다. 닻배그물은 어망, 윗벼리, 아랫벼리, 닻으로 되어 있다. 닻배 그물의 특징은 벼리에 담겨 있다. 벼리는 망사를 위 아래로 잡아주는 그물 틀인데, 아랫벼리에 달린 닻 때문에 닻배그물이라는 명칭을 얻게 된다. 벼리에 툽, 굼독(몽돌, 주먹 절반 크기의 길쭉한 돌), 나무닻을 달아 투망한 그물이 위아래로 펼쳐지게 한다. 웃벼리의 주 재료는 칡줄기로, 껍질을 벗겨 잘게 쪼개 합사하여 꼬아 만든 밧줄이다. 그리고 툽을 부착하여 웃벼리를 만든다. 툽은 참나무 껍질 또는 오동나무를 이용하여 만든 부표다.

아랫벼리는 윗벼리와 상대되는 기능을 하며 주 재료는 볏짚이다. 아랫벼리에 세 발에 하나씩 굼독(몽돌)을 채웠고, 아홉 발에 하나씩 나무닻을 채웠다. 닻배그물이 일반적인 자망과 다른 점은 돌추인 몽돌 외에 나무닻을 채웠다는 점에서이다. 그물코 여덟 개에 툽 한 개를 달고 툽 여덟 개 마다 굼독 한 개씩을 단다. 이 굼독은 약 여덟자 간격인 셈인데, 굼독 세 개마다 닻 한컬레를 단다. 이렇게 완성된 그물의 닻이 50개에서 100여 개 정도다.

굼독과 닻은 서로 협력적 기능을 한다. 굼독은 아랫벼리가 밑바닥에 안정되게 가라앉도록 하는 기능을 하고 닻은 물살에 밀리는 그물을 지탱해 주는 동시에 물살에 밀리면서 그물이 활 모양으로 펼쳐지게 하는 기능을 한다. 주먹 절반 크기의 굽독만으로는 그물을 지탱할 수 없기 때문에 닻을 배치한 것이다.

닻은 물살을 맞은 그물을 고정시키는 동시에 그물이 활처럼 휘어지면서도 그물로서 유지되도록 지탱하는 기능을 한다. 웃벼리의 닻줄은 7.5발, 아랫벼리 닻줄은 8발 정도 된다. 그래서 뭇벼리와 아랫벼리가 줄로 닻에 연결되어 있다. 물살을 맞은 그물은 활처럼 곡선을 그리며 앞으로 약간 숙인 주머니형태로 된다. 그래야 고기가 그물에 안정되게 걸린다. 그러므로 닻배그물에서 닻이 필요한 이유는 일반 자망으로는 버틸 수 없는 조류의 힘을 이겨내기 위해 장치된 것이다.

망의 발전은 어획에 대한 욕망 고조를 배경으로 갖고 있다. 글쓴이는, 임진왜란 이후 해금정책이 완화되며 바다로의 진출이 활발해지면서 조간대 살어업에서 외안으로 조업 영역이 확장되자 제일 먼저 구사한 어법이 중선망이라고 추론하고 있다. 그리고 조기잡이에 대한 욕망이 확장되면서 자망 등 다양한 어구어법이 구사되었다고 본다. 산란기 조기 이동로가 수면, 중층, 저층 등 다양하고, 조금과 사리때를 가리지 않고 이동하는 특성이 있지만 인간이 구사하는 어망은 그 기능이 제한적이어서 바다의 모든 상황에 적응하기는 힘들다. 그래서 늘 선택적이기 마련이다.

조기잡이의 주력 어망인 중선망과 비교해 볼 때 닻배그물은 확실히 개성적이다. 중선망의 경우는 얕은 바다의 표층 또는 중층을 겨냥하고, 물때로는 사리때를 전후하며, 일정한 장소에 배를 고정시켜 놓고, 그물은 배에 부착되어 있으며, 그 형태는 입구가 있는 주머니그물 모양이다. 그런데, 닻배는 수심의 저층을 겨냥하고, 느린 물때에 조업하며, 형태는 기다란 장막처럼 생겼으며, 배에서 투망하여 해저에 설치하는데, 나무닻을 이용하여 그물을 지탱시키는 저자망底刺網에 속한다.[33] 이렇게 보면 닻배그물은 황해 조기잡이 전통어로인 중선망과는 포획의 공간, 시간, 기술에서 뚜렷이 다른 어망임을 알 수 있다.

4. 닻배 선원

조도 주민들이 임진왜란 이후에 입도했을 것으로 추정하는 것이 일반적 견해다. 김경옥은 도서 이주민의 입도 시기와 전 거주지에 대하여 정리한 바 있는데, 조도 주민들이 17세기 중반에서 18세기 중반에 입도했으며, 전 거주지로 진도, 경기도, 해남, 영암, 나주, 고창, 보성 등지로 정리했다.[34] 그런데, 분석 단위로 개간, 둔전, 궁방전, 목장, 진鎭 등을 설정하여 변화의 추이를 논의하였기 때문에[35] 조도 주민들이 닻배어로의 전문가입을 입증하는 데는 여전히 명료하지 못하다. 그렇지만 확실한 것은 조도 주민의 주력 세력들은 조선 후기 17~18세기 중반 사회 체제가 재편되는 격동기에 입도한 어업 전문가 세력임은 확실하다.

조도 주민 대부분은 어업에 종사한다. 닻배의 선원들은 모두 14~15명이고, 사공, 영좌(최고령자, 잡일을 한다), 화장, 웃구시(앞동잽이 포함 총 4명, 틉이 달린 웃벼리를 당기는 사람들), 아랫구시(아랫벼리를 당기는 사람들, 4명), 동사들이다. 닻배 어로에서는 그물일이 가장 중요하기 때문에 그물을 다루는 인원이 가장 많아 10여 명이 그물에 매달려 일한다. 조도의 남성들은 대부분 이런 역할 중 하나를 맡았는데, 대부분이 동사로 참여하고, 80여 명의 인물들이 선주로 참여했다.

닻배 어로에 참여하는 모든 조도 어민들은 조기가 큰 부를 가져다주는 어종이라는 점을 알고 있었다. 조도 어민들은 조기를 신이 내려준 고기로 인식하고 있으며, 조기 앞에 황금이라는 수식어를 붙여 '황금조기'라고 부른다든지 조기 많이 잡으면 '일확천금'버는 것으로 인식했다.

조도 어민들은 조기의 경제력에 대한 인지가 확실했다. 생태적으로 조도에서 살아가기 위해서는 어업에 종사할 수밖에 없다는 점을 고려하면 당연한 것이기도 하지만 보다 중요한 것은 그런 환경을 스스로 선택하고 어업의 길을 갔다는 것이고, 또 먼 바다로 항해해 그곳에서 조기잡이를 수행했다는 점이다. 조도 닻배 어민들의 두드러진 특성으로 조기 생태에 대한 인지다. 조기의 이동로, 조기잡이에 적절한 시기와 위치, 조기의 생태에 대하여 조도 어민들은 통달하고 있다. 이런 점들로 보아 조도 어민 집단들은 조기잡이 전문가들임이 확실하다.

5. 닻배 조업

조도 닻배 어로 기간은 한식에 시작하여 망종까지다. 이 시기는 동중국해로부터 황해 난류가 유입해 들어오기 시작하여 확장되는 시기다. 제주도 남방 또는 동중국해에서 월동하던 조기들이 해류를 타고 북상하여 산란장으로 이동, 산란하는 시기다. 조도 어민들은 음력 2월 15일 한식 사리에 출어하는데, 삼월 삼짓날까지는 모든 배들이 출어한다. 일반적으로 출어하는 기간은 사리 때에 맞추고 있다. 입하 사리 무렵 칠산 어장에서 조기가 산란을 하기 시작하기 때문에 이 무렵 칠산 어장은 고기 둠벙이 된다. 소만 사리나 망중 사리에 돌아오기 때문에 총 출어 기간은 55~60일 정도다.

닻배의 조기잡이 어장 이동로는 다음과 같다. 외병과 내병을 거쳐 신안군 섬섬을 지나 비금도 밖 칠발도 근해 열여덟 발 되는 곳에서 처음 어장을 시작한다.36) 거기서 한사리를 보고 칠산 어장으로 올라간다. 닻배 조기잡이 이동로를 보면 남에서 북으로, 수심 깊은 곳에서 얕은 곳으로, 고기가 적은 곳에서 많은 곳으로 이동하는 과정이다. 그리고 조기가 가거도 쪽에서 올라오기 때문에 조업 가능한 최고 수심에서부터 조기를 맞이하여 최적 포획 공간으로 이동하는 과정이 닻배의 어장 이동로다.

조업 장소를 결정하는 데 가장 중요한 고려 사항이 수심이다. 칠산 바다를 벗어나면 수심이 26발 넘어서기 때문에 이를 벗어나지 않는다. 닻배의 조업 장소는 수심 23발이 한계다. 수심 16발 이하면 하루에 4회 투망할 수 있고, 그물도 모두 내릴 수 있지만 수심이 깊으면 하루 2회 투망하고 그물도 절반만 내린다. 왜냐면 수심이 깊으면 그물 내리고 뽑아내는 데 힘이 많이 들고 시간도 물 때에 맞추기 어렵기 때문이다.

닻배 어로의 주 어장터는 칠산이다. 조도 닻배들은 주 어장터는 안마도 위에서 위도 사이다. 위도가 제일 중요한 곳이다.37) 이곳의 특징은 수심이 얕고 수중에 해초가 많아 조기가 산란하기에 최적의 장소로 인식된다. 입하살 무렵이면 칠산 어장의 중심지인 위도 앞바다에 이르러 조업한다. 위도 밑, 왕등이 안, 가랫등과 같은 곳이 닻배 어로의 좋은 어장터다. 위도 인근은 썰물로 빠지면 수심이 2m 정도밖에 안되는 곳이 많다. 그럴 때는 배 밑창에 귀를 대면 각종 어류의 울음소리를 생생하게 구별하여 들을 수 있다. 그래서 조기 울음소리를 구별해 듣고, 조기 울음소리가 왕성한 곳에 그물을 친다.

　조기가 다니는 길과 수심, 조류의 흐름을 고려하여 그물을 친다. 조기는 수심이 약간 깊은 골을 따라 이동하는 습성이 있다. 그래서 그물도 이 골을 따라가며 치는데, 조류의 빠르기, 흐르는 방향을 고려하여 친다. 그물 치는 방향은 조류의 흐름을 차단하는 각도로 치는데, 조류가 흘러가는 방향으로 엇비슷하게 사선으로 쳐야 한다. 직각으로 치면 조류에 밀려 그물이 누워버린다. 조류에 맞서 그물이 45°만 세워져 있어도 성공한 것이다.

　중선과 달리 닻배는 물살이 약해진 시기를 골라 조업한다. 조금 전후로 조업하며 여섯에서 아홉물 사이에는 물살이 세서 조업할 수 없다. 그럴 때는 배를 대고 물과 나무를 보충한다. 그래서 한 사리에 십여 일 그물질을 할 수 있다. 그리고 다른 어망과 마찬가지로 조류의 흐름에 적응해야 하기 때문에 조류를 관찰하며 투망한다. 깊은 바다에서는 하루 2회, 얕은 바다에서는 하루 4회 투망이 가능하다. 썰물 그물은 썰물이 시작할 때 투망하고 3~4시간 후 밀물로 돌아서기 전까지 그물을 모두 뽑아낸다. 만일 늦으면 역수를 만나 걸린 고기들이 빠져나간다. 그래서 열물에서부터 다섯물까지 조업할 수 있다. 그러므로 한 사리에 11일 정도 조업할 수 있다. 조류가 약하게 흐르면 그물 폭이 절반 크기로 펼쳐지고 조류가 강할 때는 그물 펴진 폭이 한 뼘 정도밖에 안된다.

　닻배 그물은 일반 자망보다 훨씬 섬세한 조업 요령이 필요하다. 면사를 짜서 만든 닻배 그물은 총 길이 600~700발 정도 되며, 시작 그물과 끝 그물 양 끝에는 돌닻을 채운다. 닻배 그물의 전형적인 닻은 참나무를 깎아 만든 나무닻이다. 닻은 전체 80여개 정도 되는데, 7~8발에 하나의 닻을 채운다. 닻에는 웃벼리와 아랫벼리의 줄이 연결되어 있다. 그래야 그물이 조류에 맞서 위치를 정상적으로 지탱하며 전개되기 때문이다.

닻배 그물의 투망하는 법도 정해져 있어 노질을 하면서 물의 흐름을 따라 가며 왼편에서 내린다. 그물 내리는 시간은 10~20분 정도 걸린다. 노질을 하면서 그물을 퍼 넘기기 때문에 짧은 시간 내에 투망이 가능하다. 밀물은 북쪽으로 흐르고, 썰물은 남쪽으로 흐르는 것이 기본적인 방향이다. 밀물의 정조점에 이른 참바지에는 동으로 들어오고 썰물 마지막 정조점에 이른 가새물에는 서쪽으로 나가서 물이 뱅뱅 도는 형태다. 그래서 그물도 이 물의 흐름에 따라 투망한다.

그물이 물에 잠긴 시간은 3~4시간 정도 된다. 든 물에 망을 내릴 경우 동남간에서 시작해서 서북방향으로 진행해서 맺는다. 그래야 물의 흐름을 타면서 그물을 내리고 또 45° 각도로 비어지게 칠 수 있다. 그물을 뽑는 경우도 마찬가지로 조류 흐름을 따라가면서 뽑는다. 그러나 뽑는 시간은 3~4시간 정도 걸린다. 그물을 당기면서 걸린 고기를 따는데, 많으면 그냥 뽑아 올리고 다음 물 때를 보지 않고 고기만 따낸다. 그물은 손으로 뽑아낸다.

Ⅲ. 닻배 어로의 특징

1. 평저형 비우식 선체 형식에 담긴 의미

닻배의 선체 특징은 평저형 저판의 비우식 선수와 선미를 갖춘 목범선이라는 점인데, 이는 황해 조기잡이 어로의 전형인 중선과 같은 구조다. 닻배 선체에 대해서는 이 점을 주목해야 한다. 조도 닻배 선체는 황해 중선 문화권의 전형적 어로선 형식을 지닌다. 닻배는 조기잡이 중선, 새우잡이 젓중선, 가거도 멸치잡이 어로선, 발해의 조기잡이 대풍선과도 구조적 특징을 공유하고 있다. 왜 이런 현상이 일어났을까. 이런 궁금증은 조도의 생태적 조건으로 보면 남해 멸치잡이 어업권에 보다 기울어져 있기 때문이다. 조도 사람들이 조기잡이에 주력했다는 것은 몇 가지를 시사한다. 첫째는 생활권의 어종인 멸치잡이보다는 먼 거리에 있는 조기를 표적으로 삼았다는 점, 둘째, 조기잡이에 더 익숙한 기술을 습득하고 있다는 점, 셋째, 경제적 지향성이 강한 집단이라는 점 등이다.

시사점을 검토해 보면 다음과 같은 연결고리가 맺어진다. 멸치보다는 조기의 경제성이 높았기 때문에 당연히 조기잡이를 중시했다는 것이다. 물론 조도에서 닻배를 이용한 멸치잡이가 성행한 것은 사실이나 조기잡이에 비교할 수 없다. 그렇다면 둘째 번의 조도 사람들이 조기잡이에 익숙한 기술력을 갖추고 있다는 면의 시사점과 연결시켜 고려해볼 필요가 있다. 결론적으로 말한다면 조도 조기잡이 어업세력들은 황해 중선망 어업세력들의 어업 정보를 고스란히 인지하고 있고, 따라서 평저형 비우식 선체는 조도 어업세력이 황해 중선망 세력과 유통하는 친연관계에 있다는 점을 입증하는 물적 자료가 된다.

2. 조기잡이 그물 개발과 어장 개척

조기잡이 조업에서 닻배 그물의 위치는 어디쯤일까? 닻배 그물은 정선망碇船網 또는 정망碇網이라고도 하였다. 어법상으로는 저자망底刺網에 속한다. 기다란 장막처럼 생긴 자망刺網을 해저에 닻으로 고정시키는 형태를 취한다.[38] 이렇게 보면 닻배 그물은 황해 조기잡이 전통어로인 중선망과는 다른 계열의 망임을 알 수 있다. 우선 가장 대중적이었던 중선망과 비교해보자. 중선망은 주로 중층과 표층 어류를 표적으로 삼는 어망이고, 망과 선박의 특성상 싼 물때에 조업하는 특성을 지녔다. 언제나 조류와 맞서야 잡을 수 있어서 사리를 중심으로 싼 물때에 그 특성을 발휘할 수 있다.

여기에 비해 닻배는 느린 물때에 조업하는 점, 그리고 저층의 조기를 포획 대상으로 삼고 있다는 점에서 중선망과는 대척적 위치에 있어서 서로 부딪치지 않는 위치에 있는 어구다. 다시 말해서 두 조업 세력들이 어장의 어획을 목표로 서로 다투거나 충돌하지 않는 위치에 있는 어구라는 것이다. 늦은 물때에 저층의 조기를 표적으로 하는 어업은 닻배 그물뿐이다.

두 어구가 각기 특성이 있다. 중선망은 세 절기에 어로가 가능한 어구다. 봄철의 조기잡이, 여름과 가을철의 새우잡이가 그것이다. 그래서 중선망은 조기잡이뿐만 아니라 다양한 어종에 적응할 수 있는 기동성을 지닌 어망의 특성을 지닌다. 여기에 비해 닻배 그물은 조기가 주 표적 어종이다.

망의 발전은 어로 환경의 적응과 함께 어획에 대한 욕망을 배경으로 갖고 있다. 글쓴이의 생각으로는 닻배 그물이 등장하게 된 배경이 중선망, 유자망 세력과의 관계 속에서 고려해야 한다고 본다. 임진왜란 이후 해금정책이 완화되며 바다로의 진출이 활발해지고, 다양한 어로방식이 개발되는데, 그 중 하나가 주목망이고, 이어서 외안으로 조업 영역을 확장시킨 것이 중선망이라고 추론하고 있다. 왜냐면 주목망 그물을 들어 올려 배에 채우면 중선망이 되기 때문이다. 따라서 중선망은 가장 대중적이고 권위적인 지위를 누린 황해 인접 연안 어업 세력들의 어구라고 판단된다.

여기에 비해 닻배는 중선망 세력들과 같은 시기, 같은 공간에서 조업하면서도 지배적 지위에 있는 중선망 세력들과 충돌하지 않으면서 공동의 표적인 조기를 포획하기 위해 개발된 어구로 판단된다. 조기에 대한 정확한 정보를 보유하고 있으면서, 권위적 세력들과 충돌하지 않는 방식으로 표적물에 접근하려면 그만한 무기가 필요한데, 닻배 그물이 바로 이런 맥락에 적응할 수 있는 어구라고 본다. 따라서 닻배 그물은 답답할 정도로 많은 닻을 싣고, 투망과 양망에 많은 힘이 드는 어법이지만 조도라는 지정학적 위치에 있는 어민들이 먼 타지의 중선망권 어장에 진출하여 황금조기잡이에 도전할 수 있는 최적의 어구였다는 것이 글쓴이의 주장이다.

3. 원거리 어로에 담긴 해양 정신

조도 주민들이 임진왜란 이후에 입도했을 것으로 추정하는 것이 일반적 견해다. 또 대부분이 어업에 종사했으며, 최대 표적 어종이 조기였으며, 황금 조기를 잡기 위해 닻배 그물을 개발했다는 점은 이미 서술했다. 조도 어민들은 조기가 큰 부를 가져다주는 어종이라는 점을 알고 있었다. 조도 어민들은 조기를 신이 내려준 고기로 인식하고 있으며, 조기 앞에 황금이라는 수식어를 붙여 '황금조기'라고 부른다든지 조기 많이 잡으면 '일확천금'번다는 인식은 이미 형성되어 있다. 또 하나 주목해야 할 점이 있는데, 그것은 조도 어업세력들은 먼 바다로 항해해 조기잡이에 나섰다는 점이다. 조도 닻배 어업세력들은 칠산어장의 해양지리 정보, 인문지리정보, 조기의 생태정보를 체계적으로 파악하고 있다.

조도 어민들은 분명 조선 후기 육지의 연안지역에서 입도해 온 이주민들이며, 이 점은 이미 밝힌 바 있다. 그런데 이들이 어업 전문가들이라는 점, 특히 조기잡이 전문가들이라는 점을 해명하기에는 부족하다. 조도 일대의 섬들은 어업에 종사해야 생존이 가능한 섬들이기 때문에 막대한 자금을 들어서 10t 이상의 큰 배인 조기잡이 전용선 닻배와 닻배그물을 만들어 칠산 조기잡이에 나섰다는 점은 쉽게 납득하기 어렵다. 또 조기잡이를 통해 부를 획득하고 삶을 혁신하려는 의지가 강렬했다는 점을 어떻게 인식해야 하는지도 문제다.

임진왜란 이후 입도했다는 사실과 닻배 선체의 특성을 통해 본 황해 중선 어업세력들과의 연계성, 그리고 원거리 어장을 개척할 수 있는 해양 정신의 측면을 고려한다면 조도 닻배 어로 세력들의 윤곽이 어느 정도 드러난다고 생각된다. 추론한다면 조도 닻배 어로 세력들은 황해 연안 중선망 어로세력들과 연계된 세력이지만, 어떤 연유로든 임진왜란 이후 황해 연안 어업권에서 이탈해 조도로 입도한 세력들로 추정된다. 그리고 이들은 어업 경제성에 개안한 세력들로 닻배 그물이라는 절묘한 어구를 개발하여 새로운 무기로 무장하고 조기잡이 어장에 다시 돌아가 닻배 그물로 황금어장을 개척했던 조선 후기 신흥 민중 세력의 하나라고 추정한다.

IV. 결 론

조선 후기, 바다가 풀리면서 조선의 어업세력들은 조기를 주목했다. 당시 조기는 경제력과 정치력, 권위와 능력을 상징하는 황금과 동일시되었다. 성공을 성취하려는 어민들이 모두 조기잡이에 투신해 자본과 기술을 집중하며 다양한 조기잡이 어구가 개발되었다. 닻배는 황해의 조기잡이 주력 어선인 중선망의 어업권을 벗어나 충돌하지 않으면서도 동일한 어장에서 조기잡이를 할 수 있는 기발한 어구였다.

평저형 저판의 비우식 선수와 선미를 갖춘 목범선 닻배는 조도 어민들의 뿌리가 황해 연안 중선망 어업 세력과 동일한 기반에 놓여있음을 알게 하는 문화적 상징물이다. 그리고 조기를 표적으로 삼았다는 점, 조기잡이에 대한 다양한 기술과 정보를 갖고 있다는 점, 경제적 지향성이 강한 집단이라는 점에서 볼 때 조도 닻배 어로 세력들은 임진왜란 이후 해금정책이 풀리자 바다로 진출한 황해 중선망 어업세력의 일단이라는 추정을 가능하게 한다.

임진왜란 이후 입도했다는 사실과 황해 중선 어업 세력들과의 연계성, 그리고 원거리 어장을 개척할 수 있는 해양 정신의 측면을 고려한다면 조도 닻배 어로의 윤곽이 어느 정도 드러난다고 생각된다. 지금까지의 논의된 것을 배경으로 추론한다면 조도 닻배 어로는 칠산 어장의 조기잡이를 겨냥해 개발된 어구어법이다. 황해의 중선망과 같은 선체구조를 지니고 있다. 그리고 중선망과 달리 저층의 조기를 노리는 저자망이며 느린 물때에 조업하여 중선망과의 충돌을 피하는 어구다. 조도 어민들은 황해 연안의 조기잡

이와 연계된 세력이지만, 어떤 연유로든 임진왜란 이후 황해 연안
어업권에서 이탈해 조도로 입도한 세력들로 추정된다. 그리고 이
들은 어업 경제성에 개안한 세력들로 닻배 그물이라는 절묘한 어
구를 개발하여 새로운 무기로 무장하고 조기잡이 어장에 다시 돌
아가 닻배 그물로 황금어장을 개척했던 조선 후기 신흥 민중 세력
의 하나라고 추정한다.

1) 강봉룡, 『바다에 새겨진 한국사』, 한얼미디어, 2005, 300~302쪽.
2) 1920년대 황해에서 구사된 조선식 어업의 주류는 어전漁箭, 주목망柱木網, 중선망中船網, 정선망碇船網이었는데, 이들의 표적 어종은 조기였다. 조선총독부수산시험장朝鮮總督府水産試驗場, 『어선조사보고漁船調査報告』 제2책, 14쪽.
3) 나승만, 「대풍선 시대 발해 장도현 타기도 어민들의 조기잡이에 대한 현지작업」, 『중국 발해만의 해양민속』, 민속원, 2005, 66~118쪽.
4) 나승만, 「中國 舟山群島의 大黃魚잡이와 黃魚文化」, 『島嶼文化』 26, 목포대학교 도서문화연구소, 2005, 53쪽 ; 나승만, 「생애담을 통해 본 하치도 어민의 환경인지와 어로활동」, 『도서문화』 29, 목포대학교 도서문화연구소, 2007, 284쪽.
5) 파시에 대한 연구는 이동어촌집락이라는 개념을 전제로 한 접근이 일반적이다. 그런데, 김준은 파시촌을 이동어촌과 정착촌이라는 개념을 적용하여 어장과 어촌의 상호 관계를 검토하였다. 김준의 관점은 파시와 연안 어업 도시 성장과의 관련성을 추정할 수 있는 길잡이가 된다. 김준, 「해양생태의 변화와 파시촌 어민의 적응」, 『다도해 사람들―사회와 민속―』, 경인문화사, 2004, 21~23쪽.
6) 조성국, 「중국 주산군도 승사현의 역사와 문화전통」, 『도서문화』 26, 2005, 8~10쪽.
7) 나승만, 「中國 舟山群島의 大黃魚잡이와 黃魚文化」, 『도서문화』 26, 목포대학교 도서문화연구소, 2005, 67~68쪽.
8) 방법론에 대한 논의는 나승만, 「가거도 멸치잡이 뱃노래의 민속지」, 『한국민요학』 22, 한국민요학회, 2008, 61~64쪽 참조.
9) 나승만, 「대풍선 시대 발해 장도현 타기도 어민들의 조기잡이에 대한 현지작업」, 『중국 발해만의 해양민속』, 민속원, 2005, 102쪽, 참조기 회유지도 ; 나승만, 「中國 舟山群島의 大黃魚잡이와 黃魚文化」, 『도서문화』 26, 목포대학교 도서문화연구소, 2005, 60쪽, 대황어 회유지도 참조.
10) 박구병, 『한국어업사』, 정음사, 1975, 105쪽.
11) 이윤선, 「조기잡이 어로민요와 닻배의 민속지적 고찰」, 목포대 석사학위논문, 2002, 43~44쪽.
12) 조도면 라배도 한양배(남, 73세, 2001.3.15), 상조도 여미리 허효석(남, 81세, 2001.3.16), 박계용(남, 92세, 2001.3.16)은 증조부 때 이미 닻배어업에 종사했음을 증언하고 있다.
13) 박윤중, 『닷배노리 닷배소리』 필사본, 1997.

14) 朝鮮總督府水產試驗場, 『漁船調査報告』 제2책.

15) 해양수산부, 『한국의 해양문화』-서남해역편(下), 경인문화사, 2002, 66~
   92쪽.

16) 해양수산부, 『한국의 해양문화』-서남해역편(下), 경인문화사, 2002, 258~
   263·306~311쪽.

17) 조오환 채록, 김정호 감수, 『진도 닻배노래』, 진도문화원, 2004, 14쪽.

18) 이윤선, 「닻배노래에 나타난 어민생활사-진도군 조도군도를 중심으
   로-」, 『민요론집』 7, 2003 ; 이윤선, 「닻그물 어로의 소멸에 나타난 도
   서민속사적 의미-진도군 조도군도를 중심으로-」, 『도서해양민속과 문
   화콘텐츠』, 민속원, 2006 ; 이윤선, 「닻배노래를 통해 본 어로요의 리듬
   분화와 인터랙션」, 『한국민요학』 22, 한국민요학회, 2008.

19) 박윤중, 『닷배노리 닷배소리』 필사본, 1997.

20) 이윤선, 「닻그물 어로의 소멸에 나타난 도서민속사적 의미-진도군 조도
   군도를 중심으로-」, 『도서해양민속과 문화콘텐츠』, 민속원, 2006, 216쪽.

21) 새끼폭은 이물부 앞에 내단 작은 돛폭이다. 돛대를 세우지 않고 돛대를
   연결하는 줄인 원총줄에 매달았다.
   김연호 구술, 2008년 5월 18일, 나승만 면담.

22) 1920년대 황해 재래식 전통 어로선의 도면을 그렸던 조선총독부수산시
   험장, 『어선조사보고』 제2책에 보면 전남 진도군 조도면 닻배(정선망) 돛
   은 세 개로, 황해 연안 중선의 돛은 일관되게 두 개로 그려져 있다.

23) 김주근, 전남 진도군 조도면 소마도, 2008년 5월 19일 나승만 면담.

24) 박윤중, 『닷배노리 닷배소리』 필사본, 1997.

25) 나승만, 「대풍선 시대 발해 장도현 타기도 어민들의 조기잡이에 대한 현
   지작업」, 『중국 발해만의 해양민속』, 민속원, 2005, 82쪽.

26) 나승만, 「대풍선 시대 발해 장도현 타기도 어민들의 조기잡이에 대한 현
   지작업」, 『중국 발해만의 해양민속』, 민속원, 2005, 82쪽.

27) 朝鮮總督府水產試驗場, 『漁船調査報告』 第二冊, 경기도, 黃海道漁船圖中六
   十二圖~七十二圖 참조.

28) 나승만, 「임자도 새우잡이 젓중선의 어로민속지」, 『島嶼文化』 24, 목포
   대학교 도서문화연구소, 2004.

29) 국립해양유물전시관, 『傳統韓船과 漁撈民俗』-영광 낙월도 멍텅구리배,
   신안 가거도배, 제주도 떼배-, 국립해양유물전시관 학술총서 2, 1997,
   60~61쪽, 어선 도면 참조.

30) 나승만, 「대풍선 시대 발해 장도현 타기도 어민들의 조기잡이에 대한 현
   지작업」, 『중국 발해만의 해양민속』, 민속원, 2005, 82쪽.

31) 金在瑾, 『韓國의 배』, 서울大學校出版部, 1994, 9쪽.

32) 朝鮮總督府水產試驗場, 『漁船調査報告』 第二冊, 全羅南道 珍島郡 鳥島面

觀梅島里 石首魚 碇船網 漁船 第三十九圖 참조.
33) 이윤선, 「조기잡이 어로민요와 닻배의 민속지적 고찰」, 목포대 석사학위
    논문, 2002, 43~44쪽.
34) 김경옥, 『朝鮮後期 島嶼硏究』, 도서출판 혜안, 87~91쪽, 표 참조.
35) 김경옥, 앞의 책, 목차 참조.
36) 첫 어장을 외병, 내병에서 시작하는 닻배도 있다. 이 경우는 외병, 내병에
    서 한 사리, 칠발도 근해에서 한 사리, 위도에서 두 사리를 본다.
37) 2001년 3월 15일, 조도면 라배도 한양배(남, 73세), 한길배(남, 66세) 구술.
    나승만, 이윤선 면담.
38) 이윤선, 「조기잡이 어로민요와 닻배의 민속지적 고찰」, 목포대 석사학위
    논문, 2002, 43~44쪽.

제2장
조기의 어법漁法과 민속民俗
-주벅·살·낚시를 중심으로-

고 광 민

I. 머리말

조기는 한반도에 사는 사람들이 좋아하는 물고기이었으니, 조기를 잡는 어법漁法과 민속民俗도 다양하게 전승하였다. 조기는 난류성 물고기로 동남아시아와 인도양에서부터 동중국해와 황해까지, 그리고 한반도연안에서는 남해안에서부터 서해안까지 분포하였다. 엄밀히 따지면, 서해안은 조기, 남해안은 부세가 지배적이었다. 조기는 봄에 남쪽에서 북쪽으로 북상하였으니, 조기의 어기漁期와 어장漁場은 수온의 상승과 함께 서서히 북쪽으로 이동하였다.

원산도元山島(행정상, 보령시保寧市 오천면鰲川面) 저두리猪頭里 김창석金昌錫(남, 1926년생) 씨는 1946년부터 1951년까지 중선中船의 선원船員으

로 조기를 잡으며 생계를 꾸렸었다. 그 당시 중선의 어기漁期와 어
장漁場은 <표 1>과 같았다.

<표 1> 중선中船의 어기漁期와 어장漁場

漁期(陰曆)	漁場
正月~2月	黑山島
3月	安眠島 서쪽 沿岸
4~5月	延平島

중선中船의 어로조직漁撈組織은 자본가資本家인 선주船主 1명, 그리
고 노동자勞動者인 선원船員 7명, 그리고 문서文書잡이로 이루어져
있었다. 식비食費와 잡비雜費를 빼고 이익금의 절반은 선주船主, 그
리고 나머지 이익금은 선원 7명이 균분均分하였다. 그러나 지금
(2006년 현재 기준)의 조기 생태生態는 1990년을 전후하여 다음의 <표
2>와 같이 크게 달라지고 말았다.

<표 2> 조기 어기漁期와 어장漁場(2006년 현재 기준)

漁期(陰曆)	漁場
7~9月	東中國海
9~10月	濟州島 近海
10~3月	小黑山島 近海

그러니 이 글에서는 태안반도泰安半島와 그 주변에서 전승하였던
조기의 주벅, 살, 낚시를 중심으로 한 어법漁法과 민속民俗에 초점
을 두고자 하였다. 태안반도泰安半島와 그 주변에는 전통적인 조기
의 어법漁法으로 생계生計를 꾸렸던 사람들이 아직도 생존하고 있
기에, 이에 따른 민속자료 수집은 지금도 가능한 일이다.

Ⅱ. 주벅의 어법과 민속

주벅은 주머니모양의 그물을 기둥이나 닻에 걸어 묶어놓고 조류潮流를 이용하여 물고기를 잡는 정치어구定置漁具이었다. 주벅은 사리 썰물 때 물깊이 2~5m의 간석지干潟地에 기둥을 세우고, 그것에 주머니 모양의 그물을 달아매었다. 그러니 주벅은 조석간만潮汐干滿의 차가 비교적 큰 한반도韓半島의 서해안西海岸 일대에서 전승하여 온 정치어법定置漁法이었다. 서유구徐有榘(1764~1845)는 『임원경제지林園經濟志』(전어지佃漁志)에서, 주벅을 두고 '주박망注朴網'이라고 하면서, 그 특징은 다음과 같다고 하였다.

> 호서지방湖西地方 해빈海濱에 사는 사람들은 볏짚으로 줄을 엮어 큰 그물을 만든다. 조수潮水가 진퇴進退하는 곳에 주벅을 설치하여 물고기를 잡는데 소소한 어전漁箭보다는 못하지 않다.[1]

호서지방湖西地方은 지금의 충청남도忠清南道 일대一帶를 두고 이른 말이었다. 주머니모양의 주벅 그물의 아가리는 폭幅 9m, 높이 12m 안팎이었다. 그러니 수백 발 길이의 어전漁箭에 견준다면, 주벅을 설치하는 어장의 넓이는 보잘것없었을 것임은 물론이다. 그러나 주벅에서 잡아내는 물고기의 양은 소소한 어전漁箭에 떨어지지 않았다는 것이다.

행정상, 충청남도 보령시保寧市 오천면鰲川面 녹도리鹿島里에 속한 녹도鹿島[2]는 예로부터 주벅으로 생계生計를 꾸렸던 섬으로 주목을 받아왔다. 1908년에 자료를 수집하고 1910년에 출간한 『한국수산지韓國水産誌』 권3(조선총독부朝鮮總督府 농상공부農商工部)은, 녹도鹿島의 주벅을 두고 '주목망駐木網'이라고 하면서, 녹도鹿島의 어업漁業은 주목망駐木網, 그리고 갈치와 조기를 낚는 것이었다고 하였다. 또 원산도元山島 서남쪽에 있는 녹도鹿島를 비롯하여 그 주변에 있는 여러 섬의 연안沿岸은 주목망駐木網 어업漁業의 최적지最適地라고 강조하였다.[3]

길전경시吉田敬市는 1954년에 출간한 『조선수산개발사朝鮮水産開發史』(조수회朝水會)에서 주벅을 두고 '주목망柱木網'이라고 하면서, 다음과 같이 강조하였다.

주목망柱木網은 달리 주목駐木 또는 주박注泊이라고 이른다. 한말韓末 조기어업의 대표적 어구漁具이다. 동해안의 지예망地曳網, 남해안의 어장漁帳과 함께 예로부터 조선朝鮮의 삼대어구三大漁具라고 불린다. 주목柱木은 서해안 특유의 해황海況에 적응適應하며 발달한 것으로 조석潮汐의 간만차이干滿差異를 이용한 어구이다.[4]

또 길전경시吉田敬市는, 녹도鹿島의 주벅 경영법經營法은 다음과 같다고 하였다.

주목어업柱木漁業의 경영법經營法은 지방地方에 따라 다소多少 다르다. 충남방면忠南方面의 관행慣行은, 그 어장漁場이 많은 토박이 주민들의 소유인데, 예로부터 1호 1어장一戶 一漁場 제도를 엄수嚴守하였다. 단, 형제별거세대兄弟別居世帶의 경우는 2어장二漁場 겸영兼營이 허락許諾되었다. 예를 들어 충청남도忠淸南道 녹도鹿島의 주목어장柱木漁場 70개소는 녹도어민鹿島漁民 50호 소유였다고 한다. 어장漁場은 관행상 매매賣買 또는 대여貸與를 인정하지 않고 모두 자영自營이었다. 또, 어선漁船 1척이 대망大網이면 4통統, 소망小網이면 6~7통을 담당擔當하였다. 그 어선은 그물 임자들의 공동소유물共同所有物이었다. 또 조업操業도 공동共同으로 이루어내었다. 그래서 1일 2회 썰물이 반쯤 이루어졌을 즈음에 그물을 들어올려 고기를 잡는 매우 간단한 어법漁法이었다.[5]

1. 어장漁場

길전경시吉田敬市는 녹도鹿島에 70개소에 걸쳐 주벅[柱木網]이 있었다고 하였다. 주벅은 어디에 어떻게 있었을까. 녹도는 본도本島를 중심으로 그 주변에 여러 개의 섬을 거느리고 있다. 녹도가 거느리고 있는 섬과 '여[嶼]'를 우선 살펴보고자 한다.

① 용달도 : 녹도鹿島 동북쪽에 있는 섬의 이름이다. 1919년 조선총독부에서 만든 지도地圖(이하 '지도'라고 함)는 이 섬을 두고 외점도外占島라고 하였다. 다시 그 동북쪽에 있는 불모도佛母島는 삽시도挿矢島(행정상, 보령시保寧市 오천면鰲川面 삽시도리挿矢島里)에 속해 있는 섬이었다. 전통적으

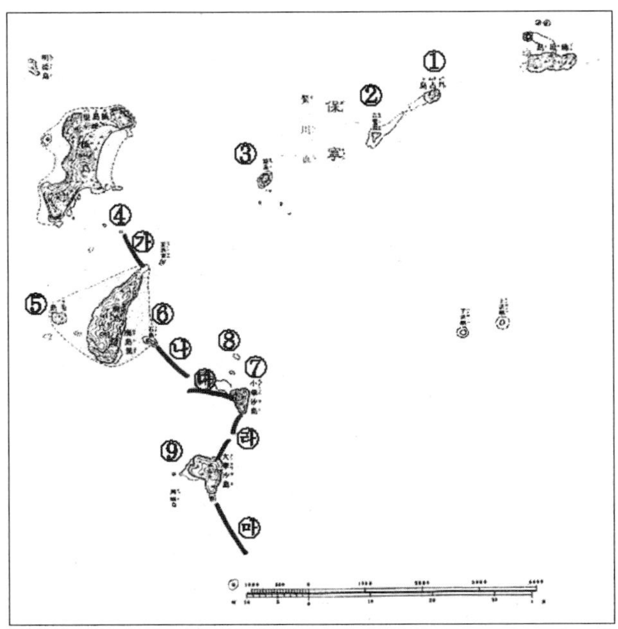

〈지도 1〉 녹도鹿島의 바다지명과 주벅 어장漁場의 위치位置
(1919년 조선총독부 제작 지도)

로 이 섬에는 8가구가 거주하였고, 그 동쪽에 주벅 어장漁場이 있었
다고 한다.

② 치여 : 용달도에서 남서쪽에 있는 '여'의 이름이다. 지도는 이 섬을
두고 길응도吉鷹島라고 하였다. 치여와 용달도는 썰물에 드러나는 사
구砂丘로 이어져 있는 것이나 다름없었다.

③ 추도鎚島 : '치여' 남서쪽에 있는 섬의 이름이다. 지도는 이 섬을 두고
추도라고 하였다.

④ 숭여 : 녹도 북서쪽에 있는 '여'의 이름이다. 이 '여'를 두고 '숭여'라
고 이름을 붙인 까닭은 알 수 없다. '숭여'에서부터 녹도 북쪽까지를
두고 '너마지'라고 하였다. 이곳에 6개의 주벅이 있었다.

⑤ 모도毛島 : 녹도 서쪽에 있는 섬의 이름이다.

⑥ 독섬 : 녹도 동쪽에 있는 섬의 이름이다. 지도는 이 섬을 두고 '석도
石島'라고 하였다. '석도'는 독섬의 한자를 차용借用한 표기表記이다.
'독섬'에서 남동쪽으로 15개의 주벅이 줄줄이 이어져 있었다. 이를
두고 '웃틀'이라고 하였다. '웃틀'은 소화사도小華沙島에서 서북쪽에
줄줄이 이어져 있었던 20개의 '아래틀'보다 위쪽에 있는 틀이라는 말
이다. 그러니 '웃틀'은 아래틀 위쪽에 있는 '틀'이라는 말이다. 틀은
주벅 수數의 단위였다.

⑦ 소화사도小華沙島 : 독섬 남동쪽에 있는 섬의 이름이다. 지도는 이 섬
을 두고 '소화사도'라고 하였다. '소화사도'에서 서북쪽으로 20개의
주벅이 줄줄이 이어져 있었다. 이를 두고 '아래틀'이라고 하였다.

⑧ 노른여 : '소화사도' 서북쪽에 있는 두 개의 '여' 이름이다. 썰물 때
에는 그 모습을 드러냈다.

⑨ 대화사도大華沙島 : '소화사도' 남서쪽에 있는 섬의 이름이다. 지도는
이 섬을 두고 '대화사도'라고 하였다. '대화사도'에서 북동쪽으로, 또
'소화사도'에서 남서쪽으로 각각 10개의 주벅이 있었다. 20개의 주
벅을 두고 '두도주벅'이라고 하였다. 그리고 '대화사도'에서 남동쪽으
로 20개의 주벅이 줄줄이 이어져 있었다. 이 주벅 어장을 두고 '화산
도주벅'이라고 하였다.

녹도鹿島 주변의 바다 밑은 사니질沙泥質로 이루어졌다. 조기는
사니질에서 산란産卵하였다. 그러니 음력 3월(이하 월은 모두 음력임)

사리 때 조기들이 산란하러 이곳에 왔던 것이다. 녹도의 조기 산란은 칠산도七山島의 조기산란 시기와 같았다.

녹도의 밀물은 남쪽에서 북쪽으로, 그리고 썰물은 북쪽에서 남쪽으로 흘렀다. 녹도에서는 썰물 때 고기를 잡으려고 주벅을 설치하였다. 그러니 섬과 섬 사이에 주벅을 설치하였던 것이다.

녹도 주변에 있는 주벅 어장은 다음과 같다.

㉮ 너마지 : 녹도의 북쪽과 '숭여' 사이에 있는 주벅 어장漁場의 이름이다. 이곳에 6개의 주벅이 있었다.

㉯ 웃틀 : '석도石島'에서 남동쪽에 있는 주벅 어장의 이름이다. 이곳에 15개의 주벅이 있었다.

㉰ 아래틀 : '소화사도小華沙島' 동북쪽에는 썰물 때 모습을 드러내는 사구砂丘가 있었다. 바로 이 사구砂丘 남쪽에 있는 어장의 이름이다. 이곳에 20개의 주벅이 있었다.

㉱ 두도 : '소화사도'와 '대화사도' 사이에 있는 주벅 어장의 이름이다. 이곳에 10개의 주벅이 있었다. 그 한가운데는 주벅 어장의 사이를 비워두었다.

㉲ 대화사도大華沙島 : '대화사도'에서 남서쪽으로 길게 늘어서 있는 주벅 어장의 이름이다. 이 어장을 두고 흔히 '화산도주벅'이라고도 하였다. 이곳에 20개의 주벅이 있었다.

녹도의 주변에는 주벅을 앉힐만한 곳이 제법 많아 보인다. 그렇다고 어느 곳이나 주벅을 앉혔던 것은 결코 아니었다. 주벅 어장의 조건은 조류가 크게 작용하였다. 녹도 사람들은 해수면의 조류를 '겉물', 그리고 해저면의 조류를 '속물'이라고 하였다. 주벅의 어장은 겉물과 속물이 같은 방향으로 세차게 흐르는 곳에서만 이루어졌었다.

녹도 서쪽에 '모도毛島'가 있다. 그 서쪽에도 주벅을 앉히기에 좋은 곳처럼 보인다. 그렇지만 그곳에는 예로부터 주벅을 앉혔던 적은 없었다. 그 속내를 김청산金靑山(남, 1927년생) 씨에게 여쭈어보았다. 그곳의 조류는 "겉물은 빠른데, 속물이 뜨다"는 것이었다. 썰물 때 겉물은 세차게 남쪽으로 흐르지만, 속물은 그렇지 않다는 것이다. 그러니 '모도'는 주벅을 앉히기에 절절한 곳이 못되었음을 미루어 짐작할 수 있다.

김청산 씨는 40세 안팎에 '치여' 남쪽에 주벅을 설치하였던 적이 있다. 김씨의 형은 조기주낙의 달인達人이었다. 김씨는 김씨의 형으로부터 '치여' 남쪽에 주벅을 설치할 것을 권유勸誘받고 설치하였었는데 그만 실패하고 말았다. '치여' 주변의 조류는 겉물과 속물이 각각 다르게 흐르니, 물고기는 주벅 안으로 몰려들 수 없었다는 것이다.

참조기가 드는 주벅은, '대화사도大華沙島' 남동쪽의 '화사도華沙島'(㉮), 그리고 '독섬'과 '소화사도小華沙島' 사이의 '웃틀'(㉯)과 '아래틀'(㉰)뿐이었다. ①은 일자형一字形이고, ②는 방사형放射形이었다. 주벅 어장의 한가운데를 '골판', 그 양쪽을 '변전'이라고 하였다. 그러니 참조기는 '골판'에 있는 주벅에서만 잡혔던 셈이다. 그러니 녹도鹿島에서 골판의 주벅은 5~6개 정도뿐이었다. 박명수朴明洙(남, 1935년생) 씨는 '독섬'과 '소화사도' 사이에 있는 '아래틀'(㉯)이라는 주벅 어장 중에서 '골판'에 있는 주벅을 소유하고 있었다. 그러니 박씨네 주벅은 참조기가 드는 주벅이었다.

녹도에서 주벅의 어장은 장자長子를 우대優待한 상속相續이 이루어지기도 하였다. 또 주벅의 위치는 상하 또는 좌우의 '가남'으로 가늠하여 위치를 정확하게 구분할 수 있었으니, 이웃 주벅과 분쟁紛爭이 일어나는 일은 결코 없었다.

2. 어기漁期와 어종魚種

　녹도 사람들은 조기 어기漁期는 음력陰曆으로 따지는 것에만 익숙하였다. 그러니 여기에서 다루어지는 어기인 달[月]은 음력陰曆이다. 주벅의 어기는 2월에서부터 5월 사이에 이루어졌다. 어기는 해당該當 물고기의 산란기産卵期나 다름없었다. 그리고 어기마다 어종魚種이 달랐다.

　2월 그믐사리6) 동안에는 황복7)이 왔다. 황복은 1년 중 제일 먼저 주벅으로 찾아오는 물고기이었던 셈이다. 그러니 2월 초사리 때 주벅을 설치하여 두었던 것이다. 주벅의 설치는 이 글 4. 어구漁具에서 다시 구체적으로 다루게 될 것이다.

　3월 초사리를 두고 달리 '곡우穀雨사리'라고도 하였다. 이 동안에는 참조기,8) 황새기,9) 꽃게가 주벅으로 찾아왔다.

　3월 그믐사리 동안에는 갈치와 꽃게가 찾아왔다. 그 중 갈치만은 5월까지 이어졌다.

　4월 초사리부터 5월 초사리 동안에는 갈치와 함께 '밴댕이'10)가 찾아왔다.

　5월 그믐사리 동안에는 '풀치'가 찾아왔다. 5월 그믐사리를 두고 달리 '망종芒種사리'라고도 하였다. '풀치'는 30㎝안팎의 어린 갈치를 두고 이른 말이다. '풀치'가 주벅에 나타나면 그해의 주벅 어로漁撈는 끝이 나고 만 것이나 다름없었다.

　녹도 주벅의 어기와 어종은 <표 3>과 같이 요약할 수 있다.

〈표 3〉 녹도鹿島 주벅의 어기漁期와 어종魚種

漁期(陰曆)	魚種	비고
2月 그믐사리	황복	
3月 초사리	참조기·황새기·꽃게	七山島 조기 産卵期와 같음
3月 그믐사리	갈치·꽃게	
4月 초사리~5月 초사리	갈치·밴댕이	
5月 그믐사리	풀치	

3. 어선漁船

주벅에 따른 어선漁船을 두고 '주벅배'라고 하였다. 『한국수산지 韓國水産誌』 권3(조선총독부농상공부朝鮮總督府農商工部)은 녹도의 '주벅배' 에 대하여 다음과 같이 지적하였다.

> 주벅의 어선漁船은 보통 '조선배'이다. 대망大網인 경우는 선장船長 7칸間 (1칸間은 약 1.81m—필자), 중망中網인 경우는 선장 6칸, 그리고 소망小網인 경우는 5칸 정도이다.11)

그러나 녹도 주벅의 경험자經驗者들의 주벅배에 대한 가르침에 따르면 그물의 규모는 물론 어장漁場에 따라 그 크기가 달랐다고 하였다. '대화사도大華沙島' 어장의 주벅배는 10톤 안팎이었다. '대 화사도'의 어장은 수심水深이 깊으니, 주벅의 말장은 물론 그물이 컸다. 그러니 주벅배도 클 수밖에 없었다. 그리고 그 나머지 어장 의 '주벅배'는 5톤 안팎이었다는 것이다.

'주벅배'는 주벅의 주인 6~7명이 공동으로 마련하였다. '주벅 배'는 2월부터 5월까지 어기漁期에만 물에 있었고, 그 나머지 기간 에는 뭍에 올려두었다.

5톤 규모의 '주벅배'에는 화장火匠 1명을 거느렸다. 주벅의 주인들은 그물을 걷어 올릴 때마다 어획량漁獲量의 10분의 1의 물고기를 화장에게 주었다. 10톤 규모의 '주벅배'에는 화장 1명과 중군中軍 1명을 거느렸다. 주벅의 주인들은 그물을 걷어 올릴 때마다 어획량의 10분의 1의 물고기를 화장과 중군에게 각각 주었다. 화장과 중군이 받는 물고기의 양量은 어장漁場이 좋지 않은 주벅 주인의 어획량보다 많을 수도 있었다. 화장과 중군은 '주벅배'의 노를 젓는 일, 그리고 물을 푸는 일 따위를 이루어냈다. 그리고 주벅을 설치하거나 걷어내는 일을 거들기도 하였다.

주벅을 설치하는 일을 두고 '주벅 맨다'라고 하였다.

4. 어구漁具

한반도 서해안의 주벅은 ① 돼지주벅과 ② 말장주벅 두 가지가 전승하였다. ①은 조류潮流의 방향에 따라 빙빙 돌게 만든 주벅이었는데, 황해도 일대에서 전승하였다. 녹도의 주벅은 ②의 주벅이었다. 녹도 주벅의 아가리는 모두 북향이거나 북동향으로 설치하였으니, 썰물 때만 물고기가 주벅 안으로 들어갈 수 있었던 것이

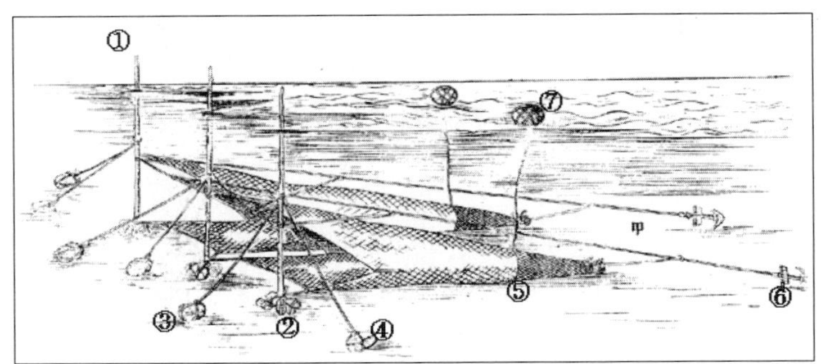

〈그림 1〉 녹도鹿島의 주벅 구조(『한국수산지韓國水產誌』 권1)

다. 그러니 ②의 주벅은 모두 썰물 때만 물고기를 잡는 정치어구定置漁具이었던 셈이다. 이렇게 썰물 때만 물고기를 잡을 수 있게 정치하였으니, 주벅을 두고 달리 '썰물받이'라고 하였다. 이 말은 썰물 때 물고기를 잡는 주벅이라는 말이다.

『한국수산지韓國水産誌』 권1(조선총독부朝鮮總督府 농공상부農工商部)은 녹도의 주벅을 그림으로 남겼다. 그 하나하나를 뜯어보고자 한다.

① 말장 : 보통 '주벅말장'이라고 하였다. '주벅말장'은 두 개의 말장만으로 이루어진 것과 세 개의 말장으로 이루어진 것이 있었다. 두 개의 기둥으로 이루어진 말장에 하나의 그물을 설치할 경우를 두고 '외톨배기말장'이라고 하였다. 그리고 세 개의 기둥으로 이루어진 말장에 두 개의 그물을 설치하는 경우를 두고 '연삼판말장'이라고 하였다. 그러니 <그림 1>의 말장은 '연삼판말장'인 셈이다. '대화사도'의 어장에서는 '외톨배기말장', 그리고 그 나머지 어장에서는 '연삼판말장'을 고집하였다. 그러나 '대화사도' 어장은 비교적 수심이 깊었기에 '외톨배기말장'을 고집하였다고 한다. 말장의 재료는 적송赤松이었다. 해송海松은 물살을 이기지 못하여 쉬 부러지고 말았으니 적송을 선호하였다. 말장의 길이는 일곱 발이었고,12) 또 일곱 발 간격으로 말장을 줄줄이 세웠다.

② 굽돌 : 말장의 아래 굽에 돌멩이를 달아매었다. 이를 '굽돌'이라고 하였다.

③ 앞목 : 말장 앞쪽에 묶은 줄을 돌멩이에 묶어두었다. 이를 '앞목'이라고 하였다.

④ 뒷목 : 말장 옆에 묶은 줄을 돌멩이에 묶어두었다. 이를 '뒷목'이라고 하였다.

⑤ 그물 : 그물은 '원통그물'과 '불초리'로 이루어졌다. 싸리껍질을 재료로 하여 그물코 한 뼘 길이로 성기게 짠 그물을 두고 '원통그물', 그리고 칡줄의 껍질을 재료로 하여 손가락 하나가 들고날 수 있게 빽빽하게 짠 그물을 두고 '불초리'라고 하였다. '원통그물'은 14발, '불초리'는 4발 안팎이었다.13) 그리고 '불초리'의 끝에 묶은 줄을 다시 닻줄에 묶어두었다.

⑥ 닻 : 세 개의 말장에 묶은 줄을 두 개의 닻에 묶었다. 이때의 줄을

닻줄이라고 하였다. 그리고 그물의 끝인 불초리를 묶어둔 줄도 닻줄
에 묶어두었다.

⑦ 허이통 : 부표浮漂를 두고 이르는 말이다. '원통그물'과 '불초리' 사이
에 줄을 묶고, 그 줄을 다시 '허이통'에 묶어두었다. '허이통'은 오동
나무로 만들었다. 이것을 잡아당기면 그물이 올라오게 되어 있다.

5. 어법漁法

주벅의 어법漁法은 그물을 들어올리고 그물에 가두어진 물고기
를 잡아 올리는 것이었다. 주벅의 그물을 들어올리는 것은 물때를
잘 가늠하며 이루어내었다. 그러니 이런 일을 두고 '물 본다'고 하
였던 것이다.

녹도에는 조수潮水의 증감增減에 따른 이름이 전승하였다. 조수
의 이름은 달[月]의 힘에 따라 조수가 변하기에 음력陰曆에 따라 달
랐다. 조수의 증감은 한달에 15일을 주기로 2회 반복하였다. 1일
은 '일곱물', 2일은 '여덟물', 3일은 '아홉물', 4일은 '열물', 5일은
'한게끼', 6일은 '두게끼', 7일은 '아친조금', 8일은 '조금', 9일은
'무시', 10일은 '한물', 11일은 '두물', 12일은 '세물', 14일은 '네
물', 14일은 '다섯물', 15일은 '여섯물'이라고 한다. 그리고 16일부
터 30일까지는 1일부터 15일까지의 조수의 이름과 같았다. 그리고
29일만 있는 달에는 '다섯물'과 '여섯물'을 하나로 묶어 버렸다.

주벅의 어로漁撈는 다섯물 날부터 열물 날까지만 이루어졌다.
그리고 한게끼 날에는 그물을 뜯어 말렸다가 세물 날에 그물을 다
시 설치하였다. 조금 동안에 그물을 뜯어 말리는 일을 두고 '볏갈
한다'고 하였다.

사리 썰물 때 하루에 2회, 밤과 낮 각각 1회씩 그물을 들어올렸

다. 한 척의 주벅배로 여러 개의 그물을 들어올리는 일은 순서에 따라 이루어졌다. 그러니 여러 주벅의 주인들은 서로 품앗이로 그물을 같이 들어올렸던 것이다. 그래서 이들을 두고 '주벅동서'라고 하였다.

특히 사리 때 조류潮流의 속내를 잘 들여다 볼 필요가 있다. 밀물과 썰물은 각각 6시간 주기로 반복한다. 우선 밀물만을 들여다보자. 밀물은 6시간 동안 이루어진다. 이때 밀물도 성장곡선成長曲線을 그린다. 썰물에서 밀물로 돌아선 2시간 동안은 초년기初年期의 밀물이다. 이때의 밀물은 그만큼 물살의 힘이 여리니 물살도 여리어 느슨하게 흐른다. 이때를 두고 '초들물'이라고 하였다. 그 후 2시간 동안은 중년기中年期의 밀물이다. 이때의 밀물은 그만큼 물살의 힘이 드세니 물살도 세차게 흐른다. 이때를 두고 '참드리'라고 하였다. 그 이후 2시간 동안은 노년기老年期의 밀물이다. 이때의 밀물은 그만큼 물살의 힘도 늙었으니 물살도 느슨하게 흐른다. 이때를 두고 '물눅음'이라고 하였다. 주벅의 그물 안으로 물고기가 본격적으로 몰려드는 시간은 썰물 중에서도 중년기인 참드리 때이다. 그러니 노년기의 밀물 때부터 그물을 걷어 올려버렸던 것이다.

주벅에서 잡은 물고기는 염장鹽藏하였다가 뭍으로 내다 팔았다.

Ⅲ. 살의 어법漁法과 민속民俗

한반도와 부속도서附屬島嶼의 근해 조간대潮間帶는 돌멩이나 발[簾]로 물길을 막아 물고기를 잡는 정치어업定置漁業이 왕성하게 이루어졌다. 이때의 정치어구定置漁具를 두고 서해안에서는 '살', 남해안에서는 '발'이라고 하였다. 『세종실록지리지世宗實錄地理志』는 남해안의 '발'과 서해안의 '살'을 뭉뚱그려 '어량漁梁', 그리고 『경상도속찬지리지慶尙道續撰地理志』는 '방렴防簾', 그리고 『균역청사목均役廳事目』에서는 '어전漁箭'이라고 하였다. 방렴防簾은 남해안의 '발', 그리고 어전漁箭은 서해안의 '살'을 두고 한자를 차용한 표기였다.14)

『한국수산지韓國水産誌』 권1(조선총독부朝鮮總督府 농공상부農工商部)은 함경, 강원, 경상 각도의 어전漁箭을 두고 '방렴' 또는 '건방렴乾防簾', 그리고 서해안의 어전을 두고 '전箭'이라고 하였음도 바로 이 때문이었다.

이 글에서는 태안반도를 중심으로 한 그 일대에서 이루어진 '살'에 대해서만 살피기로 한다.15)

『한국수산지』 권1은 서해안의 '살[箭]'에 대하여, 다음과 같이 지적하였다.

> 서해안이나 서남연해 일대에 있어서 본방인本邦人들이 많이 경영하는 정치어구定置漁具로 조기, 새우, 갈치, 오징어, 화어火魚, 방어, 광어, 가자미, 서대, 홍어 등 조수의 간만에 따라 연안을 왕래하는 물고기들을 잡는다. 그(정치어구-필자) 방법으로는 방사형放射形 또는 만형灣形으로 지주支柱를 세우고, 이것에 대나무, 갈대, 또는 싸리 등으로 만든 자리[簀]를 친다. 그 중앙 또는 좌우 양 날개에는 각 1개소의 어류부魚溜部를 설치한다. 물고기는 조류를 타고나가다가 자리[簀]에 부닥뜨리고, 나중에는 협착狹窄한 어류부에 함락陷落한다. 그러니 물고기는 내빼는 길을 잃고 포획되고 마는 것이다. 양 날개는 연장延長 400간間(1간은 약 1.81m-필자)에 이르는 것도 있다. 그리고 '살'의 높이는 보통 3간 정도이다. 만조 때는 지주의 꼭대기가 물 속에 잠긴다.

한반도의 서해안에 전승하였다는 방사형放射形과 만형灣形의 '살'은 과연 어떤 것이었을까. 나는 이에 초점을 맞추고 태안반도와 그 주변의 야외답사로 얻어진 몇 사례를 들어 이를 구명究明하여 보고자 한다.

1. 사례① (충남 태안군 안면읍 중장리 '나암'의 경우)

『한국수산지』 권3은 중장리中場里의 '나암'에 대하여 다음과 같이 코멘트하고 있다.

이 마을의 만구灣口 전면前面에 주위周圍 10정町(1정은 109.09m－필자) 정도의 소도小島가 있다. 이를 외도外島라고 한다. 몇 가호家戶의 인가人家가 있는데,

〈지도 2〉 중장리中場里 나암의 나루터와 방사형放射形 살의 위치
(1919년 조선총독부 제작 지도)

농어農漁를 겸업한다. 사장포沙長浦 물가 연안에는 2월부터 5월까지 어전漁箭을 설치하고 조기, 숭어 등을 잡는다.16)

외도外島는 '나암'을 두고 이른 말임이 분명하다. 1918년에 조선총독부가 만든 지도地圖는 '나암'을 두고 '羅岩'이라고 하였다. '나암'은 중장리中場里에서 동쪽 바다에 나앉아 있는 곳이라는 말에서 비롯하였다. 이 섬에 어전漁箭이 있는데, 이곳에서 2~5월에 조기와 숭어를 잡는다고 하였다.

중장리 '나암'은 어떤 곳이었고, 이곳의 어전은 어떤 모양의 것이었을까. 이 섬에서 태어나 오랫동안 이 섬에서 생계를 꾸려온 최태식崔泰湜(남, 1927년생) 씨로부터 가르침을 받을 수 있었다.

이 섬에는 전통적으로 15가호家戶 안팎이 거주하였다. 농업과 어업으로 생계를 꾸려왔다. 이 섬의 주어업主漁業은 '살'을 매어 고기를 잡는 일, 그리고 김을 양식하는 일이었다. '나암'은 조금이나 사리 때를 가리지 않고 밀물 때는 바닷물로 막혀버리는 섬이었다. 다만 썰물 때는 돌다리를 건너 안면도安眠島와 왕래할 수 있었다. 돌다리를 두고 '유두'라고 하였다.17) 그리고 밀물 때는 섬이 바닷물로 막히고 말았으니, 섬사람들은 공동으로 나룻배 하나를 마련하였다. 나룻배에는 사공을 두지 않았다. 섬사람들은 아무나 나룻배를 타고 안면도에 가서 배를 묶어두었다. 그리고 일을 보고 올 때 그 배를 타고 왔다. 1966년 안팎에 제방공사堤防工事가 이루어지면서 나룻배와 돌다리는 자취를 감추고 말았다. 그러니 제방공사가 이루어지기 전에, '나암'은 섬이나 다름없었다.

나는 최씨에게 『한국수산지』 권1에 있는 어전의 그림을 하나하나 내보였다. 그리고 최씨로부터 가르침을 받을 수 있었다.

이 섬 동쪽 연안에 방사형放射形의 '살'이 두 개 있었다. 모두 이씨

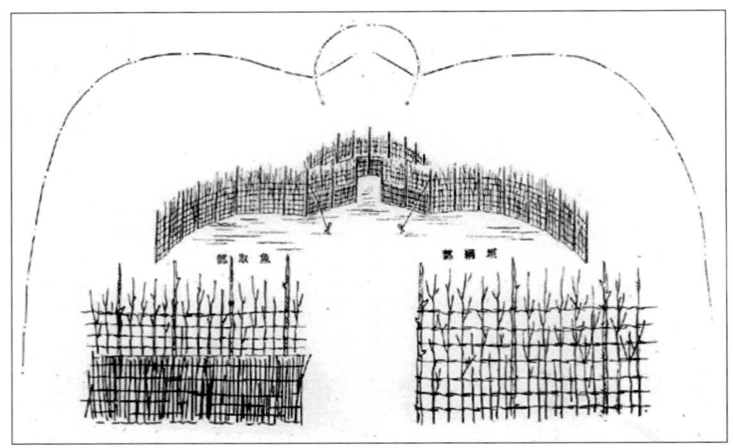

〈그림 2〉 방사형의 살 구조(『한국수산지』 권1)

집안의 개인소유였다. '살'은 조간대潮間帶와 점심대漸深帶의 경계선을 따라 설치하였었다. 그 경계선을 두고 '물지겁'이라고 하였다.

『한국수산지』에서 방사형의 '살'은 어취부魚取部와 원망부垣網部로 이루어졌다고 하였다. '나암'에서는 어취부魚取部를 두고 '살통', 그리고 원망부垣網部를 두고 '활이'라고 하였다. '살통'에는 직경 12cm 안팎의 잡목雜木으로 말장을 박았고, 그것에 의지하여 직경 3cm의 나뭇가지를 가로로 성기게 대어 묶었다. 다시 그것에 의지하여 싸리로 빽빽하게 엮은 자리[簣]를 세워 묶었다. 말장의 높이는 지면에서 약 3m 안팎이었다. '살통'의 바닥은 물살이 밀고 나다보니 저절로 물웅덩이가 이루어졌다. 이를 '민통'이라고 하였다. '살통'의 양쪽 활이에도 말장을 박고 그것에 의지하여 나뭇가지와 싸리를 성기게 대어 묶었다.

주로 조수간만의 차가 큰 사리 때에만 하루에 두 번 '살통'에 가두어진 물고기를 잡았다. '살'에서 봄에는 숭어와 조기, 그리고 겨울에는 청어를 잡았다.

2. 사례② (충남 태안군 안면읍 황도리의 경우)

황도黃島는 안면도安眠島에 딸린 섬이다. 황도 남쪽에는 썰물 때 모습을 드러내는 사구砂丘가 있다. 섬사람들은 이 사구를 두고 '아랫여'라고 한다. '아랫여'는 썰물 때 남북 약 3.7km, 동서 1.9km 규모의 사구가 드러난다. '아랫여'는 황도 사람들 공동의 바다밭이다. 이곳에는 바지락, 소라, 낙지, 개불 등이 박혀 있다.

〈지도 3〉 황도黃島의 나루터와
방사형 살의 위치
(1919년 조선총독부 제작 지도)

이 섬에서 오랫동안 생계를 꾸려온 김재풍金在楓(1923년생) 씨와 유종서柳鐘瑞(1946년생) 씨로부터 이 섬의 개황槪況과 함께 '살'에 대하여 가르침을 받았는데, 그 내용은 다음과 같다.

지금 황도와 안면도는 1982년 11월 30일에 완공된 연장 260m, 폭은 4m의 다리가 놓여져 있다. 다리가 놓여지기 전에는 이곳을 두고 '나룻개'라고 하였다. 다리로 말미암아 안면도와 연륙連陸이 되기 전에는 나룻배로 안면도와 왕래하였다. 황도의 나룻배는 황도 70가호가 공동으로 마련한 것이었다. 그리고 황도 사람들은 해마다 사공 한 사람을 선임하였다. 사공은 섬사람들로부터 받은 '모조募租'로 생계를 꾸렸다. '모조'는 가호마다 1년에 보리 한 말, 그리고 나락 한 말이었다.

황도의 '살'은 '아랫여'의 조간대潮間帶를 따라 여러 개 있었다. 황도의 '살' 구조는 사례 ①의 '나암'의 그것과 다를 바 없는 방사형의 것이었다. 3월 보름사리에는 알을 풀러온 참조기가 살에 많이 잡혔다. 그리고 사리 때에만 '살'에서 고기를 잡았다. 이때 고기를 잡으러 가는 일을 두고 '살물본다'고 하였다.

3. 사례③ (충남 서산시 부석면 간월도리의 경우)

간월도看月島는 천수만淺水灣 안에 위치한 섬이었다. 면적은 1.87㎢, 해안선 길이는 11km이다. 서산간척사업으로 말미암아 지금은 육지와 연결되었다. 이 섬에서 태어나 오랫동안 이곳에서 생계를 꾸려온 김운용金雲龍(남, 1938년생) 씨로부터 이 섬의 개황과 '살'에 대하여 가르침을 받았는데, 그 내용은 다음과 같다.

간월도는 전통적으로 56가호가 모여 살았다. 간월도는 섬이면서도 나룻배가 없었다. 간월도의 동쪽과 서쪽에는 갯고랑이 있었다. 그리고 그 갯고랑이 서로 마주치는 북쪽에는 길쭉하게 이루어진 사구가 있었다. 이를 '줄목'이라고 하였다. 이 섬 사람들은 '줄목'에서 부석면浮石面 강당리江堂里 속칭 '땅구지'까지 걸어서 왕래하였다. '줄목'과 '땅구지' 사이는 밀물에만 막혔는데, 그 시간이 그리 길지 않았기에 썰물을 기다렸다가 도보로 왕래하였던 것이다. 그러니 간월도는 완전한(?) 섬은 아니었던 셈이다.

간월도의 동쪽 갯가를 두고 '푸렝이'라고 하였다. 이곳에 5개의 '살'이 있었다. 남쪽 갯가를 두고 '벗앞의'라고 하였다. 이곳에 4개의 '살'이 있었다. 그리고 동쪽 갯가를 두고 '한열'이라고 하였다. 이곳에 5개의 '살'이 있었다. 간월도의 '살'은 모두 개인소유였다.

간월도의 '살'은 만형灣形이었다. 어취부를 '살통', 그리고 원망부垣網部를 '활이'라고 하였다. 원망부의 한쪽 끝에만 어취부가 있었다. 이를 '꼬팻통'이라고

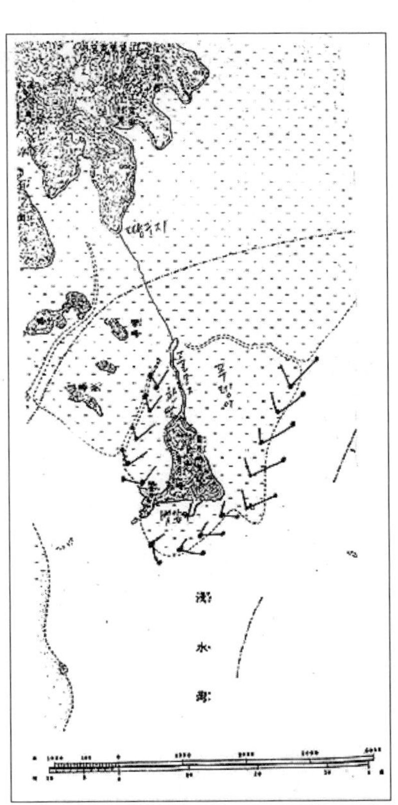

〈지도 4〉 간월도의 연륙로連陸路와
만형灣形 살의 위치
(1919년 조선총독부 제작 지도)

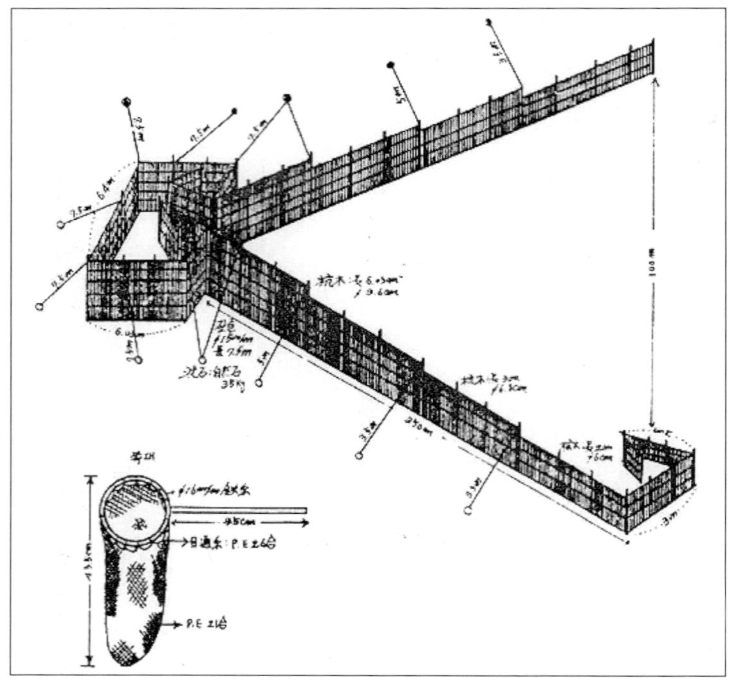

〈그림 3〉 만형灣形의 살 구조
(국립수산진흥원國立水産振興院, 『한국어구도감韓國漁具圖鑑』 2호, 1967, 225쪽)

하였다. '꼬팻통'이 딸린 '활이'는 반드시 갯고랑 쪽, 그리고 '살통'은
갯바닥에 있었다. 그러니 사리 썰물에 '꼬팻통'은 물 속에 잠겨 있
었고, '살통'은 갯바닥 위에 있었다. 간월도의 동쪽 갯가 '푸렝이'와
서쪽 갯가 '한열'의 '살'의 아가리는 북쪽으로 입을 벌리고 있었다.
다만 '꼬팻통'이 딸린 '활이'는 갯고랑 쪽에 있었을 뿐이었다. 또
간월도 남쪽 갯가 '벗앞의'에 있었던 '살'의 아가리는 동북쪽으로
입을 벌리고 있었다. 다만 '꼬팻통'이 딸린 '활이'는 갯고랑 쪽에
있었을 뿐이었다. 간월도 '살'의 '살통'이나 '활이'는 참나무 말장
을 세우고, 이것에 의지하여 왕대나무를 가늘게 조각내어 엮어 만

든 발[簾]을 세워 묶어 만들었다.

3월에는 참조기가 '발'에 들었다. 이때의 '살'을 두고 '조깃살'이라고 하였다. 4~5월에는 갑오징어와 꽃게가 '발'에 들었다. 이때의 살을 두고 '오징어살'이라고 하였다. 어기漁期가 끝나면 '살'의 발을 걷어내 버렸다.

조수간만의 차이는 일정하지 않았다. 차이가 큰 사리를 두고 '대사리', 그리고 그렇지 않은 사리를 두고 '적사리'라고 하였다. '대사리'에는 세물 날부터 열물 날까지 물고기를 잡았다. '살'에서 물고기를 잡는 일을 두고 '물 본다'고 하였다.

4. 사례④ (충남 홍성군 서부면 궁리의 경우)

궁리宮里는 천수만淺水灣을 끼고 있는 갯마을이다. 이 마을은 농업과 어업으로 생계를 꾸려왔다. 천수만 갯가에 '살'을 설치하여 물고기를 많이 잡아왔으니, 이 마을을 두고 달리 '살막골'이라고 하였음도 바로 이 때문이었다.

『한국수산지』 권3은 이 일대에서 이루어진 '살'을 두고 어전漁箭이라고 하면서, 다음과 같이 코멘트하고 있다.

> 어전漁箭은 당리堂里 앞, 육지에서부터 17~18정町(1정은 109.09m - 필자) 내지乃至 1리里 반半(1리는 3.927km - 필자)쯤 떨어진 곳에 설치한다. 3월부터 7월 사이에는 주로 갈치와 조기를 잡는다. 그밖에 혜저어鞋底魚, 돔, 숭어, 가오리, 상어, 석투어石投魚, 그리고 잡어雜魚와 낙지 등을 잡는다.18)

여기에서 당리堂里는 지금의 궁리宮里와 같은 서부면에 있는 남당리南塘里가 아닐까 한다. 궁리에서 태어나 농업과 '살'로 생계를

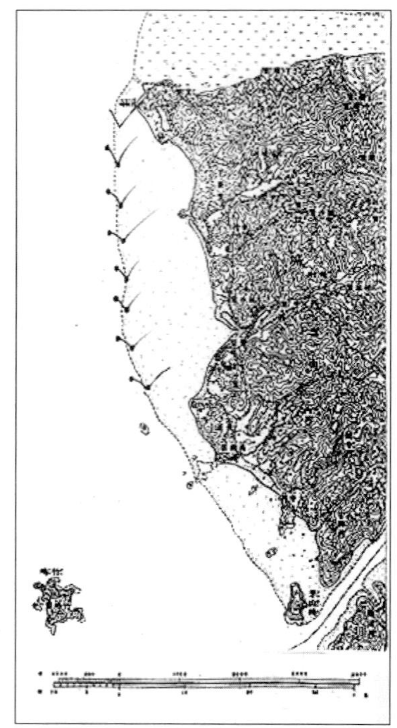

〈지도 5〉 궁리 만형灣形 살의 위치
(1919년 조선총독부 제작 지도)

꾸려온 김청룡金靑龍(남, 1927년생) 씨로부터 이 일대의 '살'에 대하여 가르침을 받았는데, 그 내용은 다음과 같다.

'살'을 설치하는 곳을 두고 '살바탕'이라고 하였다. '살바탕'은 천수만 갯고랑을 따라 북쪽으로 아가리를 벌리고 줄줄이 있었다. '살'과 '살'의 거리는 100m 안팎을 유지하였다. '살바탕'은 개인소유로 상속도 이루어졌다. 이 마을의 '살' 어로漁撈는 1970년 안팎까지 이루어졌다.

이 마을 '살'의 구조는 간월도의 것과 꼭 같았다. 다만 이 마을에서는 '꼬팻통'이 있는 활이를 두고 '남활이', 그리고 그 맞은편에 있는 활이를 두고 '북활이'라고 구분하였을 뿐이었다. 이 마을의 '살바탕'으로 볼 때 남활이는 남쪽에, 그리고 북활이는 북쪽에 있었기 때문이었다.

이 마을의 '살'은 어종과 어기에 따라 '살'의 높이가 달랐으니, 그 이름이 다르기도 하였다.

① 숭어살 : 산란하러 온 숭어를 잡으려는 목적으로 설치한 '살'의 이름이다. '숭어살'은 정월보름부터 3월 초사리까지 이루어졌다.

② 봄살 : 봄에 산란하러 온 여러 가지 물고기를 잡으려는 목적

으로 설치한 '살'의 이름이다. '봄살'은 3월 그믐사리부터 7월 초 사리까지 이루어졌다. 3월 그믐사리에는 주로 참조기, 장대, 망둥이가 잡혔다. 이때 잡는 망둥이를 두고 '봄망둥이', 그리고 장대를 두고 '봄장대'라고 하였다. 4월에는 주로 조기, 망둥이, 갑오징어, 대하大蝦가 잡혔다. 이때 잡히는 망둥이를 두고 '황망둥이'라고 하였다. 그러니 '황망둥이'는 '봄망둥이'보다 한 달 늦게 잡혔던 셈이다. 4월 그믐사리부터는 갑오징어가 잡혔다. 특히 이때의 살을 두고 '오징어살'이라고 이르기도 하였다. '오징어살'은 6월까지 이루어졌다. 갑오징어만을 잡으려고 '살'을 설치하는 수도 더러 있었다. 이때의 발의 높이는 매우 낮았다. 7월에는 '봄살'의 발을 걷어내 버렸다.

③ 가을살 : 가을에 산란하러 온 여러 가지 물고기를 잡으려는 목적으로 설치한 '살'의 이름이다. '가을살'은 8~9월에 이루어졌다. '가을살'에서는 회유回遊하는 참조기와 갈치가 비교적 많이 잡혔다. '봄살'보다 '가을살'이 어획고가 높았다. 또 어종에 따라 '살'의 높이가 달랐다. '봄살'과 '가을살'은 발의 길이가 5m 안팎이었고, 숭어를 잡은 '숭어살'과 갑오징어를 잡는 '오징어살'의 발의 길이는 2m 안팎이었다. 비교적 발의 길이가 길게 이루어진 살을 두고 '큰살', 그리고 비교적 발의 길이가 짧은 살을 두고 '작은살'이라고 하였다.

Ⅳ. 낚시의 어법漁法과 민속民俗

조기를 낚는 어로漁撈는 어장漁場에 따라 어종魚種과 어법漁法이 다양하였다. 몇 가지 사례를 통하여 이를 살펴보고자 한다.

1. 사례① (전남 신안군 지도읍 선도리의 경우)

선도蟬島는 지도智島 아래쪽에 있는 섬이다. 행정상으로는 지도 읍智島邑에 속한 섬마을이다. 이 마을의 박삼진朴三珍(남, 1923년생) 씨와 박달매朴達梅(남, 1931년생) 씨는 1990년 안팎까지 선도 주변에서 부세를19) 낚으며 생계를 꾸리기도 하였다. 그때까지만 하더라도 부세는 선도 주변으로 산란하러 왔었다. 부세의 산란기는 입하立夏에서부터 하지夏至까지이었다. 선도에서 부세의 산란기는 바로 어기漁期가 되었다.

부세의 산란장은 선도와 고이도古耳島, 그리고 선도와 부사도浮沙島 사이였다. 선도와 고이도 사이에 있는 산란장을 두고 '앞강', 그리고 선도와 부사도 사이에 있는 산란장을 두고 '부세강'이라고 하였다. 그러니 '앞강'은 선도 남쪽, 그리고 '부세강'은 선도 북쪽에 있었던 셈이었다.

부세의 어구漁具는 주낙이었다. 부세를 낚는 주낙을 두고 '땅주낙'이라고 하였다. '땅주낙'은 말 그대로 주낙을 바닷물 속 밑바닥에 거의 달라붙게 드리웠다는 말에서 비롯하였다. 주낙의 몸줄에 한 발 간격으로 아릿줄을 매달았다. 아릿줄의 길이는 60㎝ 정도이었다. 그리고 아랫줄 끝에 낚시를 매었다. 주낙에는 낚시가 60개를 매달려 있었다. 이 정도의 주낙을 두고 한 광주리라고 하였다. 부세의 미끼는 송어와 중하中蝦이었다.

부세 주낙은 세물 날에서부터 열물 날까지만 이루어졌다. 그러니 부세는 사리 때에만 산란하러 선도蟬島의 어장漁場으로 몰려왔던 것이다. 주낙으로 부세를 낚는 일은 해가 뜰 때부터 해가 질 때까지만 이루어졌다. 산란장으로 온 부세는 소리를 내었다. 이런 소리를 두고 '울음소리'라고 하였다. '울음소리'가 들리면 그리로 가서 주낙을 드리웠다.

한 척의 배에 4명이 동승하였다. 그중 2명은 노를 저었고, 2명은 주낙을 드리우고 걷어 올렸다.

낚아 올린 부세는 소금에 절여두었다. 이런 일을 두고 '간장'이라고 하였다. '간장'은 부세를 소금에 간하여 저장한다는 말이었다. 이렇게 부세를 저장하여 두었다가 추석 무렵에 뭍으로 내다 팔았다. 10마리를 한 '뭇', 그리고 10'뭇'을 한 '동'이라고 하였다.

이익금의 분배에도 기준이 있었다. 배와 어구의 몫은 50%, 그리고 네 사람의 어부 몫도 50%이었다. 네 사람은 50%를 가지고 균분均分하였다.

2. 사례② (전북 군산시 옥도면 선유도리의 경우)

선유도仙遊島 근해에는 여러 가지 조기가 회유하였었다. 선유도의 송봉유宋峰有(남, 1926년생) 씨는 1987년 무렵까지 조기를 낚으며 생계를 꾸렸었다. 손씨의 가르침에 따르면, 그 내용은 다음과 같다.

선유도 주변에 회유하였던 조기는 어기漁期에 따라 종류가 달랐다. 참조기는 4~5월에 성어기盛漁期를 이루었다. 선유도에서는 "5월 천둥에 참조기 꼬리가 망가지겠다"라는 말이 전승하였다. 이때 낚은 참조기는 꼬리가 망가져 있었다. 그리고 천둥이 끝나면 참조기는 선유도 근해에서 보이지 않았다. 백조기는 7~8월에 성어기를 이루었다. 9월 초순에는 한 마리도 보이지 않았다. 그러니 선유도의 조기낚기의 어기는 4~8월이었다.

선유도 근해에서 조기의 대표적인 어장은 '신취골'과 '청동골'이었다. 그러니 비교적 골짜기를 이루는 수심이 깊은 곳에서 조기의 어장이 이루어졌던 모양이다.

조기의 어구는 두 개의 낚시를 맨 줄낚시이었다. 미끼는 미꾸라지이었다. 선유도는 남도와 북도로 이루어졌다. 선유도는 어느 곳이나 논이 귀한 섬이었다. 다만 남도의 '통개', 그리고 북도의 '밭너매'라는 마을에만 논이 조금 있었을 뿐이었다. 그러나 미꾸라지는 '통개' 마을에 있는 논에서만 자생하고 있었다. 미꾸라지를 잡는 일은 간단하지 않았다. 수숫대 한쪽에 실을 묶고 한쪽에는 지렁이를 달아매었다. 이렇게 만든 것을 논바닥에 여러 개 놓아두었다. 미꾸라지는 수숫대의 속으로 들어갔다. 이렇게 잡은 미꾸라지를 세 토막으로 내어 미끼로 삼았다. 어부들은 미끼와 어구를 각자 마련하였다.

조기 낚기는 물때를 그리 따지지 않았으나, 조기는 사리 때보다 조금 때가 비교적 잘 물었다. 조기는 하루 중에서도 해가 뜰 때부터 해가 질 때까지만 낚았을 뿐이었다.

배에는 보통 6~7명이 동승하였다. 점심은 각자 마련하였다. 그 중에는 선주船主 1명을 비롯하여, 노를 젓는 사람 1명이 있었다. 그 나머지는 모두 조기를 낚는 어부였다. 한 어부가 10마리의 조기를 낚았다면, 뱃삯으로 1마리, 그리고 노 젓는 삯으로 1마리를 지불하였을 뿐이었다.

각자 조기를 소금에 절여 저장하였다. 이런 일을 두고 '간한다'고 하였다. 조기 입에 소금을 넣고 막대기로 우겨 밀었다. 그리고 항아리에 조기를 한 층씩 깔아놓고 그 위에 소금을 한 층씩 깔며 간하였다가 8월 추석 전에 배에 싣고 뭍으로 나가 팔았다.

3. 사례③ (충남 보령시 오천면 녹도리의 경우)

녹도鹿島에서는 주벅이 끝나는 5월 '보름사리'부터 8월 '그믐사리'까지 조기 낚시가 이루어졌다. 조기 낚시의 어장漁場은 녹도 서쪽에 있는 대길산도大吉山島, 소길산도小吉山島, 외연도外煙島, 황도黃島, 어청도於靑島의 근해近海였다.

조기 낚시는 주낙과 줄낚시가 있었다. 하나의 주낙에는 100개 안팎의 낚시를 매달았다. 100개 안팎의 낚시가 달린 주낙을 두고 한 '바퀴'라고 하였다. 보통 한 척의 배에 15바퀴의 주낙을 실었다. 그리고 줄낚시에는 두 개의 낚시를 달아매었다. 조기를 낚는 주낙이나 줄낚시의 미끼는 미꾸라지이었다.

조기 낚시의 물때는 열물 날부터 두물 날까지이었다. 그러니 조기 낚시는 조금 때 8일 동안만 이루어졌던 셈이었다. 낚시나 주낙이 이루어지는 동안 집으로 돌아오는 일은 결코 없었다. 그러니 공동의 경비로 생필품을 배에 가득 싣고 다니지 않으면 안 되었다.

한 배에는 4명의 어부가 동승하였다. 어부들이 잡은 조기를 한 곳에 모았다. 그리고 배에 소금을 싣고 다니며 조기를 배에서 간하며 저장하였다. 이를 모아두었다가 한꺼번에 뭍으로 싣고 나가 팔았다.

조기 판매대금에서 우선 주낙과 낚시가 이루어지는 동안 경상비經常費를 뺐다. 그 나머지 이익금의 50%는 선주船主와 어구漁具의 몫이었고, 나머지 50%를 가지고 4명의 어부가 똑 같이 분배하였다.

V. 마무리

지금까지 주벅, 살, 낚시로 이루어지는 조기의 어법漁法과 민속民俗을 살폈다. 이에 대한 최종 소견은 다음과 같다.

녹도鹿島의 주벅 어장漁場은 일정한 곳에서만 이루어지고 있었다. 어장은 조류, 특히 썰물의 겉물과 속물이 일정하게 흐르는 곳에만 있었다.

녹도 주벅의 어기漁期는 어종魚種마다의 산란기와 일치하였다. 주벅의 어종은 황복, 참조기, 황새기, 꽃게, 갈치, 밴댕이 등이었고, 어기는 2월 그믐사리부터 5월 그믐사리까지이었다. 그러니 주벅은 산란기의 물고기를 잡는 정치어구定置漁具였던 셈이다.

녹도 주벅의 어선은 여러 사람이 공동으로 마련한 것이었다. 그리고 구성원은 화장火匠 또는 중군中軍을 공동으로 고용雇用하였다. 화장 또는 중군의 보수는 그날그날 물고기로 주고받았다.

녹도 주벅은 '말장주벅'이었다. '말장주벅'은 썰물에만 물고기를 잡았으니, 주벅의 아가리는 북쪽을 향하여 설치하였다. 또 녹도의 주벅 어로漁撈는 조수간만이 큰 사리 때에만 집중적으로 이루어지고 있었다.

 '살'은 방사형放射形과 만형灣形 두 가지가 있었다. 사례①과 사례② 지역의 '살'은 방사형이었고, 사례③과 사례④ 지역의 '살'은 만형이었다. 왜 그랬을까. 만과 해협의 조류는 수평, 그리고 섬의 조류는 수직으로 이동하였기 때문이 아니었을까. 그러니 섬의 '살'은 '물지겁'을 따라 방사형, 그리고 만과 해협의 살은 만형으로 설치하였을 가능성이 매우 높아 보인다. 나암과 황도黃島는 나룻배가 있었던 완전한 섬이었고, 간월도看月島는 나룻배가 없었던 불완전한(?) 섬이었다. 그러니 나암과 황도는 방사형의 살이었고, 간월도는 궁리宮里와 같이 만형의 살이었을 가능성이 매우 높다.

 사례① 지역의 부세 낚시는 산란기, 그리고 사례②와 사례③ 지역의 조기 낚시는 회유기回遊期에 이루어지고 있었다.

 그리고 조기 판매대금의 분배 민속民俗은 지역에 따라 달랐다. 사례①과 ③ 지역에서는 조기 판매대금에서 우선 주낙과 낚시가 이루어지는 동안의 경상비經常費를 뺐다. 그 나머지 이익금의 50%는 배와 어구漁具 몫이었고, 나머지 50%를 가지고 어부들이 서로 똑같이 분배하였다. 그러나 사례② 지역에서는 어부가 잡은 물고기는 어부의 몫이 되었다. 다만, 그날 잡은 물고기의 10분의 1을 뱃삯과 노 젓는 삯으로 지불하였을 뿐이었다.

 지금 한반도의 근해에서는 조기잡이가 이루어지고 있지 않다. 그러나 지금까지도 조기를 잡으며 생계를 꾸렸던 어부들은 생존하고 있으니, 지금의 시점에서도 주벅과 '살'의 어장漁場 위치의 민속자료 수집은 불가능한 일이 결코 아니다. 특히 '살'은 어장의 위치에 따라 그 형태가 썩 달랐음이 잘 드러나고 있다. '살'은 한반도의 대표적인 정치어구定置漁具였다. 『한국수산지』 권1에 따르면 한반도의 근해에는 여섯 개의 '살'의 형태가 있었다고 하였다. 그 형태도 어장의 위치에 따라 달랐을 것이니, 이에 대한 구명은 앞으로 이루어내야 할 매우 시급한 과제라고 하겠다. 한반도의 서해안에서 면면히 이어져 온 '살'은, 어쩌면 서해안을 끼고 있는 황해에서만 전수하였던 세계적인 어법이라고 할 것이다. 우리들이 지금 당장 이것을 발굴해내지 못한다면, 서해안의 '살'의 역사는 영원히 이 땅에서 사라지고 말 것이다.

1) 徐有榘,『林園經濟志』佃漁・注朴網, "湖西濱海居人 以稻藁索結爲大網 環布於潮水進退之處 其得魚不下於小小漁箭".

2) 녹도鹿島는 동경 126도 16분, 북위 36도 17분에 위치한다. 면적은 0.9㎢, 해안선 길이 4km, 인구 396명(1984년 현재)이다. 황해상의 대청도大靑島, 외연도外煙島, 초망도草芒島, 오도梧島 등과 함께 외연열도外煙列島를 구성한다. 섬의 최고지점은 106m이다. 대부분이 산지로 되어 있으며 평지는 거의 없다. 따라서 농경지도 거의 없으며, 취락은 남·동해안에 집중 분포하고 있다. 1월 평균기온 -2도, 8월 평균기온 26도, 연강우량 1,020㎜이다. 가구 수는 83가구로 전체가 어가漁家로 구성되어 있다.

3) 조선총독부농상공부朝鮮總督府農商工部,『한국수산지韓國水産誌』권3, 1910, 729~737쪽.

4) 吉田敬市,『朝鮮水産開發史』, 朝水會, 1954, 116쪽.

5) 吉田敬市,『朝鮮水産開發史』, 朝水會, 1954, 116~117쪽.

6) 그믐사리를 두고 '뒷사리'라고도 하였다.

7) 황복의 학명學名은 Fugu ocellatus obscurus이다.

8) 참조기의 학명은 Pseudosciaena manchurica이다. 참조기는 음력3월 그믐사리 때 연평도延平島에 나타났다고 한다. 그 때 연평도에 나타난 참조기는 잘고, 녹도鹿島의 참조기는 굵었다고 한다. 그러니 녹도에 나타났던 참조기가 연평도로 이동하는 것은 아닌 셈이 되고 만다. 그러나 안마도安馬島, 칠산도七山島, 그리고 녹도의 참조기는 어기漁期는 물론 종류도 동일한 것이라고 한다.

9) 황새기의 표준어標準語는 황강달이이고, 학명은 Collichthys fragilis이다.

10) 밴댕이를 두고 녹도에서는 '반지'라고 하였다.

11) 조선총독부 농공상부,『한국수산지』권3, 1910, 735쪽.

12)『한국수산지』권3, 734쪽에서 말장의 규모는, "직경直徑 1척尺(1척은 약 0.378m) 길이는 3장丈(1장은 약 3.78m) 정도의 것 세 개를 이어 하나의 말장을 만들었는데, 그 길이는 13간間(1간은 약 1.81m)" 정도라고 하였다.

13)『한국수산지』권3, 734쪽에서 그물의 규모는, "어망魚網은 어장에 따라 대소大小가 있다. 큰 것은 길이 30심尋(1심은 1.818m-필자), 중간 그물의 길이는 23심, 그리고 작은 그물의 길이는 12~13심이다. 그리고 그물의 아가리는 큰 그물의 경우, 폭은 5심, 높이는 7심 정도인데, 중소中小 그물도 대개 그 길이에 비례한다"고 하였다.

14) '살[漁箭]'에 대한 역사학적 또는 지리학적 연구는 다음의 논문을 참고하였다.

柳廷坤・姜炳武,「韓國 漁箭漁業의 漁業史的 硏究」,『水産業史硏究』2, 水産業史硏究所, 1995 ; 金日基,「곰소灣의 漁業과 漁村硏究」,『地理學論叢』別號5, 서울大 社會科學大學 地理學科 論文集, 1988.
15) 태안반도 주변에는 돌멩이로 물길을 막아 물고기를 잡는 '독살'도 있었지만, 여기에서는 논외로 한다.
16) 조선총독부 농공상부,『한국수산지』권3, 1910, 782쪽.
17) '유두'는 '노도露道'의 이곳 말일 가능성이 없지 않다.
18) 조선총독부 농공상부,『한국수산지』권3, 1910, 660쪽.
19) 부세는 민어과의 물고기로, 학명은 Pseudosciaena crocea이다. 중국에서는 이 물고기를 두고 대황어大黃魚라고 한다.

제3장
녹도의 조기잡이와 어로신앙

이 경 엽

I. 녹도 연구의 의의

녹도는 서해안의 작은 섬이다. 충남 대천항으로부터 25㎞ 거리에 있고 면적은 0.9㎢이다. 녹도에는 선창말(배가 닿는 마을), 큰샘말(큰샘이 있는 마을), 고랑말(골짜기 사이에 자리잡은 마을), 돌끝(섬 끝에 있는 곳) 등 네 개 자연마을이 있다. 녹도鹿島라는 이름은 섬의 생김새가 사슴 형국이란 데서 붙여진 명칭이다. 섬의 모양을 두고 '고개는 서쪽으로, 뿔은 동쪽으로 두고 누워 있는 사슴과 같이 생겼다'라고 풀이한다. 그리고 북쪽에 자리잡은 녹도리 호도狐島는 여우 형국이라고 설명된다.

입도조入島祖는 의령 편씨, 나주 전씨, 천씨 등이 거론되는데, 섬에 이들 후손이 남아 있지는 않다. 현 주민 중에서는, 경주 최씨가 15대, 경주 이씨가 11대, 밀양 박씨가 11대째 거주하고 있다. 입도 내력으로 볼 때 조일전쟁[임진왜란] 후에 충남 연안지역 주민들이 이주해오면서 마을이 형성된 것으로 보인다.

녹도는 1970년대까지는 활력이 넘치는 섬이었다. 당시에는 120호 이상이 살았지만 지금은 60호 170여 명이 산다. 인구가 급감했다는 것은 초등학교가 폐교된 데서도 알 수 있다. 1975에는 졸업생만 해도 26명이었고, 전학년 120명 이상이었다고 한다. 그렇지만 학생 수 감소에 따라 2006년 2월에 청파초등학교 녹도분교가 폐교되었다.

〈그림 1〉 충남 보령시 오천면 녹도

녹도는 규모가 작은 섬이지만 어로문화의 관점에서 볼 때는 중요한 곳이다. 대부분의 지역이 산지로 이루어져 있어 약간의 밭농사를 제외하고는 예나 지금이나 어업이 주를 이룬다. 연안 일대에는 제주난류의 북상으로 난류성 어족이 풍부하다. 멸치잡이와 새우잡이가 성행하고, 김과 굴 양식도 이루어지고 있다.

예전에 녹도 일대는 조기 산란장을 끼고 있어서 조기잡이가 성행했던 곳이다. 녹도는 특히 '주벅'이라고 불리는 주목망駐木網·柱木網 어업의 중심지로 꼽힌다. 주목망은 서해안의 대표적인 정치 어업인데 녹도가 그 거점 중의 한 곳이다. 또한 주낙 어로가 많이 이루어졌는데, 조기잡이가 한창일 때에는 각지에서 몰려든 배가 120척 정도 되었고, 파시가 서서 흥청대던 곳이다. 그래서 작은 섬인데도 무창포, 안흥과 함께 이른 시기에 어업조합이 들어와 업무를 보았다고 한다.

녹도에서는 조기잡이문화의 여러 측면을 한꺼번에 볼 수 있으므로 그 상관관계를 주목할 수 있다. 녹도에서 전승되는 주벅·주낙 등의 어로활동과 어로요, 파시, 산다이, 각종 고사, 그리고 마을 공동체 신앙인 당제는 개별적으로 존재하는 민속이 아니다. 이들 어로와 민요, 파시, 신앙 등은 조기잡이문화라는 범주 속에서 밀접한 연관을 맺고 있다. 이 글에서 어로신앙을 다루면서 어로활동과의 긴밀한 연관관계를 주목하는 것은 이런 이유 때문이라고 할 수 있다.

그 동안의 조기잡이 연구는 어장 중심의 접근이 많았다.[1] 칠산어장, 죽도어장, 연평어장 등과 그 어장을 매개로 해서 이루어지는 문화 현상을 주목해왔다. 이 경우 중선이나 안강망, 닻배 등의 어선 어업을 염두에 두기 마련이고, 회유 어종인 조기의 생태와 관련된 문화적 특징을 주목하게 된다. 그래서 계절별로 형성되던 어장과 어장 따라 이루어지던 어로활동, 파시, 민요 등이 관심거리가 된다.

한편 서해안의 조기문화는 해안선이나 생태환경의 복잡성만큼 다양하다. 그래서 개괄적인 설명만으로는 부족하다. 조기문화에 대한 연구는 서해안 전체 차원의 접근과 함께 개별 사례에 대한 구체적인 검토가 필요하다. 배치기소리처럼 서해안 전역에서 전승되는 민요의 경우 전파와 교류의 문제가 중점적으로 검토되어야 한다. 또한 '조기잡이의 신' 임경업의 경우도 서해안에 널리 분포하므로 전체적인 판도를 그려내는 작업이 중요하다. 그러나 배치기는 어로방식의 문제와 떼어놓고 얘기할 수 없고[2] 임경업 전승도 서해안 모든 지역에 분포하지 않으므로 무조건 서해안 전역의 문제로 정리할 수 없다. 지역적 다양성에 대한 이해가 충실하게 이루어져야 하는 것이다. 사례 연구를 통해 조기문화권의 구체적 특징이 다뤄질 필요가 있다. 그리고 그것을 다른 지역과 비교하는 연구로 확장해야 한다.

서해안 중간 지점이라는 입지적 조건에 걸맞게 녹도의 민속 속에는 여러 가지 점들이 복합되어 있다. 예를 들어 당제의 전체 구성을 보면 서해안 일반의 특성을 보이지만 신격을 보면 인접 섬들과 묶이는 국지적 권역성이 나타난다. 또한 세습무당들이 참여하는 형태여서 황해도·인천 등지와는 다른 모습이다. 그리고 이 글의 논의와 직접 관련이 없지만 얼마 전까지도 초분이 있었으므로 서해안 초분의 분포를 다룰 때 관심의 대상이 될 수 있다. 이런 점에서 볼 때 녹도의 사례는 서해안 민속 전승의 지역적 다양성을 확인하기에 적합한 대상이라고 할 수 있다.

이 글에서는 현지조사 내용을 토대로 녹도에서 전승되는 조기잡이와 어로신앙에 대해 살펴보려고 한다.[3] 특히 주벅 고사의 경우 생산의례적 성격이 짙으므로 어로와 의례의 직접적인 연관성에 대해 다루고자 한다. 또한 당제의 경우 본래 특정 어로에 제한되지 않으므로, 물적 기반과 의례의 연관성 문제로 접근하고자 한다. 그리고 녹도의 사례를 다른 지역과 비교하고 서해안 조기잡이권 문화 교류의 몇 가지 특징을 살펴보고자 한다.

Ⅱ. 주벅 어장과 주벅 어로

녹도 사람들의 어로활동은 주벅, 주낙, 어패류 채취·양식 등을 중심으로 이루어져왔다. 이 중에서 주벅이 가장 중요시되었다. 지금은 주벅이 사라졌지만 20년 전까지만 해도 육지의 논밭과 같이 중요하게 간주되었다. 일년 내내 주벅 어로를 하는 것은 아니지만 '일년 농사'에 해당할 만큼 비중있는 생업이었다.

계절별 어로를 보면, 음력 2월부터 5월 초까지 주벅을 하고, 이후 5월부터 9월 초까지는 낚시 또는 주낙을 했다. 주낙의 경우 주로 외지배들이 와서 작업을 했으므로 녹도의 주력 어로는 역시 주벅이라고 할 수 있겠다.

주벅은 어살과 함께 서해안의 대표적인 정치定置 어로 방식으로서, 충청도와 전라도 일대에 주로 분포했다.[4] 주벅은 물살이 센 구간에 두 개의 말뚝을 설치하고 거기에 자루형의 긴 그물을 달아 물살에 휩쓸려온 고기를 잡는 방식이다. 조수간만의 차가 크고 물의 흐름이 빠른 서해안의 생태환경에 적응된 어로형태라고 할 수 있다.

어민들은 겨울에 육지의 전주錢主에게 빚을 얻어다가 쌀을 사고 짚을 사와 이듬해 어로를 준비한다. 녹도 사람들이 상대하던 전주는 대천의 오주사, 정참봉, 결성의 최병덕 씨, 전주사 등이었다. 전주는 곧 객주를 의미한다. 전주는 돈을 빌려주고 어민들이 잡은 고기를 대신 팔아주는데, 어민의 입장에서 볼 때 공정하지 못한 부분이 많았다고 한다. 전주가 실제 가격보다 낮게 책정해서 어물을 거래함으로써 어민들의 빚을 계속 유지하게 만든 까닭에 종속적인 관계가 쉽게 개선되지 않았다고 말한다.

겨울철에 사온 짚으로 줄을 꼬고 그물을 엮고 '망'5)을 뜨는 준비 작업을 한 후에, 음력 2월 초에 주벅을 설치한다. 주벅은, 일곱 발 정도 길이의 말뚝 두 개를 일곱 발 간격으로 세우고 망을 놓아 줄로 묶어 고정시킨 후 그 사이에 사각형 입구를 가진 그물을 다는 방법으로 설치한다. 말뚝 두 개와 그물 하나가 주벅 한 틀이다. 이 한 틀을 한 집에서 관리한다. 한편 구역에 따라서는 말뚝을 세 개 세우고 그 사이에 그물을 두 개 달아 두 집에서 관리하기도 한다. 대체로 수심이 깊고 해저가 갯벌 지형이어서 주벅을 설치하기 어려운 곳에서 이 방법을 사용한다. 녹도 앞 대화사도 밖 구역에 이런 주벅이 많았다.

녹도에 주벅이 설치된 곳은 네 군데이다(<그림 2> 주벅 위치도). 녹도와 호도 사이 '너마지'라고 불리는 곳에 6개가 있었고, 돌섬[石島]과 소화사도 사이 '우틀'에 15개, '아래틀'에 20개가 있었다. 그리고 소화사도와 대화사도 사이에 20개, 대화사도 밖에 20개가 있었다.

주벅터는 논밭처럼 사고 팔 수 있었다. 또한 부모로부터 상속을 받아 관리했다. 주벅터는 장소에 따라 등급차가 있었는데, 참조기가 잘 들어오는 구역이 1등급이다. 1등급과 2등급 어장 가격은 배 이상의 차이가 있었다. 가장 좋은 자리는 녹도 앞 돌섬과 소화사도 사이 '우틀'이었다. 그 중에서도 특히 중간 부분인 '골판'에 조기가 많이 들고, 주변인 '변전'에는 조기가 많이 들지 않기 때문에 우틀 내에서도 가격 차이가 있었다.

주벅터, 곧 주벅 어장은 '물발이 잘 가야 되는 곳'이 적격지로 꼽힌다. 섬 사이라고 할지라도 물이 제대로 흐르지 않는 곳이면 주벅터가 되지 않는다. 예를 들어

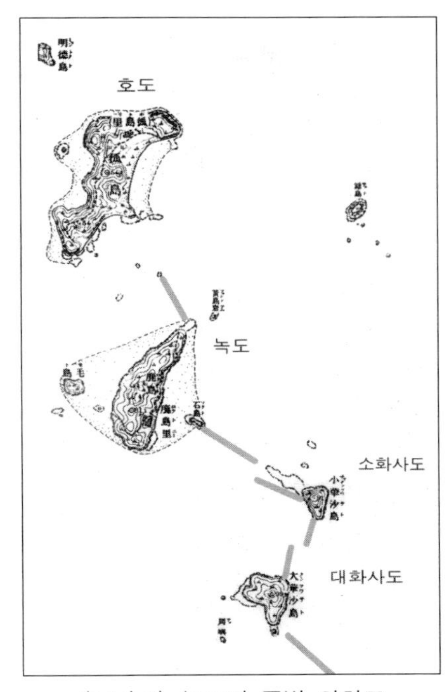

〈그림 2〉 녹도의 주벅 위치도

녹도와 서쪽에 있는 모도 사이는 "겉물은 빨리 가는데 속물이 뜬" 곳이어서 부적합하다고 한다. 주벅을 신설할 때는 이와 같은 조건을 잘 고려해야 한다. 제보자 김청산(남, 80) 씨는 자신이 40대에 큰형님의 말을 듣고 길산도 옆에 주벅을 맸다가 고기가 들지 않아 뜯어 버리고 다른 곳에 설치한 적이 있었다고 한다. 주낙배를 많이 탔던 큰형이 '물 가는 데'를 잘 알고 있어 길산도 옆이 괜찮겠다고 추천했던 것인데, 물이 잘 빠지지 않고 겉도는 곳인 줄을 모르고 거기에 설치했다가 실패했다고 한다. 주낙은 조금 무렵에 조업하고 주벅은 사리 무렵에 하는데, 어로 생태의 차이만큼 '물을 보는' 인지능력도 다르다는 것을 말해준다.

주벅 어로는 배를 타고 나가 작업을 한다. 주벅 설치와 어로 과정에 일손이 많이 필요하고, 물때에 맞춰 주어진 시간에 고기 들어내는 일을 신속하게 해야 하므로 공동 작업 형태로 운영된다. 주벅 어로는 대개 일곱 명이 한 조가 돼 실시한다. 같은 구역에 주벅을 설치한 4~5명이 갹출해서 주벅배를 구입하고 군중동무(선원) 1~2명, 화장 1명을 채용해서 어로 작업을 한다. 공동으로 구입한 주벅배는 매년 돌아가면서 '돌림 차례'로 배 임자를 맡는다. 주벅배는 지금 톤수로 하면 3~4톤 정도이고 큰 배의 경우 10톤 정도였다. 대개 노를 저어 다녔지만 대화사도 밖처럼 거리가 먼 구역은 돛을 달아 이동했다.

음력 2월 초에 주벅을 설치하고 2월 그믐 사리부터 조업을 하는데, 월별로 다른 고기를 잡았다. 2월 그믐이 되면 복쟁이(황복)가 제일 먼저 들어온다. 그리고 3월 보름이 되면 참조기가 온다. 4월부터 5월까지는 갈치가 들어온다. 5월초에는 잔갈치(풀치)가 들어오는데 풀치잡이를 마지막으로 주벅 어로는 끝난다.

녹도에는 곡우 무렵에 참조기가 들어온다. 곡우는 "녹도 앞 독섬에 알 싸러" 조기가 들어오는 산란기다. 녹도의 조기잡이는 음력 3월 보름이 제철이다. 주민들은 조기가 밀려오는 곡우사리를 '조기 생일'이라고 말한다. "칠산에 참조기가 비치면 여기도 비친다"고 말하는데 두 지역의 시차가 크지 않으므로 회유 경로가 비슷한 것으로 추정한다. 그리고 연평어장으로 가는 조기와 녹도 조기는 다른 종류라고 설명한다. 녹도에서 잡은 조기는 크기가 큰 데 비해 연평 조기는 작기 때문에, 녹도 조기가 연평어장에 올라가는 것이 아니라고 설명한다.

주벅 어로는 사리를 중심으로 이루어진다. 녹도 어민들의 물때

이름은, "한매(10·25일)─두매(11·26일)─세매(12·27일)─네매(13·28일)─다섯매(14·29일)─여섯매(15·30일)─일곱매(16·1일)─여덟매(17·2일)─아홉매(18·3일)─열매(19·4일)─한객기(20·5일)─대객기(21·6일)─아침조금(22·7일)─한조금(23·8일)─무심(24·9일)"이다. 주벅 어로는 물이 살아나는 두매·세매부터 열매 사이에 이루어진다. 밀물이 남쪽에서 북쪽으로 이동하고 썰물은 반대로 내려오는데, 썰물의 센 물살에 휩쓸려 그물에 들어온 고기를 잡는다. 하루에 두 번 '물을 보고' 고기를 잡는다. 물 흐름이 약한 '걱기' 이후 조금에는 그물을 걷어 올려서 육지에서 말리고 손질한다. 그것을 '그물 볕 갈헌다'고 말한다.

주벅에서 잡힌 참조기는 얼음을 싣고 온 상고선에 곧바로 팔려나갔다. 녹도 앞 바다에 인천에서 온 상고선이 열 척 이상 머물 정도로 조기가 많이 잡혔다고 한다. 주민들은 이런 어업 생산력 덕분에 다른 곳보다 앞서 녹도에 어업조합이 생겼던 것이라고 설명한다. 조기잡이가 한창일 때는 외지에서 120척 이상 배들이 몰려들고 어부들을 상대하기 위해 술집이 들어서고 파수[파시]가 섰는데, 해변에 술을 파는 주가酒家가 16집이나 들어설 정도로 성황을 이루었다고 한다.

녹도 어민들은 20~25년 전까지 말뚝을 세워 설치하는 '말장주벅'을 사용했다. 그 뒤로 도람통을 이용한 '도라무주벅'으로 5~6년 정도 조업을 했다. '도라무주벅'의 경우 그물코가 촘촘한 그물을 이용하기 때문에 잔고기를 주로 잡았다. 그러나 그 후로는 고기가 별로 들지 않아 주벅 어로를 하지 않게 되었다.

주벅 외에 주낙을 이용해 5월부터 8월 사이에 조기를 잡았다. 주낙은 녹도 뒤 길산도, 황도, 외연도 등지에서 주로 이루어졌다.

주낙배를 소유하지 않은 사람은 다른 사람 배에 선원으로 승선해 조업을 했다. 주낙배는 배임자 외에 3~4명의 선원들이 조업을 했다. 주낙은 주로 조금에 이루어지는데, 배에 싣고 간 소금에 절여 저장했다가 가까운 포구에 나가 팔았다.

Ⅲ. 주벅 고사와 당제

1. 주벅 고사

고기잡이 과정은 노동요 연행이나 의례의 형태와 관련이 있다. 그러므로 각각을 따로 설명할 수 없다. 주벅 의례에 앞서 주벅 어로요를 통해 그 관계를 먼저 보기로 한다. 앞에서 보았듯이 주벅은 긴 말뚝 두 개를 세워 닻 역할을 하는 망에 줄로 묶어 고정시킨 후 그물을 매달아 고기를 잡는다. 그리고 배를 타고 가서 그물을 끌어 올리고 고기를 퍼서 올리는 과정을 거쳐 고기를 잡는다. 이와 같은 주벅 설치와 조업 과정은 민요 연행과 밀접한 관련이 있다.

녹도에서 전승되는 어로요는 <배올리는 소리>, <줄꼬는 소리>, <노젓는 소리>, <그물 당기는 소리>, <고기 푸는 소리>가 있다.[6] 이 노래들은 주벅 어로의 진행 과정을 그대로 담고 있다. 주벅배는 주벅 어로에서만 사용된다. 주벅을 해체한 직후나 태풍이 올 때 육지로 올려두는데 <배 올리는 소리>는 그때 부르는 노래다. 또한 주벅은 말뚝을 고정시키기 위해 굵고 긴 줄을 많이 이용하게 되는데, 이런 이유로 겨울이면 공동으로 줄을 꼬는 작업을 한다. <줄꼬는 소리>는 이 과정에서 연행된다. 그리고 주벅 어로는 개인 노동이 아니라 공동 작업으로 진행되는데, <노젓는 소리>, <그물 당기는 소리>, <고기 푸는 소리>는 그 진행 과정을 담고 있다.

이와 같은 녹도의 어로요는 다른 정치 어로와 비교해보면 특성이 금방 드러난다. 주벅과 비슷한 정치 어로인 어살이나 독살 등에는 독립된 어로요가 없는데, 이는 어살과 독살이 주벅과 달리 줄꼬는 노동의 비중이 크지 않고, 배를 이용해 공동 작업을 하지 않는 것과 관련 있다. 주벅이란 어로 방식과 어로요 전승이 상관성이 있음을 알 수 있다.

주벅 고사는 크게 보아 다섯 가지가 있다. 지금은 전승력이 약화됐지만 얼마 전만해도, 명절에 맞춰, 주벅 설치 한 후에, 고기가 안 잡힐 때 등에 여러 가지 형태로 고사를 모셨다. 그 종류를 보면, 섣달 그믐고사, 범벅고사, 뱃고사, 그물고사, 유황제가 있다.

섣달 그믐고사는 새벽 3, 4시경에 지낸다. 다른 사람보다 먼저 지내야 복이 있다고 해서 새벽 일찍 모신다. '돌림 차례'에 의해 그해 선주 역할을 하는 배 임자가 주관해서 지낸다. 고사를 지낸 후에는 선주들과 선원, 동네 사람들이 배 임자 집에 모여 음복을 한다.

범벅고사는 설 쇠고 정월에 손 없는 날을 받아서 지낸다. 주벅을 맨 어장 부근 육지에서 지낸다. 배임자와 화장이 고사를 지내러 간다. 녹도 앞 쪽 어장보다 녹도 뒤쪽의 '너마지'나 화사도 너머에 어장이 있는 사람들이 범벅고사를 많이 했다. 제물은 메와 범벅만을 준비한다. 현장에 가서 놋솥에 '노기밥'을 하고 범벅을 만들어 물 닿는 해안가에 놓고 "금년에 조기 많이 들어오게 해주시라"고 축원을 하고 온다.

주벅뱃고사는 당제를 모실 때 당집에서 뱃기에 길지를 받아 배로 가져와서 모신다. 화장이 깃발을 들고 당집에 가서 길지를 받은 다음 경쟁적으로 먼저 내려오는 '기저룸'을 한 후, 그 기를 받아 배에 세우고 고사를 모신다. '돌림 차례'에 의해 그해 선주 노릇을 하는 배임자가 제물을 준비하고 고사를 주관한다. 당제를 모시는 음력 2월에는 배가 육지에 올려진 것도 있고, 봄어장 준비를 위해 바다에 띄워진 것도 있는데, 위치에 상관없이 배위에 올라가서 고사를 지낸다.

뱃고사를 지낸 후에 배선왕을 모신다. 당제 모신 날 저녁에 당주가 선주들에게 주는 길지를 받아 배선왕으로 모시게 된다. 배선왕은 여자 선왕船王이라고 하는데, 그 이유로 여자 빗, 가위, 실, 바늘을 한데 싸서 모시는 것이라고 설명한다. 그리고 여자 선왕이므로 '녹의홍상綠衣紅裳'에 맞춰 배에 다는 오폭기 색깔의 상하가 나뉘는 것이라고 말한다. 오폭기 맨 위에 파랑이 오고 중간에 하얀색, 남색, 노란색을 넣고 맨 아래에 붉은 색이 오도록 하는 것은 그 이유 때문이라고 한다.

그물고사는 주벅을 설치한 직후 지내는 고사다. 음력 2월 초에 10여 일 정도 작업을 해서 주벅을 완성한 후에 날을 잡아 고사를 지낸다. 이때는 배를 주벅 기둥에 묶어놓고 배 위에서 고사를 지낸다. 그물고사는 같이 일하는 사람들과 음식을 나눠 먹기 위한 목적으로도 지내는데, 각자의 주벅이 설치될 때마다 날짜가 겹치지 않도록 돌아가면서 고사를 모시게 된다.

유황제[요왕맞이]는 어장 잘 되게 해달라고 비는 의례다. 개별적으로 지내며, 장소는 선창 바닷가인 경우가 많다. 다른 사람의 주벅에 비해 자신의 주벅에 고기가 잘 안 들어온다고 여길 때 요왕맞이를 한다. 대개 물이 살아나기 시작하는 두매나 세매 무렵에 지낸다.

이상에서 본 대로 주벅 고사는 섣달 그믐고사, 정월의 범벅고사, 2월의 뱃고사, 주벅 설치 후의 그물고사, 풍어를 비는 유황제 등이 있다. 주벅 어로는 고기가 그물 안에 저절로 들어오는 방식이므로 초자연적인 힘의 작용을 연상하기 마련인데 그 때문에 여러 종류의 고사가 있는 것으로 보인다. 주민들은 "참조기 철에는 물 건너온 사람을 집에 들이지 않는다"는 말을 한다. 집안이나 주변이 어수선하면 그 이유로 고기가 안 들어올 수 있다는 것을 염려한 속신이라고 할 수 있다. 고사를 지내는 태도도 이와 같은 속신과 관련이 있을 것이다.

주벅고사는 조별 단위로 매년 바뀌는 배 임자에 의해 수행된다는 점이 특징이다. 주벅고사의 수행방식은 주벅 어로 방식과 통한다. 같은 어장에서 조별로 어로활동을 하고, '돌림 차례'로 배임자 역할을 바꿔가는 체제가 의례 수행에도 그대로 적용되고 있는 것이다. 그리고 특정 어장을 향해 고사를 지내고, 더불어 뱃고사를 지낸다는 점은 어선을 이용한 정치 어로라는 특징과 관련 있다.

2. 당제

녹도의 마을 제사는 일 년에 세 번 지냈다고 한다. 음력 2월에 모시는 당제, 8월에 모시는 '신곡 차례', 동짓달에 모시는 '동지 제사' 이렇게 세 가지가 있었다. 2월 제사는 4일이나 5일 무렵에 소를 잡아 크게 지냈고, 신곡 차례는 새 곡식으로 떡을 하고 메를 짓고 술을 준비해서 지냈고, 동지 제사는 메만 지어서 간단하게 지냈다. 2월 초에 날을 잡는 이유는, 당제 전에 아이 출산이나 초상이 나면 부정이 있다고 해서 3월로 연기해서 지내게 되므로, 연기되는 번거로움을 피하기 위해 월초에 날을 잡아 당제를 모셨다고 한다.

세 번 지내던 제사를 한 번으로 통합해서 지냈는데 나중에는 그마저도 중단되었다. 한 번으로 통합된 것은 40년 전의 일이다. 제보자 이규인(남, 82) 씨가 당시 젊을 때 노인들과 싸워가면서 "낭비할 필요가 있는가. 일 년에 한 번씩만 하자"고 해서 제일을 정월 보름으로 옮기고 일 년에 한번 당제를 모시게 되었다고 한다. 정월 대보름으로 날짜를 옮기고 5년 정도 당제를 더 모셨다고 한다.

제당은 마을 뒤 당산에 자리잡고 있다. 수백 년 된 소나무와 후박나무, 동백나무가 우거진 숲 속에 당집이 자리잡고 있다. 당에 모셔진 신은 '전웅대감'이라고 한다. 중앙에 전웅대감과 양옆에 제자(부장) 두 명의 그림이 모셔져 있었다. 화상은 40년 전에 분실되고 지금은 건물만 남아 있다. 전웅대감은 어청도에서 활동했던 분인데 녹도에서 모시게 되었다고 한다.

① 그 양반이 할아버지들 말을 듣기로는 중국서 온 사람인디 어청도를 그 사람이 주도해가지고 있었어요. 어청도 주민이 먹을 것이 없어서 곤란하면은 목포나 군산이나 이런 데서 범선 큰 배로 쌀을 싣고 서울을 가는 그런 배가 있었는데 그 배를 그 양반이 축지법으로 안으로 부채질을 해서 들어오게 했답니다. 들어오게 해서 그 배에서 쌀을 내려서 어청도 주민이 먹고 살고 배는 불로 태웠답니다. 그래서 불탄개라고 있어요[2006.6.2. 제보자: 이규인(남, 82)].

전웅대감은 섬 주민들을 위해 세곡선稅穀船을 쇠 부채로 끌어 당겨 쌀을 주민들에게 주고 그 배를 불살라 버렸다고 한다. 어청도에 있는 '불탄개'라는 지명이 그런 내력을 담고 있다고 한다. 녹도 당에서 모시고 있는 전웅대감은 전횡田橫을 지칭한다. 전횡은 어청도,

외연도에서도 당신으로 모셔지는 존재다. 어청도와 외연도에서도
①과 비슷한 전설을 들을 수 있다. 당신으로 좌정된 내력이 자세히
드러나지는 않지만 세곡선을 털어 주민들에게 나눠줬다는 내용에
서 주민들에게 특별한 존재로 수용된 사정을 짐작할 수 있다.

녹도 당에서 전횡을 모시게 된 경위에 대해 제보자 이귀인은 다
음과 같이 말한다.

② 우리 8대조 할아버지가 산으로 칡을 끊으러 갔는데 저녁 먹도록 안 오
셨더래요. 그래서 동네에서 불끈 뒤집어져서 사람을 찾으러 다닌디 어
디에 있는지 아는 재주가 있습니까. 그래서 이구석 저구석을 다 다니
는데 결국은 동받이라고 하는 데가 있어요. 장벌 말하자면 강변이죠.
강변에 자갈담이 있었어요. 거기에 가서 누웠는데 귀신이 끌고 갈라고
하고 이 양반은 안 끌려갈려고 하고 그래서 보니 양쪽 손에다 나무를
하나씩 잡았더래요. 그란디 산에서 끌고 가려고 하니까 안 끌려가려고
나무가 버텨가지고 강변까지 내려가서 이렇게 자갈땅이 밭두둑 밭 갈
듯이 했드래요. 그런디 끌고 들어가려고 하는데 당에서 '웅' 소리가 나
더랍니다. 동네사람들이 들으니까 그래서 이상스럽다고 해서 거기 가
서 발견해서 우리 8대조 할아버지를 구했다는 얘기여[2006년 6월 2일 제보
자 : 이규인(남, 82)].

녹도에서 전횡을 모시게 된 내력을 제보자 이규인은 자신의 8
대조와 관련지어 설명한다. 어청도에 살던 8대조가 갯귀신에게 끌
려가 죽을 뻔 했는데 당에서 나오는 소리 덕분에 구출될 수 있었
다고 한다. 이렇게 살아난 8대조는 세 아들을 두었는데, 그 중의
셋째가 녹도에 들어와 살게 되었고 그 아들에 의해 전횡을 녹도에
서 모시게 되었다고 한다.

한편 다른 제보자는 녹도 당의 당신이 당할머니라고 말하기도
한다. 자세히 기억하지는 못하지만 1위를 모셨다고 하며, 여자 옷
이 걸려 있었다고 말하는 것으로 보아 전횡과 다른 신격을 설명하

는 것으로 여겨진다. 여러 신격 중에서 당할머니를 주신으로 기억하는 것인지, 전횡이 추가되면서 복합되어 있는 현상인지 확정하기는 어렵다.

당제의 준비 과정과 진행 내용을 개괄적으로 정리해보면 다음과 같다.

당제 준비는 날짜를 정하고 당주를 선정하는 것부터 시작된다. 2월초에 마을회의에서 당제 날짜를 확정하고 생기복덕을 보고 부정이 없는 사람으로 제관을 선출했다. 제관은 당주, 부당주, 발당주 등 3명을 선정한다. 부당주는 당주를 보좌하고 발당주는 심부름하는 역할을 한다. 당주는 엄격한 금기를 지키며 제의를 준비했다. 화장실에 다녀오면 찬물로 목욕하고 제물을 사러 가기 전에도 목욕을 했다.

당제를 모시는 2월 초에 초상이 나면 3월로 연기해서 모시게 된다. 그리고 당제 무렵에 출산이 예정되어 있는 산모의 경우 다른 섬으로 보내 애를 낳도록 한다. 인근 길산도에 8호가 살고 있는데, 그곳에서 출산을 하도록 했다.

제를 지내는 순서는, 먼저 아침에 당에서 제사를 지내고 거기서 700m 가량 떨어진 봉화산에서 산신에게 제사를 지낸다. 그리고 마을의 '거리마당'에서 거리제를 지내고 장승이 세워진 강변[바닷가]에서 장신굿을 하고 마지막으로 용왕굿을 한다. 저녁에는 거리마당에서 소를 삶고 음식을 나눠 먹으며 놀았다. 거리마당에는 애어른 할 것 없이 운집했는데 소 삶은 국물을 먹이고, 소고기 두 점씩을 떼서 120호 집집마다 돌렸다고 한다.

당에 오를 때에는 풍장을 치고 뱃기를 들고 간다. 각 주벅배의 화장들이 뱃기를 들고 올라와 당에 세워뒀다가, 봉화산에서 제를 지낸 다음에는 '기저룸'을 했다. 봉화산에서 출발해 자신의 배에 먼저 깃발을 꽂으면 벌이를 잘 한다고 해서 경쟁적으로 기겨루기를 했다.

당제를 위해 원산도, 오천, 광천 등지에서 '당골'들을 불러 왔다. 원산도 살던 박창기 씨가 당골들의 '주모자' 역할을 했던 사람이다. 7~8명 정도를 불러왔는데 무녀는 부르지 않았다. 당골들이 풍물도 치고 삼현육각을 연주했다. 이들은 놀이판을 만들어 재주를 넘고 악기 연주를 하고 용왕굿에서 비손을 했다. 특히 봉화산에서 가마니를 수십 장 깔아놓고 재주 넘고, 풍장 치고, 육자백이와 같은 소리를 하고, 재담과 우스갯짓을 하고, 삼현육각을 갖춰 푸짐하게 놀았다. 당골들은 장신굿, 용왕굿에서도 음악을 연주했으며 당주 옆에서 비손을 하기도 했다.

당골들을 많이 불러다 놀이판을 벌일 정도로 당제를 크게 모시기 위해 비용이 많이 필요했다. 당제 비용은 집집마다 걷었으며 어장 하는 사람은 더 내고 안 하는 사람은 덜 냈다. 당시만 해도 봄어장을 하면 참조기를 풍성하게 잡았으므로 '부촌'이라는 소리를 들었다고 한다. 옛날에 대천에 가서 녹도 사람 찾으려면 가죽신 신은 사람을 찾았다고 한다. 가죽신 신은 사람은 녹도 사람밖에 없을 정도로 어장을 해서 돈을 많이 벌었다고 한다.

녹도 당제는 30년 전까지 모셨으나 지금은 지내지 않는다. 당제의 전승과 단절은 조기잡이의 부침과 관련 있다. 당제의 물적 기반이라고 할 수 있는 조기잡이가 쇠퇴하면서 사회문화적 활력이 사라지고 당제도 그 과정에서 약화되었다고 할 수 있다. 그리고 산업화 과정을 거치면서 농어촌이 위축되고 사회적 분위기가 달라지면서 당제 수행이 어려워진 환경 변화도 전승 중단의 원인이 되었다. 엄격한 금기를 동반한 당주 역할이 쉽지 않고 주민들이 그 역할을 기피하다 보니 당제를 지내지 않게 되었다고 한다.

Ⅳ. 녹도를 통해본 조기잡이권의 문화 교류

조기잡이는 서해안을 대표하는 문화 전승이다. 조기잡이는 조기의 회유시기에 맞춰 서해안 전역에서 이루어졌다. 물론 전체 어업력漁業曆으로 본다면 조기잡이가 서해안 어업의 전부라고 할 수 없다. 조기가 북상하는 봄철에 어장 단위로 어선 어업이 이루어지고, 여름과 가을에 낚시 어로가 이루어졌으니 조기잡이가 서해안 어업의 전부라고 할 수는 없다. 그러나 매년 주기적으로 반복되면서 지속적인 전통이 되었으므로 서해안의 어로활동은 조기잡이를 토대로 해서 계절별로, 어종별로 다양화할 수 있었다. 그리고 굴비·염전·젓갈 등의 식생활, 수산물의 유통 및 포구의 기능과 관련된 핵심적인 매개물이 되었다. 이런 점 때문에 조기잡이를 서해안의 두드러진 문화 현상이라고 말하는 것이다.

조기잡이라는 동일한 어업 형태로 인해 서해안 어로문화는 비슷한 점을 공유하는 경우가 많다. 예를 들어 배치기소리는 본래 황해도 민요인데 진도 조도 일대까지 퍼져 있다. 배치기의 전파에는 조기파시라는 지속적이고 연쇄적인 교류 과정이 매개되어 있다. 서해안 전역에 배치기가 퍼져 있는 것은 이런 이유 때문이다.[7]

그러나 서해안의 어로민요가 모두 똑같은 것은 아니다. 조기잡이 노래 중에서 배치기소리를 특징적으로 수용하고 있을 뿐 나머지는 지역마다 약간씩 다른 노래들을 전승하고 있다. 고유의 전승 체계는 그것대로 유지하면서 배치기라는 특별한 지위의 노래를 공유하고 있는 것이다. 그리고 그것만이 아니다. 어로방식에 따라 배치기는 선택적으로 수용되어 전승된다. 녹도의 경우에서 그것을 볼 수 있다. 녹도의 주벅 어로요에는 <줄꼬는 소리>, <노젓는 소리>, <그물 당기는 소리>, <고기푸는 소리> 등이 있다. 다른 지역과 달리 <줄꼬는 소리>가 있고, <배치기 소리>가 없음을 볼 수 있다. <줄꼬는 소리>가 중요시 되는 것은 주벅 어로에 줄이 많이 필요하기 때문이다. 그리고 <배치기 소리>가 없는 것은 주벅이 일반 어선어업과 달리 섬 인근 어장에서 이루어지는 정치망 어업이기 때문이다.[8] 이와 같은 현상을 통해 조기잡이 문화의 선택적 수용과 교류 과정을 엿볼 수 있다.

의례 전승을 통해서도 문화 교류의 특성을 살펴볼 수 있다. 수산의례는 어로와 따로 존재하지 않는다. 수산의례는 섬 주민들의 생계가 달려 있는 생업활동 속에서 생성되었다. 녹도의 주벅 고사와 당제는 풍어를 위한 생산 활동과 그것의 종교적·문화적 수용 과정을 담고 있다.

녹도의 주벅 고사는 주벅 어로의 생태를 그대로 반영하고 있다. 주벅은 정치망이면서 어선을 사용해 조업을 하고, 개별 소유이면서 공동으로 작업하는 형태로 이루어진다. 주벅 고사는 이런 조건을 수용하고 있다. 이 점은 일반 뱃고사나 명절 고사 등과 다른 부분이다. 생산의례인 만큼 어로와의 관계가 더 직접적임을 알 수 있다.

범벅고사는 정치 어로지역에서 특징적으로 전승되는 의례다. 범벅을 제물로 올리는 고사는 정치 어장 의례에서 두드러지게 나타난다. 지역에 따라 '도깨비고사'라고도 한다. 그런데 녹도에서는 동일 어로 형태에 성격이 다른 뱃고사가 공존하고 있어 관심을 끈다. 이는 일반 정치 어로와 달리 어선을 이용해서 조업을 하는 주벅의 특징과 상관있다. 또한 개인 단위의 그물고사·유황제와 함께 배 임자가 매년 돌아가며 지내는 뱃고사·범벅고사가 함께 전승되고 있다. 이것은 개인 소유의 어업이면서 조별로 공동 작업을 하는 주벅 특유의 어로 방식을 반영한다. 주벅 어로의 생태적·사회적 조건과 의례가 밀접한 관련이 있음을 보여준다. 그리고 여러 지역에서 따로 존재하는 의례 형태가 녹도의 경우 통합되어 있음을 볼 수 있다. 이런 현상은 위에서 본 배치기의 경우와 달리 통합적 교류 형태에 해당한다.

물적 기반과 제의가 밀접한 관련이 있음을 알 수 있다. 녹도의 당제가 큰 규모로 짜임새 있게 전승되었던 것은 조기잡이라는 경제적 배경과 관련이 있다. 소를 잡고 외지에서 당골들을 불러다 놀이판을 크게 벌이고 놀았던 것은 조기잡이를 통해 확보한 경제적 기반과 그것이 지속되기를 기대하는 심리와 무관하지 않다.

녹도 당제의 진행 과정을 보면, 먼저 산 위에 있는 당에서 산신과 당신에게 제사를 지내고, 풍물을 치고 이동해서 마을 쪽으로 내려와 거리제-장승굿-용왕굿을 한다.9) 그리고 그 과정에서 뱃기에 길지를 받아 배까지 오는 '기저룸' 경쟁을 하며, 뱃기를 배에 달고 고사를 지내고 당에서 받아온 길지를 접어 배서낭으로 봉안한다. 산과 마을, 바다를 통합하는 구조로 되어 있음을 알 수 있다. 이와 같은 절차와 구성은 서해안 일대에서 보편적으로 볼 수 있다. 예를 들어 인천 강화도 외포리 곶창굿, 전북 위도 대리 원당굿, 전남 흑산면 대둔도, 도초면 우이도 당굿 등이 모두 비슷한 구성으로 되어 있는 것이다. 녹도 당제가 서해안 당제의 일반적 형태를 띠고 있음을 알 수 있다.

한편 당제 수행 방식을 보면 지역적 차이가 있다. 녹도 당제는 세습무계 무당들이 당제에 참여한다는 점이 특징이다. 지금은 충청도·경기도에서 강신무 주관의 풍어굿을 주로 볼 수 있지만, 과거에는 그렇지 않았다. 예를 들어 태안 황도 붕기풍어굿은 20여 년 전부터 황해도 출신 김금화 만신을 불러 굿을 하지만 이전에는 당골들이 무굿을 했다. 황도에 마을 당골이 있어 인근 안면도나 서산에서 다른 무당들을 불러다 무당굿을 크게 했던 것이다.[10] 경기도의 경우 북부의 강신무굿과 남부의 세습무굿으로 구분되는데,[11] 안산 대부도나 선재도 일대에서 후자의 사례를 확인할 수 있다. 지금은 세습무 활동이 중단되었지만 화성 이남은 본래 세습무권에 속하는 지역이었다. 이런 분포권에서 보듯이, 녹도 당제는 그 동안 별로 알려지지 않은 당골 무굿의 사례에 해당하므로 관심을 모은다.

무당굿 형태의 서해안 마을굿에 대해서는 구체적인 연구가 없었다. 황해도 만신들이 주관하는 인천 대동굿과 세습무가 주관하는 위도 대리 원당굿 정도가 주목받아 왔다. 이중에서 특히 세습무가 주관하는 마을굿의 특징을 따로 주목하지 않았다. 예를 들어 별신굿의 전통이 있었지만 제대로 논의되지 않았다. 서해안 별신굿은 전북 선유도, 관리도, 위도, 성포, 전남 가거도 등지에서 확인된다. 그리고 별신굿이란 이름을 사용하지 않지만 3년 또는 5년 단위로 무당굿을 크게 벌였던 사례는 충남 태안 황도, 전남 도초도, 대둔도 등지에서 더 많이 확인된다. 이런 사례들은 기존에 알려진 동해안, 경남 남해안 별신굿과 연결해 'U'자 형태의 별신굿

교류양상을 떠올리게 한다.[12)

녹도 당제에 참여한 당골들은 원산도, 오천 등지에서 패를 이뤄 다니던 세습무였다. 이들은 당제 공간에서 놀이판을 주도했는데, 땅재주나 재담 외에 세습무 특유의 삼현육각, 육자백이 등을 연행했다. 당골들은 당제 기간 외에도 여러 차례 녹도를 오가며 놀이판을 벌였다고 한다. 녹도가 '봄어장을 해서 돈을 많이 벌어 부촌'이니까 놀 일이 있으면 이들을 불렀는데, 세습무계 광대들이 가야금이나 대금을 갖고 와서 며칠씩 머물며 놀았다고 한다.

녹도에 세습무계 광대들이 빈번하게 출입했기 때문에 관련 연행이 지금도 전승되고 있다. 녹도에 육자백이가 전승되는 것은 이런 배경과 관련 있다. 제보자 이규인은 녹도를 오가던 광대들에게 배우고, 또 마을에서 노인들이 부르던 육자배기를 지금도 잘 전승하고 있다. 노인들은 육자배기를 진양조라고도 하는데, 긴 장단의 육자배기가 이들에게 특별하게 수용되었다는 것을 말해준다. 녹도의 육자배기는 당제를 통해 유통되던 서해안 민속 전승의 다양성을 보여준다.

서해안의 당제나 무속의 신격 중에서 널리 알려진 존재는 임경업 장군이다. 임경업은 조기잡이 방법을 알려준 신으로 전한다. 그러나 서해안 전역에서 임경업을 모시는 것은 아니다. 임경업 장군당의 분포는 충청도 남쪽까지 내려오지 않는다. 알려진 바로는 임경업 당의 하한선은 충남 서산 창리당이다.[13) 그리고 그 이남지역인 홍성군 성호리, 옹암리 당제에도 임경업 신이 등장하지만, 그 남쪽으로 가면 잘 보이지 않는다. 앞에서 본 것처럼 서해안 당제의 전체 진행은 비슷하지만 모시는 신격은 그렇지 않다는 것을 알 수 있다.

당제 신격의 분포는 보편성과 특수성의 문제로 해명할 수 있을 것인데, 아직까지 서해안 전반의 현상을 파악하지 못한 상태이므로 분명하게 말하기 어렵다. 지역별 사례들을 총괄하여 분포양상을 정리할 필요가 있다. 우선 녹도의 사례만으로 본다면 서해안에는 국지적으로 권역화된 현상이 있음을 주목할 수 있다. 녹도 당제에서 모서지는 전횡은 충청도 서쪽 녹도, 어청도, 외연도 등지에서만 보이므로 그 배경에 관심이 쏠린다.

전횡은 중국 제나라 왕이다. 중국 사서에 의하면 전횡은 한나라와 쟁패를 다투던 중에 한나라에 굴복하기를 거절하고 자결했으며, 500여 무리도 그를 따라 자결했다고 한다.

> 전횡은 제왕齊王 전영의 동생으로서, 한신이 제나라 왕인 광을 사로잡자 스스로 왕이 되었는데, 한 고조가 즉위하자 무리 5백 명과 동해의 섬에 들어가 살았다. 한 고조가 전횡을 부르자 낙양으로 가던 중에 한나라의 신하가 되는 것이 수치스럽다고 하여 자결했다. 섬에 있던 5백여 명도 이 소식을 듣고 자결하였다(『사기史記』 권94).

전횡이 무리 5백과 들어갔다는 중국 동해의 섬은 전횡도다. 전횡도는 중국 산동성 즉묵현 동북쪽에 있다. 전횡 일행의 일을 슬퍼한다는 의미로 오호도嗚呼島라는 별칭으로 부르기도 한다. 섬에는 전횡을 따라 자결했다는 5백 의사의 무덤이 있고, 그를 기리는 동상과 사당이 있다.[14]

이런 전횡이 우리나라 서해안의 섬에서 당신으로 모서지고 있다. 약간 복잡한 부분이 있으나 그 배경을 탐색하는 일은 그리 어렵지 않다. 우리 측 기록에서 전횡은 바닷길로 중국을 오가던 사신들의 시문에 자주 등장하며 이후 '오호도의 전횡을 조문'하는 시는 여러 문인들의 작품에서 반복되어 나온다. 그리고 언제부터

인가 모르게 오호도가 우리나라 어디쯤이라고 '세상에 전해지기' 시작하는데, 숙종 34년, 36년에는 유생들이 오호도에 제단과 비석을 세울 것을 거듭 상소한다.15) 그리고 오호도의 위치로 홍주洪州 지방,16) 신진新鎭 지방17)이 거론된다.

조선후기에 '전횡 일행이 들어갔다는 동해의 섬이 우리나라 서해안 어디'라는 이야기가 '세상에 전해'졌던 것으로 보인다. 당시 전횡을 절의의 상징으로 이해하던 우호적 사고가 퍼져 있었다는 것을 알 수 있다. 한편 '제단과 비석을 세워 미적美績을 표창'하라고 요구하던 유생들의 발언이 당제의 신격화와 직접 연결되지는 않는다. 민중들은 전횡의 절행을 기억하는 것이 아니라 섬 생활과 연관된 일로 관련시킨다. 전설에서는 전횡 일행이 들어갔다는 섬을 어청도라고 하는데, 전횡이 세곡선을 부채로 끌어들여 쌀을 주민들에게 나눠주고 배를 불태웠다고 한다. 세곡선을 털어 섬 주민들에게 나눠주는 의적형 당신의 사례는 완도 송징의 경우에서도 볼 수 있다.18) 전횡이 섬 주민들의 수호신적 존재로 형상화되어 있음을 알 수 있다.

녹도를 비롯한 어청도, 외연도 등지에서 전횡이 당제의 신으로 모셔지는 것은 중국과 근접 거리에 있다는 지리적 조건이 우선 이유가 되었을 것이다. 그리고 전횡의 행적을 특별하게 기리던 조선후기의 사회적 분위기가 작용했던 것으로 보인다. 또한 그보다 더 직접적인 것은 전횡을 영웅적 인물로 수용해서 당제의 신으로 모셨던 민중적 사고가 작용했다고 볼 수 있다.19) 전횡의 사례는 서해안 민속신앙의 다양성을 말해주며, 분포상으로 볼 때 국지적 권역성을 보여준다. 조기잡이권의 당제인데 지역에 따라 모시는 신이 다른 것은 전승 배경이 같지 않아서다. 개별 사례에 대한 천착과 전체적인 차원의 점검이 필요하다는 것을 말해준다.

이상에서 본 대로 녹도의 사례는 서해안 조기잡이 문화의 여러 특징을 잘 보여준다. 어로요의 경우 조기잡이 노래의 선택적 수용과 교류 과정을 보여준다. 주벅 고사의 경우, 어로의 생태적·사회적 조건과 의례의 밀접한 관계를 말해준다. 또한 여러 형태의 공존 양상을 통해 통합적 교류 형태를 살펴볼 수 있다. 그리고 녹도 당제는 서해안 일반의 면모를 띠고 있지만, 그 수행 방식에서 지역성을 보여준다. 녹도의 경우 세습무계 무당들이 당제에 참여한다는 점이 특징이다. 그리고 주변 몇몇 섬과 함께 전횡이란 신을 모시고 있는 국지적 분포 양상을 보여준다. 녹도의 사례는 조기잡이권 문화 교류의 다층성을 말해준다. 보편적이고 기층적인 형태와 국지적인 양상들이 더불어 논의되어야 한다는 사실을 거듭 확인하게 된다.

1) 주강현, 「서해안 조기잡이와 어업생산풍습」, 『역사민속학』 창간호, 한국 역사민속학회, 1991 ; 이윤선, 「조기잡이 어로민요와 닻배의 민속지적 고찰」, 목포대 석사학위논문, 2002 ; 이경엽, 「서해안의 배치기소리와 조기잡이의 상관성」, 『한국민요학』 14, 2004.
2) 배치기는 안강망, 정선망, 주목망 등의 망어로와 관련이 있다(이경엽, 앞의 논문 참고).
3) 2006.6.1~2. 충남 보령시 오천면 녹도리 현지조사, 제보자: 이규인(남, 81), 김청산(남, 80) 외.
4) 농상공부 수산국, 『한국수산지』 1권, 圖解 第九圖, 1908.
5) '망'은 말뚝과 그물을 고정시키는 닻 역할을 하는 부분이다. 짚으로 엮은 후 그 안에 돌을 집어넣어 바다에 투입한다.
6) MBC, 『한국민요대전』-충청남도편, 1995, 206~213쪽.
7) 이경엽, 「서해안의 배치기소리와 조기잡이의 상관성」, 『한국민요학』 14, 2004.
8) 녹도에 <배치기 소리> 자체가 전승 안 되는 것은 아니다. 다른 지역에 다니며 안강망 어선을 탔던 어민들의 경우 <배치기 소리>를 부를 줄 안다. 제보자 이규인 씨 같은 경우 남녘지방 사람들이 부르는 배치기는 맛이 다르다며 지역적 차이까지 거론할 정도로 많이 안다. 그런데 이 배치기가 주벅 어로와 직접 관계가 없으므로 서해안 중앙에 위치한 녹도에서 비중 있게 전승되지 않는 것이다.
9) 녹도 당제에는 다른 지역에서 볼 수 있는 띠배(액막이배) 보내기가 없다. 정월 대보름에 띄우는 액막이배가 있지만, 2월에 하는 당제 순서에는 포함되지 않는다. 녹도의 액막이배는 40~50여 년 전에 전승이 중단되었다.
10) 공주대박물관, 『황도 붕기풍어제』, 1996, 110~111쪽.
11) 경기도 북부와 달리 남부인 화성 쪽은 세습무가 활동했던 지역이다. 이와 관련된 엄밀한 구분은 별도로 이루어질 필요가 있다. 이용범, 『화성의 무속』, 화성문화원, 2005 참고.
12) 이경엽, 「호남 무속의 존재양상」, 『한국무속학』 15, 한국무속학회, 2007, 35쪽.
13) 해양수산부, 『한국의 해양문화』-서해해역편, 403~404쪽.
14) 2006년 8월 13~21일. 중국 산동성 청도 현지조사.
15) 『숙종실록』 34년 무자, "영천의 유생 권순원이 오호도에 제단과 비석을 세울 것을 상소하다".
   『숙종실록』 36년 경인, "영천 유생이 상소하여 노동의 국릉과 오호도에

단을 세울 것 등을 청하다".
16) 『영조실록』 영조 17년 신유, "한림 추천에 대한 폐단과 김원재의 일과 당습에 대한 헌부의 아룀".
17) 『고종실록』 고종 8년 신미, "연생전에 영의정 김병학 등이 입시하여 ≪시전≫을 진강하였다".
18) 나경수, 『광주·전남의 민속연구』, 민속원, 1998, 261쪽.
19) 전횡이 당제에서 신격화되는 과정에 대해서는, 「한국 서해안 동제의 중국계 신격 전횡 연구」(중국해양대학교 국제학술대회, 2007.9)에서 상세하게 다뤘다.

제4장
조기파시의 기억과 기록

김 준

Ⅰ. 서 론

해양문화 혹은 어촌과 어민의 생활문화를 연구하는 데 가장 큰 어려움은 '기록의 빈곤'이다. 오히려 우리 수산자원을 약탈하려는 목적이지만 일제강점기 자료들이 접근하기 쉽고 구체적이다. 기록의 빈곤에 대한 이유야 다양하겠지만 해방이후 어촌과 어민에 대한 정책부재, 농업과 육지중심의 사고가 가져온 총체적 결과가 아닐까. 불과 한두세대 전 어촌생활을 재구성하는 일도 작은 편린(기록)과 희미한 기억에 의존할 수밖에 없는 실정이다. 조기잡이 생활사를 '기억'과 '기록'을 오가며 씨줄 날줄로 엮어보려는 것도 이런 이유 때문이다.

서해를 관통하는 '조기'를 둘러싼 기억은 해양문화는 물론 어민들의 생활상을 재구성하는 좋은 소재이다. 명태가 동해를 대표하고, 멸치가 남해를 대표한다. 조기는 우리민족의 생활문화와 역사성을 고려할 때 공간은 물론 시간을 초월한다. 이렇게 조기에 기대어 사는 사람들이 많았음에도 그들에 대한 기록은 물론 연구는 매우 제한적이다. 특히 조기어장 인근에 형성된 파시에 대한 연구는 매우 부족하다.

파시 연구는 요시다吉田敬市의 '파시평고(1954)'에 의해 처음 소개되었다. 조사보고서로는 시부자와게이죠澁澤敬三를 중심으로 일본의 민속학자들이 1930년대 서남해역의 도서지역을 조사하고 기록한 ≪조선다도해여행각서≫(1963)가 있다. 이 책에는 1930년대 섬주민들의 가옥구조, 생업활동, 지형 등 생활양식을 세밀하게 묘사했다. 특히 '파시'에 큰 관심을 가졌다. 이 조사는 영상과 사진으로 남겨졌다. 해양문화를 연구하는 데 매우 소중한 자료이다. 우리나라 연구자들의 파시에 대한 관심은 1957년 서해도서 조사보고서 『한국서해도서』 발간 이후부터다. 이 보고서는 역사·고고·사회·언어 등 공동조사를 통한 최초의 섬과 어촌 조사 기록이라는 의미를 갖는다.[1] 이후 최길성에 의해 1930년대의 시부자와게이죠 일행이 실시한 조사행로를 따라 추적 조사한 자료와 논문이 발표되었다.[2] 최근에는 임자도 타리파시의 조사보고서(주강현, 2001)와 논문(김준, 2005 ; 김승외 2005), 비금도의 송치파시(김준, 2001), 위도 조기파시(서종원, 2004) 등이 있다. 특히 김승은 파시를 '조선시대 전래파시'와 '어업근거지 파시'로 구분했다. 그는 본래 '파시'는 조선시대 '생선(조기)이 어획되는 장소(어장, 또는 파시평)에서 열리는 생선시장'을 의미한다고 주장한다. 그동안 일본인 학자들에 의해 '수산물 유통과 관련 없는 어장과 가까운 낙도포구나 어업근거지에서 어부와 상인, 백수와 작부들이 어울리는 기지촌(임시취락)'을 '파시'로 개념화 했다. 그는 우리연구자들이 이를 무비판적으로 수용했다고 비판했다. 그의 지적처럼 파시평과 일제강점기의 파시는 분명 다른 의미구조를 갖는다. 이 연구는 조기파시를 중심으로 기록과 어민들의 기억을 통해 조기잡이 어민들의 생활사를 재구성하고 파시를 재해석 하는 데 목적이 있다. 이 연구를 위해서 고문헌과 일제강점기의 문헌, 신문자료,[3] 조기잡이에 대한 각종 인터뷰와 생애사를 검토했다. 이 과정에서 TV다큐 '파도 위의 난장 파시' 촬영자료는 연구에 큰 도움이 되었다.[4] 아울러 조도에서 연평도에 이르는 조기어장과 파시에 대한 현지조사와 조기관련 민요를 통한 조기 어로관행도 분석하였다.

II. 옛 문헌을 통해서 본 조기잡이

1. 파시평

조기[石首魚]에 대한 가장 오래된 기록은 『조선왕조실록』과 『신증동국여지승람』에서 살펴볼 수 있다. 세종실록지리지 토산부(1432)에 소개된 어류 34종과 함께 석수어가 등장한다. 이것이 조기의 최초의 기록이다. 『세종실록지리지』 영광군편에 등장하는 파시평波市坪의 '평'은 장소 즉 어장을 의미한다. 파시평은 조선시대 중요한 세원이었으며 공훈이 있는 관리들에게 조세 수취권을 주기도 했다. 주로 서해안의 법성포 지역 조기[石頭漁] 어장을 지칭하는데 조기를 잡는 배, 운반하는 배(상선)를 대상으로 선세, 어전에 대한 어세, 소금에 대한 염세 등을 부과하였다. 이 기록에는 파시 평의 세금징수와 관련된 내용이 빈번하게 등장한다.

> "군의 서쪽 파시평波市坪에서 난다. 봄·여름 사이에 여러 곳의 어선이 모두 이곳에 모여 그물로 잡는데, 관청에서는 그 세금을 받아서 국용國用에 이바지 한다. … 조종 때부터 훈신勳臣을 우대하여 파시평波市坪의 어세漁稅를 내려 주는 특별한 인수恩數가 있기까지 하였습니다"(33집 626면)

1890년 『지도군총쇄록』에도 조기어장 형성이 기록되었다.[5] 당시 조기어장은 칠산도 인근에 형성되었다. 조선 팔도 조기잡이 어선들이 모여들었고, 상선까지 수천 척에 달했다.

> 바다 가운데는 칠산七山의 작은 섬들이 있다. 위도에서부터 나주계로 통칭 칠산바다라 이르는데 바다의 서쪽은 끝없이 큰 바다로 해마다 생선이 풍성하게 나와 팔도의 배 수 천척이 모여들어 잡은 고기를 판매하는데 그 값어치가 수십만 냥에 이른다. 그중에서도 조기는 팔도사람들이 모두 먹을 수 있을 정도로 많이 잡힌다(1896년 5월 13일).
> 칠산바다는 그 넓이가 100여리에 이르고, 팔도의 배들이 모여들어, 어망을 치는 배가 몇 백 척이요, 상선의 왕래 또한 수 천척에 이른다고 하는데, 그 세상 돌아가는 형편과 인심이 옛날과 같지 않고 많은 사람들이 모여드니 각별히 유념하여야 할 것이다(1897년 2월 26일).

『자산어보』에는 조기 이동, 어장, 어법에 대해 자세히 적고 있다.

> 홍양(전라남도 고흥군) 바깥 섬에서는 춘분이 지나서 그물로 잡고, 칠산바다에서는 한식 후에 그물로 잡으며, 해주 앞바다에서 소만을 지나서 그물로 잡는다. 흑산바다에서는 음력 6~7월이면 밤 낚시에 낚이기 시작한다. 그러나 이때의 조기 맛은 산란 후인지라 봄보다 못하며, 굴비로 만들어도 오래가지 못한다.

『자산어보』에 주석을 달았던 이청은 조기의 회유 특성을 이렇게 적었다(이태원, 2002, 254).

> 물고기(조기) 떼가 몇 리에 걸쳐 줄지어 있다. 어부들은 그물을 내리고 그 대열을 막아서 잡는다. 첫 물에 오는 놈은 맛이 매우 좋지만 두물 세물에 오는 놈은 크기가 차츰 작아지고 맛도 점차 떨어진다.

이외에도 조기잡이와 관련된 설화도 전해온다. 병자호란으로 청나라에 패한 조선은 임경업장군 편에 명나라와 힘을 합해 청을 공략하자는 밀서를 보낸다. 중국으로 가는 도중 식량이 떨어진 임장군 일행은 연평도 안목어장에서 엄나무를 베어다 바다에 꽂아 조기를 잡아 소금에 절여 먹고 무사히 항해를 마칠 수 있었다.[6] 이후 조기를 잡는 뱃사람들은 연평도 임경업장군 사당에 참배하고 조기를 잡기 시작했다. 이 설화는 뱃사람들을 통해 서해안에 전파되었고 곳곳에 임장군의 사당이 지어졌다.[7]

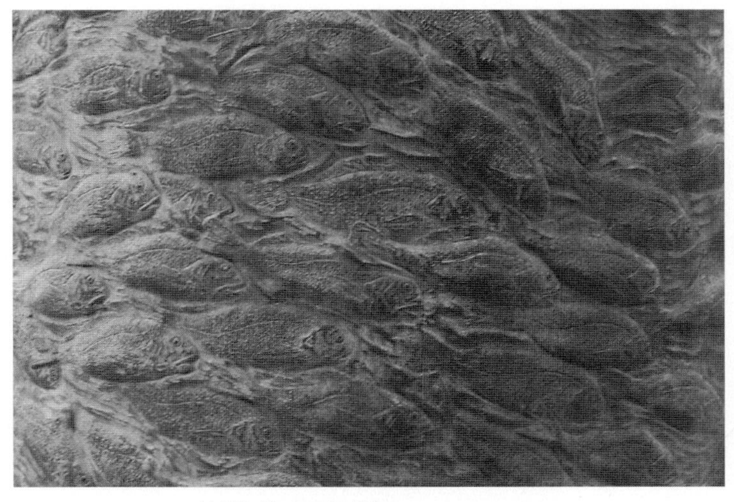

〈사진 1〉 조기이동(연평도 조기역사관)

그렇다면 왜 조선시대 권력은 조기에 주목했을까. 두 가지 측면을 살펴볼 수 있다. 하나는 조기 생태적인 측면과 또 다른 것은 당시 생활문화 측면이다. 조기는 회유성 어종으로 군집이동을 한다. 즉 이동하는 시기와 길목을 가늠할 수 있어 대량포획이 가능하다. 대량어획이 가능하더라도 소비시장이 형성되지 않으면 상품으로 가치가 떨어진다. 하지만 조기는 절임과 건조 등 장기간 보관이 가능하다. 여기에 조선시대 성리학의 발달도 소비시장의 형성에 큰 몫을 했다. 제사를 비롯한 다양한 의례가 발달한 조선시대에 조기는 빠져서는 안 되는 물목이었다. 게다가 오횡묵의 기록처럼 조기는 팔도사람들이 함께 먹는 생선이었다. 이런 이유로 조기는 일찍부터 '상품가치'를 충분히 가지고 있어 중앙이든 지방이든 권력이 있는 세력들은 앞 다투어 조기어장을 장악하려 했던 것이다.

2. 일제강점기 기록들

조기어장을 둘러싸고 본격적인 파시가 형성된 곳은 연평도 해역의 용호도龍胡島, 연평도延平島, 녹도鹿島, 위도蝟島, 고군산군도古群山群島 등이다(吉田敬市b, 1954, 384). 조기어장에는 성어기마다 각처에서 모여든 무수히 많은 어선의 선주 및 선원을 상대로 하는 음식업, 접객업자 등이 모여 들었다. 파시는 어장이 형성되는 계절과 장소에 따라 이동하기 때문에 고정되어 있지 않다. 일제강점기 서해의 삼대 파시로 흑산도(대흑산도 예리), 위도(영광군), 연평도 파시를 꼽는다.[8] 흑산도 파시는 조기보다는 고등어와 전갱이가 중심이었다. 조기어장형성이 늦었던 것은 일본인들의 음식기호와 어업기술 때문이었다. 조기를 좋아하지 않는 일본인들의 기호 탓에 조기보다는 상품성이 있는 고등어와 전갱이 조업이 활발했다. 게다가 위도 인근 칠산어장과 연평어장에 비해 수심이 깊어 면사그물로는 조업하기 어려웠기 때문이다. 이런 탓에 흑산도는 고등어파시나 고래파시가 활발했다. 일제강점기 흑산도에는 일본인이 11가구가 살고 있었는데 모두 가족들과 함께 와서 장사를 하면서 살았다. 그들은 파시 때를 겨냥한 술장사와 요리집을 했다. 흑산도에는 한국인이 경영하는 한국 요리 집이 한두 집 있었다. 일본 배를 타고 오는 일본인

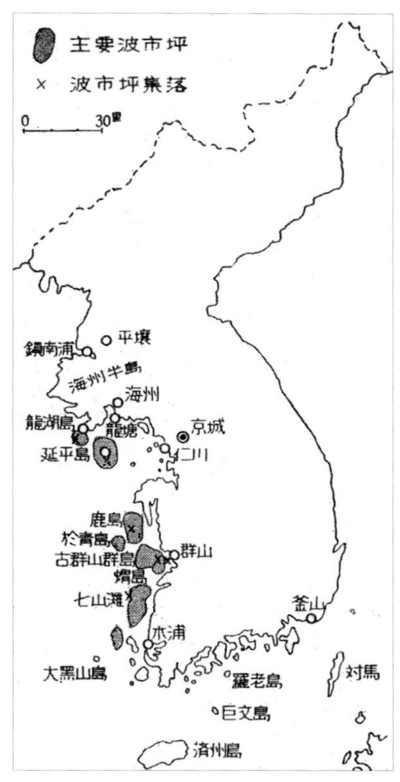

〈그림 1〉 조기파시와 파시촌
(출처: 『吉田敬市』, 1954)

들이 한국 여자를 찾는 때도 있었다. 그들은 한복을 곱게 차려 입은 한국 아가씨들이 있는 요리 집을 찾아 정종과 비루(맥주)를 시켰고 아가씨들이 부르는 창과 장구에 맞추어서 춤을 추고 놀았다(해양수산부, 『한국의 해양문화』-서남해역 2, 411~412쪽). <그림 1>처럼 일제강점기 조기파시가 형성되었던 곳은 위도(치도리), 고군산군도(장좌도), 녹도(녹도리), 연평도, 용호도 등이 있지만 흑산도는 표시되지 않았다.

일본인들의 우리어장 출입은 1900년대 초반 이미 활발하게 전 개되었다. 당시 신문자료를 분석해보면, '일본 후쿠오카·구마모 토·나가사키 지역의 어부들 수백 척이 전라도 칠산어장에 출 어'9) 하였다. 뿐만 아니라 '칠산도 지역 어민들이 대대로 조기잡 이에 종사해오고 있었는데 일본인들이 농상공부의 인가를 획득하 여 조기어업권을 약탈하려 하므로 한·일 어민 사이에 분쟁이 발 생한바 결국 지역어민들이 결사를 조직하여 일본어민 다수를 살 해하는 사건이 발생'하기도 하였다.10) 당시 영광군에 속한 위도 해역에서는 '일본인 어민들이 도착하여 448만여 마리를 어획하여 경성·군산·강원 등지로 매출'11)하고, '조선과 일본 각 지역 어 선 400여 척이 4월 6일부터 출어하여 조기를 잡기 시작'했다.12) 일본 어선의 조업방법은 조선 어선보다 발달한 안강망어업이었 다. 칠산바다와 비슷한 해양환경을 갖춘 일본 큐슈 아리아케해有明 海 연안 주요 조업방법인 밧샤망, 도락망을 서해안에서 사용할 수 있도록 개량한 어법이었다. 위도 근해의 안강망만 살펴봐도 1900 년 4척에 불과하던 것이 1907년 509척, 1912년 1,100척에 4800명 으로 늘어났다(吉田敬市, 1954, 190~192쪽). 전통조기잡이 방법이라 할 수 있는 닻배, 주목망 등이 일본의 안강망, 유자망 등에 의해 잠식 되어 가는 과정이라 할 수 있다. 이러한 어법의 변화는 주요조기 어장의 변화와 파시촌의 형성과 운영에도 영향을 주었다.

칠산어장과 달리 금강을 건너 충청해역 녹도어장은 주목망으로 조기를 잡았다. 현지 어민들은 '주벅'이라고 부르지만 1910년 간 행된 자료에는 '駐木網'이라고 했다(『한국수산지』 3권, 1910, 729~737쪽). 1954년 발행된 『조선수산개발사』도 '柱木網'이라하고 다음과 같 이 소개했다(吉田慶市, 1954, 116쪽).

주목망柱木網은 달리 주목駐木 또는 주박注泊이라고 이른다. 한말 조기어업의 대표적 어구이다. 동해안의 지예망地曳網, 남해안의 어장漁帳과 함께 예로부터 조선의 삼대어구라고 불린다. 주목은 서해안 특유의 해황에 적응하며 발달한 것으로 조석의 간만차이를 이용한 어구이다.

조기파시와 관련된 신문기사를 좀 더 살펴보자.

"石首魚 漁場으로 唯一한 黃海道 延坪島의 盛漁期는 압흐로 旬日을 臨하야 今月中旬만 되면 延坪島를 중심으로 黃海道沿海에는 실로 魚山을 이룰 것이다. 그런데 今年의 石首魚 漁況은 엇더한가. 黃海道 水産試驗場에서는 試漁한 결과 非常한 實績을 得하여 今年은 例年에도 豊漁를 豫想한다하며 현재 時勢로는 千尾에 대하여 十七圓 乃至 十九圓假量이라한다"13)

"황해연안을 중심으로 매년 5월부터 약 20일간 전남 대흑도에 첫 사리를 거두는 조선의 石首魚잡이는 조선이 가진 특수어업의 하나로 우리들 생활에 큰 도움을 주고 있는데 금년도 연평도를 중심으로 지난 5월 17일부터 어획에 착수한 조기잡이 성적은 경기도 수산과에 보고 된 바에 의하면 다음과 같다. 남조선 각 어항으로부터 모여든 1천 3백여 척의 어선과 3만에 가까운 어부들의 동원으로 지난 27일 끝사리까지 도합 390만 관 6억 원의 좋은 어획을 마치었다 하는데 다행히 금년에는 소금사정도 좋아 현지의 가공도 원만히 마치었다 한다"14)

조선시대 파시평이 어장 자체를 의미했다면, 일제강점기 파시는 선박 수리와 식구미(생필품) 공급은 물론 일시적인 시장이 형성되어 '난장' 성격을 띠었다. 일제강점기 파시가 형성되기 위해서는 어떤 조건이 갖춰져야 할까. 가장 먼저 많은 선박이 안전하게 정박할 수 있는 지형조건이 갖춰져야 한다. 조기는 계절에 따라 이동하는 회유성 어종이기 때문에 계절풍의 영향을 많이 받는다. 바람과 파도로부터 안전한 어항이 전제되어야 한다. 둘째 주요어장과 파시포구의 거리가 가까워야 한다. 특히 바람과 인력에 의존해야 했던 풍선배의 경우 백리를 넘어 설 경우 이동도 문제지만 뱃사람들의 물, 나무, 쌀 등 생활용품(식구미) 공급이 쉽지 않기 때문이다. 셋째, 냉장시설이 발달하지 않았기 때문에 육지와 뱃길이 원활하거나 절임보관을 위해 소금공급이 용이해야 한다. 즉 위도 인근 곰소만 염전(곰소염전, 삼양염전), 연평도 인근 염전(연백, 주안, 소래, 남양 염전)이 파시와 무관치 않다. 흑산도의 고등어나 전갱이, 임자도 민어처럼 일본인 상고선이 직접 얼음을 가지고 와서 선어를 일본으로 가져가는 경우도 있었다. 이외에도 원주민들·마을과 일정한 거리를 두고 형성되거나 파시촌이 형성되는 경우도 있다 (김준, 2001).

Ⅲ. 해역별 조기잡이 어로관행과 파시: 기억

조기잡이 어장은 조도어장권, 흑산어장권, 칠산어장권, 녹도어장권, 연평어장권으로 구분할 수 있다. 이러한 어장권의 구분은 조기이동 시기와 밀접한 관련이 있다. 일제강점기에도 어장권별로 파시가 형성되었다. 조기이동만 아니라 조기를 쫓는 뱃사람들과 뱃사람들을 쫓는 상인들의 이동과도 관련이 있다. 조도에서 시작된 조기잡이 배들은 칠산어장을 기점으로 회유하여, 임자도 일대에서 민어, 병치, 새우를 잡기도 한다. 무안·신안·영광지역 뱃사람들은 흑산도와 칠산어장을 거쳐 고군산군도에서 회유한다. 이들 중 일부는 녹도와 연평도까지 이동한다. 반면에 덕적도·연평도 등 경기·인천 지역어민들과 원산도·황도·녹도 등 충청해역의 뱃사람들은 흑산도에서 출발해 칠산바다와 녹도, 연평도까지 올라간다. 이들은 이동하면서 잡은 조기를 목포·군산·강경·광천·

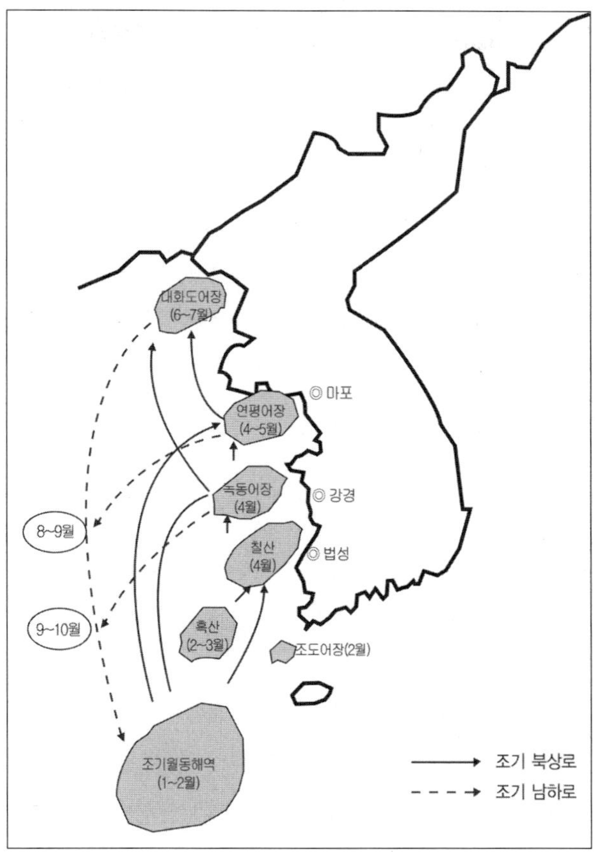

〈그림 2〉 조기회유로

인천 포구의 객주들에게 넘기며 이동한다. 이렇게 권역별로 차이를 보이는 것은 남도사람들은 조도·흑산도·칠산도 인근 바다 환경을 꿰뚫고 있지만 녹도와 연평도 어장까지 읽어내지 못하기 때문이다. 반면에 어선어업이 일찍부터 발달한 황해도와 경기도 뱃사람들은 흑산도 등 연근해어업이 일찍 발달했다. 어법에도 약간의 차이가 있다. 조도는 닻배를 이용해 조기를 잡은 반면에 녹도와 연평도는 주벅망을 많이 사용했다. 칠산어장은 닻배와 주벅이 같이 이용되었다. 주벅은 이후 안강망이 등장하면서 사라졌다.

이러한 뱃사람들의 이동형태와 함께 검토해야 할 것이 조기회 유로이다. <그림 2>는 조기잡이 뱃사람들의 증언을 토대로 구성 했다. 모든 조기가 조도·흑산도·연평도를 거쳐 모두 회유하는 가. 어민들은 그렇지 않다고 말한다. 칠산어장과 녹도어장에 조기 가 드는 시기는 비슷하다. 그리고 연평어장에 드는 조기가 더 크 다. 칠산어장과 녹도어장에 드는 조기 중에는 연평어장으로 이동 하지 않고 걸밭(돌)이나 깊은 웅덩이에 머물다 겨울을 나기 위해 남하하는 조기도 많다. 칠산바다의 송이도나 녹도어장 주민들은 외줄낚시나 주낙을 이용해 남아 있는 조기를 잡기도 했다.

1. 조도어장권: 닻배로 조기를 잡다

조도어장권의 조기잡이는 닻배를 통해서 이루어진다(국립해양유 물전시관, 2002). 닻배는 1928년 조선총독부 수산시험장에서 발행한 『어선조사보고』에는 '석수어정선망어선'으로 소개되어 있다. 닻 배를 이용한 조기잡이는 영광군 안마도·법성포, 신안군 재원도, 칠산바다, 전북 위도 등지에서 이루어졌다. 1960년대 무렵 조도에 서 칠산어장까지는 이틀정도 걸렸다. 어로작업 인원은 보통 15명 으로 선주, 사공(선장), 영자(부선장) 2명, 화장, 선원 10명으로 구성된 다. 선장은 물때와 어로작업 장소를 선택하고 선원들을 지휘한다. 영자는 선장을 도우며 선원들의 작업을 돕는다. 화장은 밥 짓는 일을 맡은 사람이다. 선원들은 닻을 내리고 올리며, 그물을 펼치 고 걷어 올려 잡은 물고기를 선별하고 정리하는 일을 한다. 선주 는 잡은 물고기를 상고선에 판매하고 식량과 부식, 땔감 등을 조달한다. 선원들은 주로 동네 사람들로 조도 관내에서 충당된다. 당시만 해도 사람이 많기 때문에 배를 타려는 사람이 많아 걱정은 하지 않았다. 각 구성원의 역할은 아래와 같다.

<표 1> 닻배 선원의 역할

명칭	인원	역할
선주	1	총괄관리(치잡이, 쪽대로 조기 건지기, 선장업무 교대 등)
선장 (사공)	1	치를 잡고 배를 조정하며, 물때에 맞춰 그물을 놓을 위치를 정함
웃굽 (선원)	5	닻을 던지기(1명), 나머지(4명)는 그물을 놓고 올리기, 조기따기, 상고선에 조기 옮겨 싣기 등
아랫굽 (선원)	5	몽구돌을 던지고(1명) 나머지(4명)는 그물을 놓고 올리기, 조기따기, 상고선에 조기 옮겨 싣기 등
영자	2	선원 중 최고령자로써 주로 잔심부름과 오색기를 띄워 상고선과 연락함
화장	1	선원들의 식사를 담당하며, 그 외 전반적인 작업 보조

※ 출처: 국립해양유물전시관(2002, 43쪽).

조도어장의 조기잡이 출어는 음력 2월 하순에 시작해 음력 4월 말까지 한다. 하루에 밀물 2회, 썰물 2회 등 총 4물을 보며, 1물에 4시간씩 그물을 펼쳐놓는다. 한 물때에 많을 때는 20동(1동, 1000마리)을 잡기도 했다. 잡은 조기는 법성포나 목포 등 지역에서 상고선을 타고 온 상인에게 현지에서 판매했다. 조기 외에 장대, 홍어 등 잡어는 선원들이 나눠 말린다. 조도어장권에 조업을 하는 어민들은 재원도(음력 2월하순)~허사도와 비치도(3월 초순)~안마도, 돈바와 소여(법성포 밖)~고군산군도(4월)로 이동하며 조업을 한다. 작업 기간은 길면 70일 정도며 짧으면 45일 정도다. 생산량의 분배는 초기에는 일정한 법칙이 없고 선주의 재량에 의해서 이루어졌다. 닻배는 1960년대 중반까지 이루어졌으며 그 후 동력선을 이용한 조기유자망으로 전환되었다. 닻배 그물은 명주실로 현지에서 직

〈사진 1〉 조도 닻배놀이 연행장면(2007)

접 만드는데, 1폭의 길이는 15발, 너비는 4발 정도이다. 그물 한 코 간격은 4㎝정도이다. 그물 전체 길이는 800~1000발 정도이다. 그물은 45도 각도로 썰물과 밀물을 따라서 비스듬하게 놓는다(국립 해양유물전시관, 2002, 우리배 고기잡이). 조도 나배도에는 지금도 '닻배놀이'라는 민속이 있다. 닻배놀이는 조기잡이 닻배에서 불리는 어로요로써 닻배에서 그물을 끌어 올리거나 내릴 때 또 이동시킬 때 부른다. 풍장과 닻배 노래를 하게 되면 주위의 모든 배들이 닻배노래를 듣기 위해 몰려들었다고 한다.15)

2. 흑산 어장권: 개도 천원짜리 물고 다녔어

흑산도 조기잡이는 1950년대 중반이 최전성기였다. 당시 예리 항 상주인구는 2천여 명이었지만 파시가 서는 열흘 남짓 만 여명의 유동인구가 이동하는 상업도시로 변모했다. 이곳에는 조업에 필요한 어구·부식물·잡화 등을 파는 골목이 들어서고, 요리집·다방·여관·선술집·이발관 등 유흥업소가 생겨났다. 이십여 호 남짓의 포구는 수백 호에 수만 명이 북적이는 도시로 변했다. 아직도 일제강점기에 지어진 건물의 흔적들이 남아 있다.

파시가 열리는 예리항 바다에는 카바이트 불빛이 바다를 밝혔고, 뒷골목 상가는 유흥주점들이 홍등을 밝혔다. 휴업상태로 있다가 파시에만 상가를 여는 가게들도 10여 곳이 되었다. 먼 바다에서 돌아온 선원들은 이곳에서 쌀, 비누, 양말, 그물 등 생활필수품을 사갔다. 주민들은 이들에게 땔감과 물을 건네주고 조기와 현금으로 바꾸기도 했다. 흑산도에는 조기를 가공해 보관하는 '간장'이라는 것이 있었다.[16] 큰 독 10여 개가 들어가는 저장고인 간장은 조기를 소금에 갈무리해 보관하는 창고였다. 간장에 보관한 조

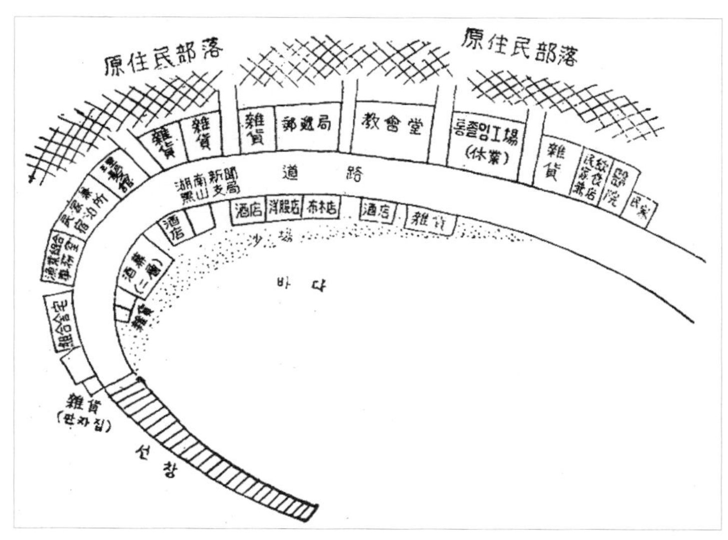

〈그림 3〉 1950년대 흑산 예리항 파시촌(출처: 김재원, 1959)

〈사진 2〉 흑산 파시촌(2007)   〈사진 3〉 흑산 파시촌(2007)

기는 연평도 조기파시가 끝나고 가격이 높아질 무렵 목포 등 소비 시장으로 운반해 팔았다.

조기이동을 쫓는 것은 뱃사람만 아니었다. 선원을 상대로 장사 하는 상인과 여자들이 있었다. 파시가 열리는 동안 흑산 예리 뒷 골목 30여 개의 술집에서 200여 명의 아가씨들이 술과 웃음을 팔 았다. 아무런 악기 없이 흥에 맞춰 젓가락 장단에 맞춰 노는 '산다 이'라는 독특한 유흥문화가 만들어지기도 했다.[17] 파시가 끝나면 이들은 또 다른 파시를 찾아 떠났다.

68년도가 됐을걸요. 그 때 조구가 그냥 세상에 없는 조구가 만선이 돼 서 난리였단 말이요 유자망하고 수백 척이 한번에 모여들어서 흑산 예리 있는데 파시 진리까지 면사무소 소재지까지 다리를 놓고 갈 정도로 그라 고 배가 많이 있어. 해상에다 길을 열어두고 배들이 오면 해상 위판을 했 어(흑산, 조정관).

〈사진 4〉 가거도에서 잡은 조기를 흑산 예리항에서 뜯고 있는 주민들(2007)

흑산어장권의 조기잡이는 칠산(위도)바다나 연평바다에 비해서 늦게 조기어장이 형성되었다. 이렇게 조기어장이 늦게 형성된 것은 어망기술과 밀접한 관련이 있다. 나일론 그물이 보급되기 전인 1960년대까지는 면사그물에 갈물을 들여 조기를 잡았다. 칠산도 인근의 바다 수심보다 흑산도 인근 어장이 깊다. 수심이 깊은 어장에서는 면사그물로 투망은 할 수 있지만 양망을 할 수 없다. 면사그물에 걸린 조기를 깊은 바다에서 끌어올리면 그물이 터지기 때문이다. 흑산도 인근 어장은 나일론 그물이 보급되고 나서 조기잡이가 활발해 졌다.

나일론 그물이 형성되면서 흑산근해에서 조기가 형성되게 된 거죠. 면사그물로 흑산처럼 수심이 깊은데서는 투망을 하면은 다음에 댕겨 올리지를 못해요. 다 쳐져부러요. 이쪽(예리)에서 진리까지 배로 건너서 갈 수 있을 만큼 배가 많았어요. 배 한척당 만선이라면 삼만에서 십만마리 잡았거든요. 많이 걸리면 그 자리에서 따질 못하고 그물차 배에 싣고 오색기나 삼색기를 달고 북장구 치며 들어오죠. 만선했다는 거죠. 십오일 만에 한번 씩 출어하니까 그 사이에는 잘 잡았다고 술 먹고, 못 잡았다고 술 먹고 흥청 망청했죠. 좌우간 아가씨들 장사하는 집들이 삼십 집. 열 명 둔 집, 다섯 명 둔 집 한 이백여 명이 있었죠. 장구치고 노래부르며 놀았죠(흑산도, 이평우).

3. 영광(위도) 칠산어장권: 위도 우물이 말랐다

위도는 칠산바다 북쪽에 위치한 고슴도치를 닮은 섬이다. 위도는 1963년 위도면이 부안에 편입되기 전까지 영광군에 속했다. 위도 앞 어장에서 잡힌 조기가 '영광굴비'로 변신할 수 있었던 것도 이런 이유 때문이다. 일제시대 파시가 형성된 치도리 앞은 칠산바다로 열려있다. 흑산어장에서 살이 오른 조기떼는 7월까지 치도리 앞 칠산바다에 머물다 녹도어장을 거쳐 연평도로 올라간다. 1930년대 이 작은 마을은 무려 5천 명이 넘게 살았다. 음식점 40여 개에는 백여 명에 이르는 아가씨들이 상주했다. 위도 식수가 바닥날 정도로 사람들이 몰려들었다. 일제강점기 때 형성되었던 치도리 파시는 기계배가 등장하면서 파장금으로 이동했다. 어종도 조기에서 고등어로 바뀌었다.

위도가 어장에서 가장 가까운 섬이라면 영광법성포는 가공과 유통의 중심지였다. 이곳에 파시가 형성되면 많은 어상들, 가공업자, 판매업자 등이 모여들었다. 서해에서 잡은 조기는 법성을 거쳐야 제값을 받을 수 있었다. 이는 법성만의 독특한 간장과 건조방법 외에도 산지와 가까워 선도가 좋기 때문이다. 이런 이유로 마산, 여수, 제주(추자) 등 전국에서 잡힌 조기들은 대부분 법성포에서 가공되었다.

옛날에는 법성포에 외지배들이 많이 들어왔다. 칠산바다에서 조기를 잡다보니까 가까운 포구를 찾아보면 여기가 제일 수요가 많다. 부산이나 마산이나, 제주 추자까지도 조기를 잡으면 80% 이상이 여기로 온다. 그럼 그것을 여기 상인들이 가공해 굴비로 내는 것이다(김종훈, 법성포 진내리).

〈사진 5〉 법성포구 전경(2003)

〈사진 6〉 법성포 풍어제(2007)

칠산어장의 조기잡이 전성기는 1930년대와 1940년대였다. 전국에 나가시(유자망)배가 칠산바다에 몰려들어 불빛으로 불야성을 이루었다. 해방이후 칠산바다 조기 어군들이 감소하기 시작하더니, 1960년대에는 조기잡이는 전설이 되었다. 이 무렵 흑산도(가거도) 일대의 조기잡이가 활발해졌다는 점에 주목해야 한다. 회유로가 차단된 조기들이 흑산도에서 칠산바다로 오기 전에 동력선과 나일론 그물로 무장된 조기잡이에 포획되기 시작했기 때문이다.

칠산어장에 어기는 음력 3월부터 시작된다. 이때 조기가 제일 맛이 좋고 알이 통통할 때다. 많은 조기들이 5월이면 산란을 하기 때문에 일부는 칠산바다에, 일부는 연평도까지 올라가 산란을 했다. 산란을 앞둔 조기들이 개구리소리와 비슷하게 울어댔다. 바다 속에 대나무 통을 집어넣어 소리를 듣고 그물을 놓을 정도였다.

> 조기 잡을 때 배에 누워있으면 조기 우는 소리가 났어요. 촌에 가면 개구리 울음소리마냥으로 그렇게 난데요. 지금은 나일론이 많이 나서 어구가 단단하잖아요. 그때는 면사실로 짜서 그물을 떠가지고 어장을 하기 때문에 금방 찢어져 갈물을 들였어요. 그물코가 가장 큰 곳은 '장머리', 중간은 '중턱', 가장 작은 것은 '불통(민마시)'이라고 불러요. 일정말기에는 조기 몇동 팔아야 쌀 한말 팔았어요. 그만큼 많이 잡혔다는 이야기죠. 칠산조기 때문에 법성굴비가 유명해졌지. 원래 법성이 조기가 많아서 유명한 것이 아니에요. 맛좋은 조기를 잡아서 잘 엮어서 발려서 법성굴비가 유명하지 딴 것은 없어요(위도, 안익춘, 78).

치도리 파시가 형성되던 1930~1940년대 전후 우리나라 어민들은 대부분 어전漁箭, 주목망柱木網, 중선中船, 궁선弓船 등을 이용하여 조기를 잡았으나, 일본인 어부들과 일부 한국인 어부들은 안강망 어선을 이용하여 많은 조기를 잡았다(김일기, 1988, 109쪽). 위도 주민들도 주벅을 이용해 조기를 잡았다. 주민들은 주벅을 관리하는 배는 돛을 단 사각형 모양으로 '주벅배'라고 불렀다. 당시 사용했던 그물은 면사그물도 아니며 나무껍질(삼뵈)을 이용해 왼쪽으로 새끼를 꼬아 만든 줄로 엮은 것이었다. 그물을 고정시키기 위한 기둥을 세우기 위해 돌이 필요했다. 선원들은 정월이면 갯가 바위를 쌓아 놓았다. 그리고 육지에서 구입한 짚으로 돌을 넣을 망을 만들어 닻을 놓고 말뚝을 고정했다. 주벅을 매는 자리가 한정되어 있기 때문에 주민들간에 경쟁이 치열했다. 제비를 뽑아 자리를 정했다. 좋은 자리를 뽑은 사람이 술을 내 잔치를 하기도 했다. 주벅이 사라진 것은 중선(안강망)이 들어오고 나서였다. 외지인들이 몰려온 것도 안강망어업이 활발해지면서였다.

치도리 파시는 대체로 한식사리에서 곡우사리까지 계속되었다. 이곳에 일본인 어선 400척, 한국인 어선 700척 등 약 1,100여 척의 어선과 일본인 2,000명, 한국인 3,500명 등 5,500여 명의 어부가 좁은 어촌에 집결하여 일시에 번화한 대촌으로 변하였다. 우리나라 어민들은 어전, 주목망, 중선, 궁선 등을 이용해 조기를 잡았다. 일본인 어부들과 일부 한국인 어부들은 안강망 어선을 이용하여 많은 조기를 잡았다. 포획한 조기들은 직접 판매하기 보다는 시간절약과 선도유지를 위해 출매선(상고선)에 판매하는 경우가 많았다. 조기 특성상 집단이동의 시기를 놓치면 어군을 포획하기 힘들기 때문에 포구에 입찰을 하고 오는 것이 어렵다. 조선 초에 위도, 법성포, 줄포 등 칠산어장은 전국 제일의 조기어장이었다. 특히 법성포는 일찍부터 목냉기를 중심으로 파시가 형성되었다. 하지만 1910년 어장은 점차 내만에서 위도 부근의 연안으로 확대되어 법성포를 능가했다. 이곳에는 선원들에게 필요한 일용품을 판매하는 상인과 음식점, 요리점, 선구점 등이 집결하였으며, 유흥업에 종사하는 많은 작부가 모여들었다. 번창할 당시에는 일본인이 경영하는 요리집이 6개, 한국인이 경영한 음식점이 35개나 되었으며, 일본인 창기가 23명, 한국인 작부가 70명가량 있었다(김일기, 1988, 109~116쪽).

치도리 파시에는 일본인이 운영하는 유곽뿐만 아니라 목욕탕도 있었다. 게다가 목욕탕 이용방식도 엄격했다. 주로 일본인 선주들이 출입한 유곽은 맥주와 정종을 판매했다. 많은 어부들이 몰려드는 3~5월 파시철에는 마을주민들은 셋방을 내주었다. 마당에 기둥만 세우고 이엉을 엮은 뜸집을 이용하기도 했다. 치도리 파시촌은 <그림 4>처럼 해안을 따라 대리마을로 가는 해안에 제주촌이 형성되었고, 당 아래에는 원산도배 선주와 선원이 모이는 충남촌이 자리했다. 그리고 마을가운데는 일본인촌과 목욕탕이 자리했다.

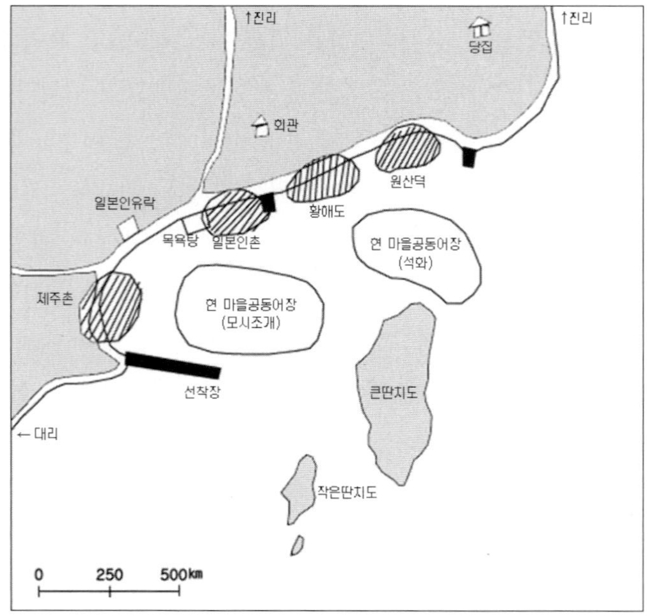

〈그림 4〉 일제강점기 치도리 파시촌(2006.6.2 증언, 서병진, 85)

파시가 형성되면 치도리 앞 딴치도까지 배들이 가득했다. 기계배는 없었고 모두 돛을 단 중선이었다. 당시 치도리에는 140여 가구가 거주했다. 마을에는 두레박을 이용하는 샘이 있었다. 물이 좋기로 소문난 우물이었지만 우물이 바닥나는 일이 종종 발생했다. 주민들은 파시철이 되면 집을 세내주고 막을 치고 살았다. 당시 목이 좋은 집은 20원, 골목 안으로 들어간 집은 10원에 세를 주었다. 이 중 일본 요리집은 열댓 가구에 이르렀으며 일본인이 지은 목욕탕도 있었다. 장벌에는 곳곳에 솥을 걸고 그물을 삶고 갈물을 들였다.

> 여기 영산이네 집 앞 일본 가무란가 하나란가 와서 목간 목욕탕을 지었어. 파시가 서니까 목욕탕 사람 끊일 세가 없었지. 화장실 갔다 오면 조류통에 담겨진 물에 손을 씻어야 해. 안 씻으면 목욕탕 주인한테 혼나고 그랬어. 일본요리집이 열댓 가구 되었던가 몰라. 일본요리가 오면 밤새도록 뚱당거리며 놀그 그란다고(김순녀, 92, 위도). 치도 파시평에 매춘부들이 있고, 술집 기집애들이 있었어. 내가 어려서 학교갈적에 치도리를 지나가면 노래를 가르치는 것도 봤어. 노래가 안 되면 맞고 그랬어. 그런 여자들이 많았어(안익춘, 78, 위도).

'조기는 칠산 바다 물을 먹어야 알을 낳는다'는 말이 있다. 이는 칠산바다가 산란 적지라는 의미다. 깊지 않는 바다에 산란하기 적절한 사니질 바닥과 먹이가 풍부해 서식환경이 좋기 때문이다. 치도리 앞 형제섬 인근에 조기가 많았다.

> 칠산바다 물을 먹어야 알을 까는 거야. 대막가지를 물속에다 딱 넣어놓고 조기울음소리를 듣고 제일 많이 나는 데다가 닻을 놔. 조기는 낮에 움직이지 않고 밤에 만 움직이지. 초사흘날 배를 보내놓고 선주가 밤에 산위로 올라가. 도깨비불이 많은 곳에 조기가 많이 들어. 섬이 마을 앞에 두 개 있는데 그곳에 도깨비불이 많아. 머리에 입력을 해 두었다가 그물을 놓아. 조기를 잡으면 영광법성으로 나가 일곱 동 여덟 동 팔아야 쌀 한

> 가마니 팔았다니까. 내가 우리 배를 타고 다녔는데, 조기 한 백동이 잡아 많이 잡았다고 기를 꽂고 징깽맹이 치며 오면, 우리아버지가 '야 임마 쌀 몇 가마니 벌었까니 징깽맹이치고 오냐'고 했어(박순기, 70, 치도리).

나일론 그물이 보급된 1960년대 초반 조기의 싹쓸이 어업이 시작되었다. 당시 그물코도 작을 뿐만 아니라 면사그물류와 달리 그물길이도 길어 많은 조기를 잡을 수 있었다.

> 내가 42년생이니까. 19살(1961) 먹드락 여기서 조기가 났죠. 그때만 해도 그물이 아니라 주낙으로 조기를 천마리, 한 동을 잡았어요. 17살 먹던 해 나일론 그물이 처음 생겨났는데 일본에서 가져왔지. 우리나라에는 없었어. 다른 배 두배 세배를 잡았지. 조기잡이는 청명사리부터 잡기 시작해, 곡우사리가 되면 완전히 알까는 사리거든. 그리고 입하사리에 나가부러. 한발 반 동안에 잡아야 해. 청명사리가 넘으면 여기는 낚시를 해. 조기가 다나가고 알까고 못 나간 놈이 물발이 센 깊은 곳에 몽쳐갔고 있어. 조기는 물이 어둡고 특지고 물발이 세면 물위로 뛰어 올라요. 그런데다 그물을 놓으면 만선이지. 새벽 날 샐 무렵에 조기가 뛰는데 한 마리 뛰면 그곳에 조기 한 동이 있어(김영석, 위도).

조선 초부터 위도, 법성포, 줄포로 연결되는 칠산어장은 전국 제일의 조기 어장으로 조선초에는 법성포를 중심으로 파시가 형성되었다. 이후 1910년대부터 점차 내만에서 위도 부근의 연안으로 확대됨에 따라 치도리 파시가 크게 번창하여 법성포를 능가하게 되었다(김일기, 1988, 112). 연안 수산자원이 고갈되면서 1940년대 이후부터 치도리의 조기파시는 점차 쇠퇴하기 시작했다. 그리고 근해 진출을 위한 어선의 대형화, 동력화가 요구되면서, 수심이 얕은 치도리는 파시로서의 기능을 상실할 수밖에 없었다. 이로 인해 수심이 깊은 동쪽의 파장금항을 개발하게 되었다(김일기, 1988, 116쪽).

〈사진 7〉 조기엮기(2007)

〈사진 8〉 조기간질하기(2003)

〈사진 9〉 조기건조(2007)

〈사진 10〉 굴비완성(2008)

4. 녹도어장권[18]

녹도어장은 칠산어장에서 연평어장으로 가는 길목에 있는 녹도, 호도, 외연열도 일대 어장이다. 녹도해역은 대천보다 수온이 3~4도 높고, 어청도와는 5도 정도 차이가 나 난류성어류가 많이 잡힌다. 물고기들은 서남쪽에서 들어왔다가 북서쪽으로 나간다. 북서풍이 불면 과거 천수만 등 만에 살던 물고기들이 녹도근해로 나와 어장이 형성되기도 했다. 천수만 간척 이후 조류 어획량이 감소했다. 한 마을만 있는 작은 섬 녹도는 일제강점기 충청도의 대표적인 조기어장으로 파시촌이 형성되었던 곳이다. 기계배와 안강망이 보급되기 전 녹도 일대의 조기잡이 어법은 주벅이었다. 안강망이 보급되면서 원산도, 외연도 조기배들이 음력 2월 흑산도에서 조기잡이를 시작했다. 흑산도 조기어장에서 조업을 하고 오는 길에 칠산어장을 들렸지만 칠산어장에서 조기 어획량이 감소하면서 외연도 밖 '방우리'라는 근해로 나가 조기잡이를 했다. 특히 칠산어장과 가거도 일대 조기어장이 마무리될 무렵이면 팔도 배들이 녹도어장으로 모였다. 이곳 어장에서 한 달간 머무르다 곡우사리와 입하 무렵이면 연평도로 올라갔다(해양수산부,『한국의 해양문화』- 서해해역 2, 207쪽).

> 봄철이면 막짓고 뜸을 만들어치고 20여 집이 있었다. 3~4월이면 끝나 쓸만한 것들은 가져갔다. 집을 얻어서 한 집은 두 집, 주민들도 3~4집이 술집을 했다. 할머니가 술을 빚었지만 부족해 원산도 독아에서 가져왔다. 원산도와 녹도를 오가는 술배가 있었다(이종만, 75).

해방 전에 녹도는 120여 호가 거주한 큰 마을이었다. 여기에 주막이 20곳, 상가 10곳, 어가가 50여 호에 이르렀다. 바닷가로는 전부 술집이었으며, 지금은 뱃길이 대천에서 열려 있지만 당시에는 조류를 이용해 광천을 이용했다.

〈사진 11〉 녹도전경

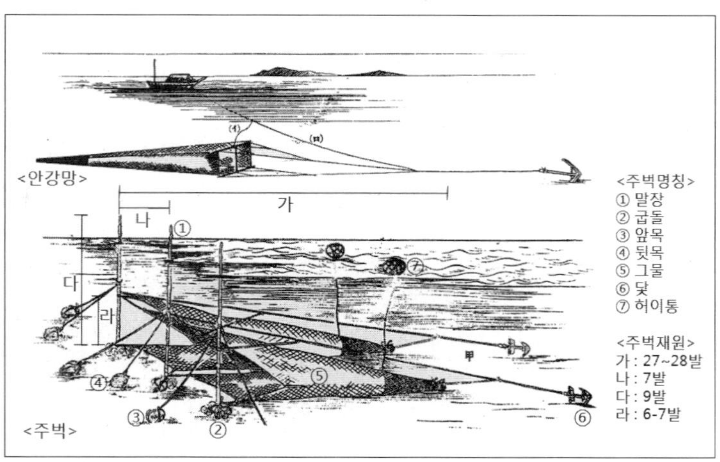

〈그림 5〉 조기잡이 주벽 상세도와 안강망

　주벅을 놓는 곳은 조류 흐름이 빨라야 하기 때문에 여와 여, 섬과 섬의 좁은 수로가 적지다. 녹도 앞 몇 개의 섬이 주벅을 매기에 적당한 간격으로 위치해 있다. 우선 주벅을 맬 수 있는 지주를 세워야 한다. 이 지주는 보통 7~10발 정도의 길이다. 지주를 바다 속에 고정시키기 위해서 볏짚으로 동아줄을 꼬아서 돌을 주어 담은 망태를 닻으로 이용했다(이를 '망질'이라 함) 주벅을 매기 위해서는 양쪽에 지주를 세우고 각 지주마다 세 개의 줄을 매어 돌망태에 고정시켰다. 그물 끝(불뚝)에 망질을 해야 하기 때문에 주벅 하나를 세우기 위해서는 모두 7개의 줄이 필요하다. 배는 목선으로 참나무를 파서 지었다. 목선은 10명이 양쪽으로 5명씩 나누어 노를 저었다. 즉 한 틀의 주목망을 설치하기 위해서는 두 개의 말목을 세우고 각 말목에 3개씩 망질을 하고 그물 불뚝에 설치하는 것까지 7개다. 보통 배 1척에 주벅 6~7개를 6인조, 7인조, 8인조 등 그룹으로 관리했다. 녹도 주변에 주벅이 70여 개 정도 있었으며 화사도에 20여로 가장 많았다.[19) 조기는 곡우사리에 가장 많이 잡혔다. 주벅은 화사도 20개, 독섬 16개, 독섬 및 26개, 호도와 녹도 사이에 7~8개가 있었다. 충청도에는 녹도 인근 외에도 원산도와 삽시도에 주벅이 있었지만 외연도에는 없었다. 조기가 많이 들면 조기의 부력 때문에 그물이 떠오른다. 뱃사람들이 조기가 많이 들어 그물이 떠오르면 올라가 조기잡이 소리를 하며 춤을 추기도 했다. '조구사리(조기잡는 철)'가 되면 외지에서 들어와 3~4명씩 주낙질을 하기도 했다. 주낙은 주민들은 거의하지 않고 외지사람들이 했다. 특히 마산에서도 주낙을 이용해 조기를 잡으러 왔다. 주낙을 하는 배를 '낙배'라고 불렀다. 낙배는 마산에는 왔지만 전라도와 인천에서는 오지 않았다. 주낙은 100개 이상 낚시를 달고 20틀씩 가지고 다녔다. 녹도 주민들은 조기잡이를 '세펑'이라 하며, 술 먹고 노는 것을 '작사'라고 불렀다.

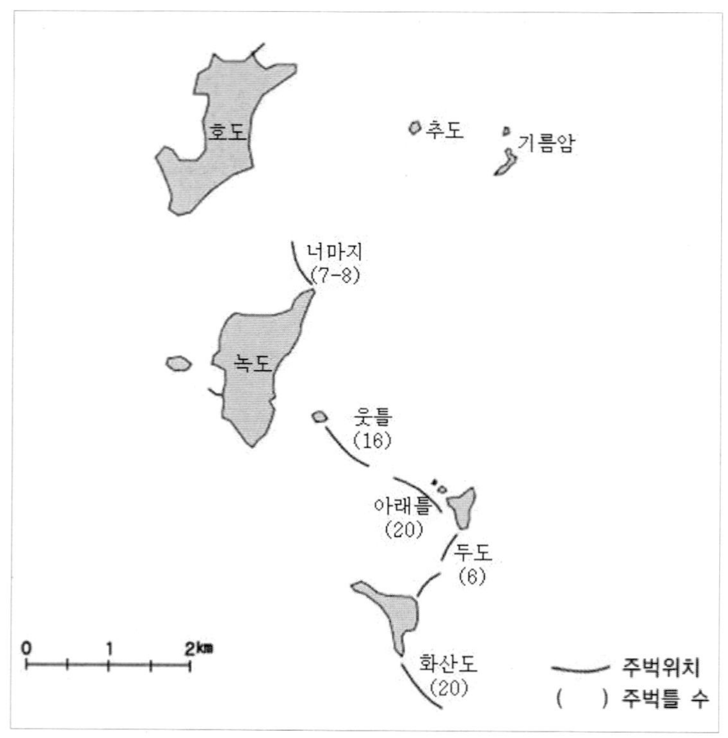

〈그림 6〉 충남 녹도어장 주벅 위치 및 틀 수

녹도파시를 유지하기 위해서는 물과 짚은 매우 중요했다. 물은 한꺼번에 몰려드는 뱃사람과 술집의 수요 때문에 식수가 부족했기 때문이다. 짚은 주벅을 맬 때 밧줄은 물론 닻망을 만들 때 반드시 있어야 할 재료다. 게다가 20여 호의 술집도 짚을 재료로 한 뜸집이었다. 녹도는 벼 한 포기 심을 곳이 없어 녹도는 짚을 대천 등 외지에서 구해야 했다. 겨울철에 이엉을 엮고, 새끼를 꼬아 망을 만들었다. 칡넝쿨과 사리나무 껍질을 이용해 그물을 떴다. 보통 한 가구에 주벅은 1틀 정도였지만 3틀이 있는 집도 있었다. 녹도의 술집은 움막형태의 '뜸집'이었다. 20여 개의 술집 중 두 집만 주민들 생활집을 얻어서 장사를 했으며, 주민들도 2~3집이 술장사를 했다. 녹도에 공급되는 술은 원산도에서 빚은 술로 원산도(진말)와 녹도를 오가는 술배가 따로 있었다. 원산도 주민들은 주벅이 끝나면 이웃 섬 원산도로 건너가 안강망 배를 탔다.

녹도파시에서 가장 큰 어려움은 식수문제였다. 우물에서 작은 그릇으로 떠서 담아야 할 만큼 물사정이 좋지 않았다. 100여 척의 배가 몰려오면 호도에서 배를 이용해 물을 가져왔다. 주벅과 낙배가 활발한 시절에 여자들은 물을 뜨려고 잠을 자지 못했다. 녹도마을 뒤편 불등(뜨이) 큰 샘에서 물동이를 이고 산을 넘어야 했다.

5. 연평도 어장: 해주은행 현금이 바닥났다

칠산어장과 함께 연평어장은 조기 잡는 뱃사람에게 꿈의 어장이었다. 두 어장 모두 '돈 실러가세'라며 어업요가 불러졌을 만큼 풍성하고 돈이 되었던 어장이다. 1632년 임경업장군이 최초로 조기를 잡았다는 안목어살은 조기뿐만 아니라 연평도 어업생산에서 중요한 곳이다. 연평도 물살이 빠르기 때문에 일찍부터 어살이나 주목망이 발달했다. 그 중 당섬과 모니섬 사이의 안목이 가장 빠르다. 이곳에 그물을 치면 순식간에 1동의 조기를 쉽게 잡을 수 있었다. 현재도 이곳은 10여 명이 어장을 공동소유하고 있다.

연평도에 조기가 머무르는 기간은 3개월이다. 조기잡이 배도 파시촌에서 장사를 하는 상인들도 그곳에 3개월 동안 머무른다.

한강으로 이어지는 뱃길이 좋아 마포나루에서 얼음을 가득 실은 장꾼들이 땔감과 식량을 싣고 조기와 바꾸었다. 연평도 조기는 상인들에 의해 일부 해주항을 거쳐 개성으로, 일부는 얼음에 채워 한강 마포나루로 옮겨졌다. 연평도에는 성어기 때 3천여 척의 배들이 포구를 메웠다. 개경과 서울 등 배후에 큰 도시가 있지만 연평도에도 조기운반 시간을 줄이고 높은 가격을 받기 위해 '간장'을 만들어 보관하기도 했다. <사진 12>에서 보는 것처럼 주민들은 파시가 형성되면 물동이를 이고 현금이나 조기와 바꾸기도 했다.

> 파시 때면 한번 와야지 안올 재간이 없죠. 고기가 다 일루 모이니까 조기 따라서 올 수밖에 없죠. 색시집들은 뱃사람들 따라 다니면서 저 밑에서 부텀 올라오는 거에요. 그래가지고 여기와서 가건물 지어놓고 뱃사람들 한테 술 팔아 묵고 그러면서 돈벌이하려고(연평도, 황금이, 74).

〈사진 12〉 물동이를 이고 식수를 파는 주민들

〈사진 13〉 조기말리는 모습

　　연평도로 들어온 조기배들은 중매인들에게 잡은 조기를 넘긴
다. 위판이 끝난 조기는 가마니에 담겨 간질을 하는 마을주민(여자)
들 손으로 옮겨진다. 주민들은 소금으로 간질을 해 사흘 정도 지
난 후 건져 깨끗한 소금물에 씻어 자갈 위에 말린다. 다 마르면 짚
으로 10마리씩 엮어 100개를 가마니에 넣는다. 이것이 '한 동(1000
마리)'이다. 이렇게 갈무리를 해야 육지로 나갈 수 있다. 연평도 간
장은 한 개에 40~50동이 들어가는 대형이다. 일제 말 조기가 많
이 나오자 저울로 달아서 입찰을 했다. 그전까지 마리 수를 세어
입찰했다. 조기가 흔해 바람이 불면 갯가에 조기들이 밀려와 아이
들이 건져올 정도였다.

　　(조기를) 갯가에 하나 썩 여자들이 널었어요. 딱 사흘 말려서 엮죠. 엮
어서 미쯔꾸리(가마니에 넣어 갈무리)해서 상해면 상해, 신의주면 신의주, 자
기들 판로가 있는 데까지 가야죠. 한 달 반 정도 지방에서 들어온 사람들
이 한 만 명 정도 되거든. 노래도 있잖애. 돈실러 가세 돈 실러가세 연평
바다로 돈 실러가제. 연평바다에 조기가 많이 날 때는 해조운항(해주은행)이
말랐다 그랬어요(연평도, 성명미상).

1960년대 연평도 파시에 모여든 배만 2000여 척에 이르렀다. 조기잡이 배에 일곱 명이 탔다. 만 명이 훨씬 넘는 사람이 파시포구에 모여 마을에 발 디딜 틈이 없었다. 연평도에는 유흥음식점이 열댓 개 정도였으며, 아가씨들이 몇 백 명이 있었다. 조기 한 마리 가격은 어획량에 따라 변하지만 7~15원 선이었다. 선원 월급이 1만 5천 원이었다.

〈사진 14〉 조기잡이중선배(조기역사관)

〈사진 15〉 일본인 유곽이
있었던 연평도파시

때를 만난 조기잡이로 연평도 근해 일대는 수백 척의 어선들이 모여들어 어로작업이 한창입니다. 해군 경비선의 보호 밑에 휴선전 연안 20마일 해상에서는 어선들이 조기잡이에 여념이 없습니다. 이 조기잡이는 4월 하순부터 6월 상순까지 2개월간 걸쳐서 30억에 달하는 2만여 톤을 어획을 올리고 있습니다(<대한뉴스>, 서해조기풍어).

백령도 조기잡이도 6월부터 7월까지다. 이곳 주민들은 30년 전에 조기가 완전히 사라졌다고 이야기 한다. 1970년대까지는 잡았다는 것이다. 백령도 주민들의 조기잡이는 그물보다는 주낙이다. 처음에는 외줄낚시로 조기를 잡았지만 나중에는 바늘을 140~150개를 단 주낙을 사용했다. 이것을 '한 틀'이라고 한다. 조기를 잡기 위해 봄에는 까나리, 가을에는 멸치를 먹이로 사용했다. 조기

주낙은 보통 칠팔 틀을 날 물이건 들 물이건 물살이 '뜸할 때' 놓았다가 건진다. 많이 나올 때는 한 번에 400~500마리까지 건져 올려서 그것이 장관을 이루었다. 주낙은 백령도 장촌 앞바다에서 많이 했다(인하대학교 박물관, 1985, 90~91쪽).

Ⅳ. 조기잡이 어업기술의 발달과 파시

1. 조기잡이 어법과 어민의 바다인지

조기잡이 어선들은 어법에 따라 물때를 가렸다. 안강망을 이용해 조기를 잡는 경우 사리에 그물을 놓고 조금에 파시가 형성된 포구로 귀환한다. 안강망은 조류를 이용해 조기를 잡기 때문에 물살이 빠르지 않으면 조기가 들지 않는다. 따라서 물이 살기 시작하는 세물부터 시작해 아홉 물이나 열물까지는 조업을 한다. 반면에 유자망이나 낚시(주낙포함)를 이용해 조기를 잡는 경우 조금이 성어기다. 유자망의 경우 조금에 그물을 보고 사리에는 파시포구로 귀환한다.

〈표 2〉 물때와 조기잡이 어법별 어기

구분	해역별 물때 명칭				어법별 조업물때					
	조도	위도	녹도	백령도	주벅	유자망	안강망	주낙	닻배	중선
10(25)	한물	한마	한매	한물		■		■		
11(26)	두물	두마	두매	두물	■	■		■		
12(27)	서물	세마	세매	세물	■		■		■	■
13(28)	너물	네마	네매	네물	■		■		■	■
14(29)	다섯물	다섯마	다섯매	다섯물	■		■		■	■
15(30)	여섯물	여섯마	여섯매	여섯물	■		■		■	■

1(16)	일곱물	일곱마	일곱매	일굽물						
2(17)	야달물	여덟마	여덜매	여덟물						
3(18)	아홉물	아홉마	아홉매	아홉물						
4(19)	열물	열마	열매	열물						
5(20)	열한물	열한마	한객기	열한물						
6(21)	열두물	한개끼	대객기	열두물						
7(22)	한객끼	대객끼	아침조금	아침조금						
8(23)	두객끼	조금	한조금	한조금						
9(24)	무수	무시	무심	무심						

　　주목망을 이용한 조기잡이는 특히 조류 방향과 조류 세기에 민감하다. 일반적으로 서해안의 주벅은 조류의 방향에 따라 주벅그물이 도는 '돼지주벅'과 고정된 '말장주벅'이 있다.[20] 녹도 조기어장의 주벅망은 썰물에만 조기가 '썰물받이'라고 한다. 이곳 조기어장은 일제강점기에는 70여 개의 주벅어장이 운영되었으며, 1960년대까지 이어졌다. 녹도 조기어장은 섬 남동쪽 돌섬, 소화사도, 대화사도 인근에 형성되었다. 섬 뒤쪽에 목섬을 비롯해 지형상으로는 주목망 적지이지만 현지주민들은 겉물과 속물이 다르기 때문에 주벅을 맬 수 없다고 설명한다. 주벅어장은 속물과 겉물이 같은 방향으로 빠르게 흘러야 가능하다(고광민, 2007, 11쪽). 이는 겉물과 속물이 다르면 조기가 주벅 안으로 들어가지 않기 때문이다. 조기가 주벅에 드는 때는 물살이 세어지는 두세물 이후부터 물상이 꺽어지는 '객기' 이전부터 열물까지 7일 정도다. 그 중에서도 여섯물(보름)이 물살이 가장 센 '사리'로 노를 젓고 물을 보기가 힘들었겠지만 어황이 좋았다. 녹도주민들이 주벅배를 타고 물을 보러가며 부르는 <노젓는 소리>에 '달 밝은데', '물싼 목에서' 등 주벅어장의 시간과 물때를 확인할 수 있다.

오동추야/ 달 밝은데/ 임의 생각이/ 절로 난다/ 물싼 목에서/ 시계들 젓소/ 빨리 가서/ 물들 보세/ 조기잡이/ 그물 가질러/ 빨리 저서/ 주목에 붙으세.21)

녹도주민들이 주벅을 이용해 조기를 잡을 수 있는 날은 해황 등을 고려하면 한 사리(15일)에 사흘 정도다. 칠산바다에서도 '사흘칠산'이라는 말이 있다. 과장이겠지만 사흘 벌어 일년 먹고 산다는 말이다. 녹도어장도 한 달에 7일 정도 조업을 한다고 볼 수 있다. 조기가 녹도에 머무는 것을 고려해보면 실제로 조기를 잡는 것은 열흘을 넘지 않았다.22) 뱃사람들의 조기파시와 관련된 생태인지 체계는 어업요에서 확인된다. 충청남도 태안군 안면읍 황도리 '고기푸는 소리(들어치기)'와 '배치기소리', 경기도 연평어장의 '바디질 소리' 중 '양주만 남기고'라는 대목이 있다. 여기서 '양주'란 조기 암수 한 쌍을 말한다. 조기 씨가 마르지 않고 지속가능한 어업을 염원하는 어민들의 바람을 엿볼 수 있다.23)

조기야 부서야/ 어디를 갔다가/ 이제 왔느냐/ 칠산 바닥에/ 고기도 많고/ 우리네 주머니/ 돈도 많다/ 이짝 저짝/ 막걸리 장사야/ 한 잔을 먹어도/ 톡톡히 걸어라/ 연평바다/ 들어오는 조기/ 양주만 냉기구서 다 잡어냈다/ 이물대 꼬작에 붕기를 꽂고/ 허리대 꼬작에/ 장화만 늘어라(충청도편).

옥동도화 만사춘허니/ 가지가지가 봄빛이로구나/ 이독 저독 술 빈어 놓고/ 가운데 동이다 용수만 박어라/ 한산 세모시 배포장 두르고/ 황해도 순명 장화만 들여라/ 연평바다 들어오는 조기/ 우리 배 망대로 다 잡어 냈구나/ 연평바다 다 불어 먹고/ 외양도 바다에서 농장만 친다네/ 골목 골목 들어오는 조기/ 양주만 남기고 다 잡어 냈구나/ 배임자네 아주머니 인심이 좋다/ 술동이 받웅이 다 뒤집어 이고/ 발판 머리서 엉덩이 춤 춘단다(충남 태안군 안면읍 황도 '배치기'—충청도편).

칠산바다에/ 깔린 칠량/ 양주만 남기구/ 다 잡아 딜였네/ 우리배 선원들/ 일심 저서/ 담뿍 담뿍/ 잘 도나 퍼 싣네/ 양반님네/ 밥숫갈 뜨듯/ 듬뿍 듬뿍/ 잘도 뜬다/ 엔평 바다에/ 돈 풍년 졌구나/ 이물 든물/ 반만 낫떳네/ 설물에도 천여마리로다/ 든물에도/ 사이대칸이/ 만여 마리 마릴세/ 꽉 찼구나/ 갈매기는 높이 떠서/ 스리 울고/ 이불 고불에서/ 파도만 칠라(경기도편).

칠산어장 인근에 사는 어민들(송이도, 낙월도, 안마도)은 어장환경과 조기생태를 다른 지역 어민들보다 잘 알기 때문에 작은 중선배를 가지고도 많은 조기를 잡을 수 있었다. 안강망과 유자망으로 무장한 목포배, 여수배, 군산배, 원산도배들이 즐비하게 칠산바다에 포진했지만 풍선배를 가진 현지어민들이 실속 있게 조기를 잡을 수 있었다. 이는 그들만 알고 있는 바다에 대한 지식체계 때문이다. 조기가 골을 타고 들어와 칠산바다와 연평바다에 알을 낳기 때문에 길목을 잘 알고 있었다. 게다가 북상하지 않고 칠산바다 깊은 둠벙에 머무르며 찬바람이 나면 다시 남하하는 습성도 잘 알고 있다. 이들은 그물보다는 외줄낚시나 주낙을 이용해 잡아야 했다.[24]

2. 어법의 발달과 파시의 변화

서해와 남해 연안·도서 지역 조간대는 돌이나 발로 물길을 막아 물고기를 잡는 정치어업이 활발했다. 이러한 정치어구를 서해안에서는 '살', 남해안에서는 '발'이라 했다. 『세종실록지리지』는 발과 살을 '어량魚梁'이라 했고, 『경상남도속찬지리지』는 '방렴防簾', 『균역청사목』은 '어전漁箭'이라 하였다. 방렴은 남해안의 발을 어전은 서해안의 살을 차용한 표기였다(고광민, 2007, 19쪽). 초기 그물이나 배를 짓는 일이 발달하지 않았던 시절에 조기잡이는 조간대에서 살과 어전을 이용해 이루어졌다. 이후 중선망, 궁선망, 주목망, 정선망(닻배그물), 안강망, 유자망 등 그물이 발달하면서 연근해까지 어장이 확대되었다.

어장권별로 조기잡이 어법을 살펴보면, 조도어장은 닻배, 녹도어장과 연평도는 주목망이 많았다. 위도 등 칠산어장에는 이들 어법이 혼용되어 사용되었다. 즉 칠산어장에는 서해 남쪽과 북쪽의 어부들이 모여들어 조기를 잡았기 때문이다. 이러한 어법은 기계배와 안강망이 보급되면서 큰 변화를 가져왔다. 일부 조도 배들을 제외하고 안강망과 투망배로 전환했다. 주목망의 변형인 안강망과 투망배(나가시)의 보급은 조기잡이에 큰 변화를 가져왔다. 우선 기계배와 나일론 그물이 보급되어 어장이 연안에서 근해까지 확대되었다. 뿐만 아니라 조기 외에 새우, 강달어, 꽃게, 병어 등 많은 어종을 잡을 수 있게 되었다. 이러한 어법은 어군을 따라 신속하게 이동할 수 있다. 잡은 조기를 그물째 육지로 옮겨와 조기를 따고 '간장(소금간을 해서 독에 넣고 보관하는 장소)'을 할 수 있게 되었다. 이러한 어법은 살이나 어전과 달리 이동할 수 있는 장점이 있었다. 하지만 여전히 인간의 힘과 바람에 의존해 이동해야 하기 때문에 집단으로 이동하는 조기잡이에 적응하기 위해서는 별도의 운반선(전마선)이 필수적이었다. 운반선들은 법성, 줄포, 강경, 마포로 조기를 운반했다. 조기잡이 배들은 사리철에 조업을 하고 조금철에 인근 파시촌에 머물며 다음 어기를 준비했다. 파시촌에 술집과 요리집, 각종 생필품 판매점(잡화상) 등이 형성된 것도 이런 이유 때문이었다. 중선망과 흡사한 안강망 그물이 일제강점기에 보급되었다. 어장도 이전의 내만 또는 육지 가까운 연안에서 근해로 확대되어 갔다. 칠산어장 중심포구가 법성포에서 위도로, 위도에서도 치도리에서 파장금으로 이동한 것도 같은 맥락이다.

 조기어장이 칠산바다에서 흑산도 인근 가거도어장으로 이동한 것은 이러한 어업기술의 발달과 깊은 관계가 있다. 기계배와 나일론 그물의 보급이 본격적으로 이루어진 1960년대 칠산어장의 시대는 점점 약화되고 가거도를 중심으로 홍도어장이 번성하기 시작했다. 이로 인해 흑산도파시로 성황을 이루었다. 일제시대 고등어파시와 고래파시 등으로 일본인들이 다수 거주하기는 했지만 조기파시가 본격적으로 시작된 것은 1960년대 전후였다. 칠산바다에 비해 수심이 깊어 투망과 양망을 원활히 할 수 있는 나일론 그물과 기계배가 등장하면서 어장이 형성되었다. 질기지 않은 나무껍질이나 면사로 만든 그물로는 조업을 하기 어려웠기 때문이다. 녹도파시 경우도 안강망어업이 발달하면서 쇠퇴하기 시작했다. 주벅이나 낙배를 이용해 조기를 잡던 주민이나 외지인들은 안강망어업이 발달하면서 흑산어장이나 연평도로 조기잡이를 나섰기 때문이다. 배가 없는 사람들도 원산도 등 외지배를 타고 녹도를 벗어났다.

V. 결 론

조기를 둘러싼 기억과 기록의 검토는 해양문화는 물론 어민들의 생활상을 재구성하는 좋은 소재이다. 명태가 동해를 대표하고, 멸치가 남해를 대표한다면, 조기는 우리민족의 생활문화와 역사성을 고려할 때 근현대는 물론 해역을 넘어서는 한반도 대표어종으로 손색이 없다. 특히 조기는 각종의례의 제물로, 명절이면 고급선물로 사랑을 받고 있다. 특히 음식에 앞서 산자와 죽은 자를 연결하는 신격의 의미를 갖는다.

이러한 조기의 상징성에도 불구하고 기록이 제한적이며 기억하는 사람도 많지 않다. 그리고 파시에 대한 경험도 조기파시 이후

잠깐 형성된 어로(강달어, 새우, 고등어, 삼치, 민어 등)에 따라 제한된 장소에서 형성된 것들이다. 그 특징 또한 작부를 둔 술집이나 요리집 중심이다. 조선시대에 등장하는 조기어장 즉 '파시평'이 일제강점기 '파시'로 바뀌었다. 그 이유는 어업 기술발달과 상업자본의 등장에서 찾아야 할 것이다. 조기를 잡는 어장의 의미를 갖는 파시평에서 조기어장을 매개로 이루어지는 난장으로 전환된 것이다. 어구와 어업기술이 발달하고 조기의 상품화가 확산되면서 객주, 시장, 유통 등의 필요성이 조기잡이에 개입되기 시작했다. 하지만 다른 상품과 달리 조기는 회유성 상품이며, 시기 제한이 강하다. 따라서 제한된 공간에서 집중적으로 조업을 해야 하기 때문에 일시적인 시장이 형성되었다. 이것이 '파시'였다. 사람들이 많이 모이기 때문에 먹고, 놀고, 즐기는 유흥문화가 결합되었을 뿐이다. 이러한 부분이 과잉표출되면서 파시 본질이 흐려졌다. 파시는 짧은 기간에 최대의 인파가 좁은 공간에 집중된다. 다양한 어업기술의 전시장이며, 선박은 물론 크고 작은 어구의 전시장이다. 이곳을 통해 각종 어업기술은 물론 지역 간 교류가 해류를 타고 활발하게 이루어졌음은 두말할 필요가 없다.

일제강점기 본격화된 조기파시에 가장 큰 영향을 준 것은 선박과 그물 등 어업기술의 발달이다. 1960년대 말과 1970년대 초에 공급된 나일론 그물과 안강망 기계배의 보급은 조기잡이만이 아니라 어촌과 어민생활에 큰 변화를 가져왔다. 흑산도 조기잡이 중심포구가 진리에서 예리로, 위도의 경우 치도리에서 파장금으로, 위도의 줄포에서 격포로, 임자도의 타리에서 재원도로 이동한 것들은 기계배 혹은 안강망 어선의 등장과 밀접한 관련이 있다.

서해해역에서 파시가 형성된 것은 무엇 때문일까. 먼저 서해해역은 수심이 낮은 넓은 간사지가 발달하고 간만차가 크기 때문에 어군을 포위하여 잡는 선망어업이 발달할 수 없었기 때문이었다. 서해의 대표 어종인 조기는 선망어업을 사용하지 않고 조류를 이용한 어전, 주목, 중선, 궁선 등을 이용하여 잡았다. 어전과 주목은 고정된 어구이지만 중선과 궁선은 반이동성이다. 이들 어법은 조류를 활용해야하기 때문에 사리에는 높은 어획을 올리지만 조금에는 파시촌으로 돌아와 다음 어기를 기다려야 한다. 또 다른 이유는 어업의 특징상 어획물을 소비지에 이동하기 곤란하기 때문에 운반선이 등장할 수밖에 없다. 운반선은 고기를 잡아 운반할 수 있도록 작업이 끝날 때까지 기다려야 한다. 특히 파시 어종들은 한 달 정도의 짧은 어기에 높은 어획고를 올리기 때문에 일시에 어장이나 인근 지역에 어선과 운반선들이 밀집하는 것도 파시를 형성하는 중요한 요인이다. 파시의 근거지에는 짧은 기간에 목돈을 만지는 선원들과 선주들을 상대로 술과 여자 그리고 도박이 결합되면서 파시의 근거지를 중심으로 유흥장이 형성되었다. 이러한 서해해역의 어업특성, 해양생태, 지리적 특성 때문에 서해지역에 파시가 형성될 수 있었다. 조기 연구는 단순한 해양생태나 어촌생활문화를 넘어서는 의미를 갖는다.

1) 조사는 1954년 국립박물관이 주체하고 진단학회 회원들이 참여하여 3회에 걸쳐 이루어졌다. 조사는 김재원을 단장으로 역사·고고학은 김재원과 윤무병이 참여하여 덕적도·소방도·승봉도·외연도·원산도·신진도·대흑산도를, 사회학반은 이상백과 이해영이 참여하여 덕적도·외연열도·대흑산도를, 언어학반은 이숭녕, 전광용, 최학근이 참여하여 어청도와 흑산도·비금도와 흑산도·외연도·원산도 등을 조사하였다.

2) 여행기록은 『1936년 서해도서민속』(최길성, 2004)으로 국내에 소개되었다.

3) 신문자료는 김수관(공저, 2006)의 부록 '수산업 관련 신문기사'를 참고했다.

4) 필자는 1992년부터 서해와 남해의 어촌, 어업, 어민에 대한 조사를 해왔다. 이 조사과정에서 늘 조기에 대한 화두를 놓지 않았다. 이번 기회를 통해 이들이 간헐적으로 들려주는 조기에 대한 기억들을 모았다. 이러한 결정을 할 수 있었던 것은 목포mbc 이순용피디의 기록 '파도위의 난장, 파시'를 시청하고 난 후였다. 이 다큐는 목포mbc창사 36주년 특집 <섬> 3부작 중 제 1부로 2004년 12월 12일 방송되었다. 자료를 이용할 수 있도록 허락해준 목포mbc 이순용PD에게 진심으로 감사드린다.

5) 『지도군총쇄록』은 1986년 지도군이 완도군, 돌산군과 함께 설군 된 후 지도군 초대군수로 임명된 오횡묵이 날짜순으로 업무와 일상사를 기록한 일기 성격을 띠고 있다. 제목은 '전라도지도군총쇄록'이며 1책은 1895년 2월 11일부터 1896년 9월 29일까지, 2책은 1896년 10월 1일부터 1897년 5월 17일까지이다. 이 기록은 2008년 신안문화원에서 번역했다.

6) 안목어장은 지금도 15명이 2~4칸 규모의 어살(주목)을 이용해 고기를 잡고 있다. 무시와 조금 물때를 제외하고 한사리에 10일 정도 물을 본다(2008.8.5. 조사).

7) 임경업장군을 주신으로 모시는 신앙권은 충남 서북부 이북지역, 경기, 황해, 평안남북도 해안지역이다. 내륙지역은 그의 고향인 충주와 군수로 부임한 낙안지역이다. 충남 내포지역에는 광천읍 옹암리, 태안 근흥면 정산포, 안면읍 황도리, 서산군 부석면 창리, 대산면 독곶리, 당진 송산면 가곡리, 송악면 고대리, 송악면 한진리 등이다(이인화, 2006, 189~191쪽). 주강현도 서산 창리 북쪽으로 경기, 황해, 평안남북도 지역을 임경업장군 분포지역으로 보고 있다. 그는 임장군 설화는 칠산바다까지 이르지만 제당은 안면도 밑으로는 보이지 않는 것은 구전과 설화, 노래 등으로 전승되는 것과 '당'처럼 마을공동체집단의 신앙대상이 되는 것의 차이라고 분석했다(주강현, 1998, 234~239쪽). 필자가 2007년 여름 전북 부안 위도 당집

을 방문했을 때 마을주민들은 중앙에 모셔진 신이 임경업 장군이라고 설명했다. 임장군 초상 진위 여부, 그려진 시기 등 논란이 되고 있다(서종원, 2006, 232~233쪽). 하지만 일제강점기 조기 파시가 성했던 마을주민들이 당 주신을 '임경업'장군으로 호명하는 점에 주목할 필요가 있다.

8) 일제강점기 형성된 파시는 조기파시 외에 전남 신안군 임자도 타리섬의 민어파시를 주목할 필요가 있다. 1925년 동아일보에는 '타리에 166척의 선박이 조업 중이고 684명의 선원들이 있었다. 이들 선원들을 상대로 임자도와 타리 사이의 모래밭에는 116개의 상점이 있고, 타리기생의 수가 일본 창기를 포함 1백 30여 명이 기거하고 있다. 당시 타리에는 조선인 상점 100개, 일본인 상점 16개가 있었는데 이들 중 61개가 음식점, 18개가 요리점으로 대부분 유흥업이다'고 적고 있다(1925.8.11). 타리파시와 관련된 내용은 김준(2005)을 참고.

9) 『황성신문』, 1903.7.24.

10) 『황성신문』, 1909.5.11.

11) 『황성신문』, 1918.5.3.

12) 『황성신문』, 1924.4.27.

13) 『매일순보』, 1933.5.4.

14) 『동아일보』, 1947.6.2.

15) 2008년 4월 24일 조도에서 닻배노래 발표회가 있었다. 당시 닻배놀이에는 선주(김연호, 무형문화재 40호), 선장(설대호), 화장(박남순), 매김소리(김연호), 쇠(설정주), 북(박진옥), 징(김영주), 웃굽(4명), 아랫굽(4명), 술동우(윤외순) 등이 참여했다. 닻배노래 순서는 1. 그물 싣는 소리(슬비소리, 가에서 고사 밥 나누어 주고), 2. 노 젓는 소리(엉차-어기어차), 3. 돛달고 풍장 소리(동남간에서 촉망을 놓고, 서북방에서 그물을 다 놓는다), 4. 용왕제(풍어를 비는 고사), 5. 그물을 당긴다(슬비 소리), 물에 뜬 조기를 건지며 반어소리를 한다(영광 법성포로 팔러 간다), 6. 풍장 소리(고향에 오면서), 7. 선주 마누라 술동이 이고 발판 머리에서 엉덩이 춤춘다, 8. 뒷풀이(진도아리랑) 등이다.

16) '간장'은 소금간을 하여 보관한다는 의미다.

17) 산다이(위)는 일반적으로 전남 도서해안지역에서 연행되는 노래판이다. 하지만 상가집에서 밤을 새우며 부르는 노래판, 뱃사람들이 술집에 작부를 끼고 술마시며 노는 판, 산에 나무를 하면서 동료들끼리 주고받으면 부르는 노래, 일제강점기 징용가는 사람을 전송하며 부르는 노래도 '산다이'라 했다. 산다이가 전문연희집단의 놀이가 서남해역 주민들에게 수용되어 주민들 문화로 토착화된 형태로 여천, 고흥, 장흥, 완도, 신안, 영광 등에 남아 있다. 산다이는 판 자체가 개방적이며, 남녀가 울려 가무하는 성적 해방공간 성격을 띤다(나승만, 2003).

18) 녹도파시와 관련된 자료는 정신규(78), 이종만(75) 인터뷰를 통해서 수집
   했다(2007.10.1).

19) 녹도의 주벅에 대한 조사는 2006년 고광민(2007)에 의해 이루어졌다. 필
   자가 2007년 다른 제보자를 만나 조사했지만 주벅의 위치와 틀 수, 운영
   에 관해서 고광민의 큰 차이가 없었다(구술 정신규, 78세, 2007.10.1).

20) 돼지주벅은 요즘 개량안강망과 흡사하다. 지금도 염산, 백수, 낙월지역
   어민들이 칠산바다에서 '팔랑개비그물(개량안강망)'을 사용하고 있다. 그물
   이 조류에 따라 빙빙돌기 때문에 주민들이 붙인 이름이다.

21) 『MBC한국민요대전』―충청남도편, 1995, 174~180쪽.

22) 녹도주민들은 주벅그물을 들어 올려 조기를 잡는 것을 '물을 본다'고 한
   다. 어장이 형성되면 '사위가 와도 얼굴을 볼 수 없다'고 한다. 그 만큼
   짧은 기간에 집중적으로 조기잡이가 이루어진다는 것이다.

23) 『MBC한국민요대전』―충청남도편, 1995, 457~460쪽 ;『MBC한국민요
   대전』―경기도편, 1995, 225쪽.

24) 하귀남 구술(70세, 2003.6.7).

제5장
칠산 조기잡이의 구비전승과 해양정서

홍 순 일

Ⅰ. 머리말

흔히 조기의 생사는 해양에서 찾는다. 왜냐하면 서해권은 상대적으로 조기어장으로 위상을 지니고 있었었고, 있었기 때문이다. 그러나 다시 생각해 보면 서해권은 '지금·여기'에서 조기어장으로 여전히 위상을 점유하고 있다. 왜냐하면 조기가 있었었던 것이 기본이 되어, '기록된 조기'를 '기억의 조기'로 살려내고 있기 때문이다. 또는 '기억의 조기'를 '기록의 조기'로 살려내고 있기 때문이다. 특히 시대면에서, 살고 싶은 섬에 실제로 살면서 바다와 연안을 오가거나, 가고 싶은 섬에 실제로 가서 바다와 연안을 오가고 있다. 지역면에서, 중앙에 대한 지방이 아니라 세계에 대한 지역이 강조되고 있다. 그리고 상황면에서, '아주 새로운 과거'의 사고와 '오래된 미래'의 표현[1]을 융합해 나가고 있다. 이것은 '국가의 해양력[2] 강화'라는 본질의 전략적 사고에 따라 추구되는, 도서·해양의 문화원형 찾기라는 맥락에서 벗어나 있지 않다. 조기 중심의 어로문화는 위의 개념에 부합하는 구비전승자원으로서 무형문화자원임에 틀림없다.

그러나 황금조기의 해양생태가 변화함에 따라 서해 도서지역민의 어로문화가 변화하고 있다. 특히 무형문화자원 분야의 경우 조기와 관련된 어로문화를 제보해 줄 수 있는 민속공동체뿐만 아니라 구비전승자원 분야의 경우 조기잡이와 관련된 구비전승물을 제보해 줄 수 있는 연행자가 줄어들고 있다. 그럼에도 불구하고 그 동안 인문학분야에서는 실용학문화라는 관점에서 '현장의 현재적 상황'을 중시하고, 구비전승물의 '연행론적 공연'과 '문화론적 지역활성화'[3]를 살피는 작업이 미흡했다. 이러한 방향의 핵심은 "구비전승물에 나타난 서해 도서민의 해양정서가 무엇인가"를 조사·연구하는 것이다. 서해 도서지역의 구비전승물은 서해 도서민의 인식형태인 의식이 형상화된 해양정서의 응축물이기 때문이다. 이와 관련된 논문은 다음과 같다.

① 김순갑, 「우리나라 대중가요에 나타난 해양정서」, 『해양문화연구』 4, 1998, 131~173쪽.
② 1999년 중점연구소 지원 사업 신청서, 「서남해 도서·연안지역 무형문화자원의 개발과 활용 방안 연구」, 『서남해 도서·연안지역 문화자원 개발과 지역 활성화 방안 연구』, 목포대 도서문화연구소, 1999.
③ 이동근·한철환·엄선희, 「역사와 해양의식―해양의식의 체계적 함양 방안 연구―」, 한국해양수산개발원, 2003.
④ 2005년 중점연구소 지원 사업 신청서, 『한국 도서·해양문화의 권역별 연구―무형문화자원 분야―』, 『국가 해양력 강화를 위한 도서·해양문화의 심층연구』, 목포대 도서문화연구소, 2005.

⑤ 홍순일, 「≪도서지역 민요≫와 문화관광-<신안민요>·<완도민요>·
  <진도민요>를 중심으로-」, 『한국민요학』 17, 한국민요학회, 2005,
  311~355쪽.
⑥ 홍순일, 「≪도서지역 민요≫와 민속문화정보」, 『한·중·일 민요의 국
  면 검토』, 한국민요학회, 부산외국어대학교 대학원 세미나실(본관 5층,
  A508), 2006.08.17~18, 87~112쪽.

우선 위의 연구계획서 ②는 수집된 문화자원을 체계적으로 정
보화하고, 그것을, 지역활성화를 위한 문화자원으로 활용하는 방
안을 모색하기 위해, '문화는 문화자원cultural resources이라는 문제
의식', '섬과 바다에 사는 어민들의 일상생활과 어민들의 시각으
로 문화공간을 중시하는 관점', 그리고 '문화론적 지역활성화를
키워드로 하는 현장론적 학제간의 공동연구방법론'을 일관되게 적
용시키고 있으며, ④는 이러한 연장선상에서 진취성·개방성·다
양성을 그 특징으로 하는 해양문화는 21세기 문화시대가 지향하
는 미래가치를 담고 있는 것으로 인정하고 있다.

다음 ①은 우리 가요에 담겨있는 이중적 해양정서, 즉 바다, 파
도로 대변되는 관념적이고 유희적인 정서와 부두, 항구 등으로 대
변되는 현실적이고 실제적 정서가 혼재되어 있음을 밝히고 있다.

그 다음 ③은 해양의식의 본질과 특성 및 21세기의 정신으로
승화시켜야 할 해양의식4)을 규명하고, 그 함양방안을 본격적으로
제시하고 있다.

한편 ⑤ 4장 2절 1항 도서지역의 특성에 맞는 민요관광의 문화
기획력 제고에서, "관광지로서 도서지역을 부각시키는 동시에 이
것의 특성, 즉 진취성·개방성·다양성을 맞추는, 민요관광의 문
화기획력을 제고해야 한다"고 주장했다.

끝으로 ⑥ 4장 1절 도서지역 민요의 일반성과 개별성 106~108
쪽에서, 민속의 자연적 적응성, 민속의 생태적 생명성, 민속의 진

취적 의식성, 민속의 개방적 다양성 등으로 구분하여 살폈다.

그러나 ①과 ③은 해양과 관련된 가요나 국내외의 문헌자료(신화, 종교, 역사, 문화 등)를 주로 수집·분석한 것이다. 따라서 문헌자료에서 현지자료를 보완하고, 협의권역에서 광의권역으로 확장된 조사연구를 해야 한다. 즉 서남해 도서·연안지역의 지역활성화를 목적한 ②, ④, ⑤와, 그 대상을 서남해권에서 서해권, 남해 및 제주권, 동해권으로 확대한 ⑥의 연장선상에서 해양정서를 심층적으로 연구해야 한다.

따라서 조기와 관련된 '기억의 구술에서 조사의 연구로'의 상승과 '지역에서 세계로'의 전진이라는 이행을 위해, 서해 도서지역민의 어로문화와 황금조기의 해양생태, 특히 칠산 조기잡이의 구비전승물과 해양정서에 접근해야 한다. 즉 서해 도서민의 원초적 문화의식이 구비전승물의 상상과 논리로 구현되고, 민속공동체의 구비연행자에 의해 민속문화장치가 구축되어 나가는 면을 파악하는 동시에 구비전승물에 나타난 서해 도서민의 해양정서에 접근하여 문화정책의 자료를 확보·개발하는 효과를 기대해야 한다.

이에 본고[5])에서는 Ⅱ장에서 구비전승물과 해양정서, 그리고 문화정책과의 관계를 살피고, Ⅲ장에서 칠산 조기잡이 구비전승물의 해양정서적 실상을 인식하며, Ⅳ장에서 칠산 조기잡이 구비전승물의 해양문화사적 의의를 표현하겠다.

이 작업을 위해 지역의 주제별 구비전승면에서 문헌조사 자료[6])와 함께 현지조사 자료[7])를 함께 이용하고자 한다.

여기서 조기와 관련된 해양정서를 살핀다는 점에서, 서해 도서지역민은 섬에서 바다와 연안을 오가는 서해 지역 사람들인데, 조기잡이 어장이 있는 지역으로 확대하여 서남해권과 연관시키기로 한다.[8] 이때 편의상 전북은 서해권으로 넣어 다루기로 한다. '구비전승물'은 구술상 민요를 중심으로 설화(무속신화), 언어(토속인지어, 기억속신어, 민속구조어) 등으로 제한하고, 민속공동체, 구비연행자, 생애담과 연관시키기로 한다. 그리고 '해양정서'는 어떤 일을 경험하거나 생각할 때 [해양·도서·연안]을 대상으로 인식한 내용인 의식이 감정으로 표현된 것으로 간주하고[9), [강·들·산]과 연관시키기로 한다.

그 결과 [해양·도서·연안]문화 자체를 조사하고, 자원화할 뿐만 아니라 서해 도서지역민이 섬에서 바다와 연안을 오가며 살아가는 토착적인 삶의 민속공동체(구비연행자의 생애담)를, 구비문학을 통해 연구하고 정보화함에 따라 [강·들·산]문화와의 차별화를 시도할 수 있게 될 것으로 기대된다. 이 작업은 민속의 관점에 따라 바다의 섬문화에서 자연중심의 적응성을, 생태로 나아가는 생명성을, 바다로 나아가려는 의식을, 개방을 추구하는 다양성을 탐구하는 것이다. 그것은 결국 도서·해양문화의 자연적 적응성, 생태적 생명성, 진취적 의식성, 개방적 다양성을 드러내는 일과 통하는 것이다.

Ⅱ. 구비전승물과 해양정서, 그리고 문화정책

1. 구비전승물과 해양정서와 문화정책과의 상관성

우선 구비전승물과 해양정서와 문화정책과의 상관성은 매우 밀접한 관련이 있다고 할 수 있다.

구비전승물은 해양정서와 연관되고 있다. '대상→본질의 사고 전략→인식→의식→현상의 표현전술→실천→정서'와 관련된 민속문화장치를 보면 이를 알 수 있다. 대상에 대한 '본질의 전략적 사고'는 인식을 통해 의식화된다. 의식은 주체의 환경에 대한 개념이 민속문화장치로 구축되는 것이다. 즉 의식은 주체의 환경에 대한 인식의 반영물이다. 대상에 대한 '현상의 전술적 표현'은 실천을 통해 정서화된다. 정서는 주체의 환경에 대한 개념인 의식이 구비에 의한 전승물로 구현된 것이다. 즉 정서는 주체의 환경에 대한 의식의 변형물10) 내지 형상물11)이다. 정서는 민속공동체의 구비연행자가 토속인지어, 기억속신어, 민속구조어 등의 언어를 구사하여 민요와 설화(무속신화) 등을 구연口演하는 가운데에서 구현具現되는 것이다. 만약 어떤 일을 경험하거나 생각할 때 [해양·도서·연안]을 대상으로 인식한 내용인 의식이 감정으로 표현되면 '해양정서'로 간주할 수 있는 것이다. 이처럼 인식은 의식의 전제이고, 의식은 대상을 바라보고 사고한 것이다. 따라서 의식이 겨냥하는 것은 전략적으로 본질의 사고이다.

한편 정서는 의식이 전술적으로 표현된 현상이다. 여기서 표현이란 변형 내지 형상을 의미한다. 본질과 현상, 사고와 표현, 전략과 전술의 대응관계 속에서 매개체가 되는 것은 언어의 구사를 통한 민요, 설화 등 구비전승물이다. 이러한 구비전승물이 [해양·도서·연안]에 있느냐, 아니면 [강·들·산]에 있느냐에 따른 함수관계 속에서 섬의 바다쪽인지, 평야의 육지쪽인지, 또는 그 중간인지 성격화가 이루어지기 마련이다.

정책政策이란 (정부나 정치 단체의) 정치상의 방침과 그것을 이루기 위한 수단이다. 문화정책도 이와 마찬가지이다. 문화에 관해

일처리해 나가는 계획과 방향이기 때문이다. 우리의 환경[12]을 볼 때 우리의 해양진출은 부존자원이 빈약한 좁은 국토가 그 의욕을 자극하는 요인이 되고 있다. 그러나 우리의 해양진출은 북방 내륙세력과 동남방 일본열도의 해양진출로 제약되고 있다. 특히 정부와 지배층의 해양정서가 미약한 탓에, 국민들의 해양진출을 억제하여 해양활동을 천시하는 풍조를 유발하고 있다. 그리고 우리는 긴 해양성, 양항 등 좋은 해양진출 여건을 구비했으나, 이를 국가 해양력으로 강화시키지 못해 오히려 외세의 침탈을 초래하고 있다.

그렇다면 이러한 환경의 조건에서 구비전승물에 나타난 서해 도서민의 해양정서에 접근하여 문화정책의 자료를 확보·개발하는 효과를 기대하기 위해서는 어떻게 해야 하는가. 즉 구비전승물의 해양정서가 문화정책의 자료가 되기 위해 어떠한 가공단계가 필요한가.

제1단계는 서해 도서지역민의 삶과 수산해양법 사이에서 발견되는 문제를 발견하는 것이다. 자연·생태문화적 접근, 지리·인문문화적 접근, 고고·역사문화적 접근, 민속·사회문화적 접근, 언어·문학문화적 접근 등으로 시각을 다양화할 필요가 있겠다.

제2단계는 발견된 문제의 원인을 분석하고, 대안을 제시하는 것이다. 자연·생태문화적 활용, 지리·인문문화적 활용, 고고·역사문화적 활용, 민속·사회문화적 활용, 언어·문학문화적 활용 등으로 방법을 다양화할 수 있다.

제3단계는 문제해결상 입법 또는 법률 개정을 시도하는 것이다. 서해 도서지역민의 자연·생태문화, 지리·인문문화, 고고·역사문화, 민속·사회문화, 언어·문학문화적 방면에 대한 사회적 요구 및 개선점을 입법 또는 법률개정으로 자기화해 나갈 수 있다.

　지역학과 지역문화의 정립은 지역문화를 통해서 지역학에 이른
다. 그런데 지역문화의 가장 중요한 내용은 본질과 현상 사이에서
의식의 정서화와 그 산물을 파악하는 것이다. 즉 들[평야]의 성격
이 강화되느냐, 도서[섬]의 성격이 강화되느냐 아니면 들의 관점에
서 강·산과 해양·도서·연안과의 관계, 도서의 관점에서 해
양·연안과 강·들·산과의 관계 등을 살피는 연구를 진행하는
것이다. 왜냐하면 민속학의 관점에서 인간과 자연과 사회와의 역
사문화가 어떻게 성격화되는지를 밝혀낼 수 있기 때문이다. 인문
학의 실용행위는 이 연구를 통해 얻은 성과와 과제의 태도·지
식·기술로 추진되어야 한다. 이러한 연구는 문화론적 지역활성
화에 기여할 뿐만 아니라 연행론적 공연행위의 긍정적 비전을 제
시하는 계기도 될 것이다.

　문화정책은 구비전승물과 해양정서를 근간으로 한다고 할 수
있다. 왜냐하면 서해 도서지역민이 바다와 연안을 오가면서, 형성
한 구비전승물과 유통되는 해양정서를 대상으로, 도서·해양문화
에 연관된 정책자료를 제시할 가능성과 현실성이 있기 때문이다.
서해 도서지역민은 '현장의 현재적 상황'에서 구비전승물을 형성
하고, 해양정서를 유통시키고 있다. 그러나 조기잡이의 망쇠亡衰로
인한 부정적 해양정서가 유통되고 있다. 따라서 고기잡이의 흥성
興盛으로 인한 긍정적 구비전승물을 형성시켜야 한다.

　　① 조기문화의 발굴보존 : ('지금'의 기억·기록과 관련된) 무형의 문화자
　　　원화, 문화자원의 정보화
　　② 조기문화와 관련된 어로의 문화원형찾기 : ('여기'의 토속·특성과 관
　　　련된) 민속의 문화원형화, 콘텐츠의 문화산업화, 상품의 문화관광화
　　③ 조기문화에서 고기문화로의 대체 : ('현장의 현재적 상황'의 희곡·문
　　　학·예술·문화·문명과 관련된) 갈등의 연행론적 공연
　　④ 어촌과 도시와의 상호 작용 : (의지적 태도·지식·기술과 관련된) '지

역에서 세계로'의 인문학적 실용
⑤ 한국어촌과 세계국가와의 협력 교류 : (해양·도서[섬]·연안, 강·들[평야]·산, 그리고 두 요소의 교류와 관련된) 구비전승자원의 문화론적 개발·활용

위의 ①②③④⑤는 문화정책의 다섯 가지 큰 과제에 해당하지만 ①②③은 주로 서해 도서지역민이 도서·해양문화전문가의 도움을 받아 해결할 숙제이고, ④⑤는 대체로 도서·해양문화전문가가 서해 도서지역민의 도움을 받아 해결할 과제이다. 조기와 관련된 첫 번째 문화정책의 과제는 ① 조기문화의 발굴보존이라는 점이다. 이것은 '지금'의 기억·기록과 관련된 무형의 문화자원화, 문화자원의 정보화 등과 통한다. 조기와 관련된 두 번째 문화정책의 과제는 ② 조기문화와 관련된 어로의 문화원형찾기라는 점이다. 이것은 '여기'의 토속·특성과 관련된 민속의 문화원형화, 콘텐츠의 문화산업화, 상품의 문화관광화 등과 통한다. 조기와 관련된 세 번째 문화정책의 과제는 조기문화에서 고기문화로의 대체라는 점이다. 이것은 '현장의 현재적 상황'의 희곡·문학·예술·문화와 관련된 갈등의 연행론적 공연과 통한다. 조기와 관련된 네 번째 문화정책의 과제는 ④ 어촌과 도시와의 협력 교류라는 점이다. 이것은 태도·지식·기술과 관련된 '지역에서 세계로'의 인문학적 실용과 통한다. 조기와 관련된 다섯 번째 문화정책의 과제는 ⑤ 한국어촌과 세계국가와의 협력 교류라는 점이다. 이것은 해양·도서[섬]·연안, 강·들[평야]·산과 관련된 구비전승자원의 문화론적 개발·활용과 통한다.

무엇보다도 중요한 것은 전술한 바와 같이, 서해 조기의 생사生死는 '해양에서 기록으로, 기록에서 기억으로'에 의한다는 문제의식과 인문학의 실용화라는 관점에서 '현장의 현재적 상황'을 중시

하되, 구비전승물의 연행론적 공연과 문화론적 지역활성화의 방법으로 위의 다섯 가지 큰 과제를, 문화원형의 인식조사, 문화원형의 창작연구, 문화원형의 공연강의, 문화원형의 비평출판 등의 문화원형의 생산교육으로 해결해 나가야 한다는 것이다.

이처럼 서해 도서지역민은 섬에 살면서 바다와 연안을 대상으로 어로문화를 인식하고 문화의식을 구비전승물로 정서화하여 표현하고 있다. 그러나 사회적 또는 역사적 환경의 영향을 받은 부정적인 해양정서가 유통되고 있다. 따라서 문화정책은 사회적 또는 역사적인 영향을 받아서 형성되는 감정·견해·사상·이론 따위를 긍정적으로 활성화하는 방안을 제시해야 한다.

2. 문화정책의 자료제시를 위한 필수요소

다음은 문화정책의 자료제시를 위해서 필수한 요소를 살피는 것이다. 도서·해양문화에 연관된 구비전승물의 긍정적 해양정서화를 위해, 정책자료를 제시할 현실적 조건을 보는 것이다. 도서·해양문화전문가와 서해 도서지역민과 문화정책 입안자와의 인적 네트워크망을 구축해야 한다. 그러나 조기잡이의 망쇠亡衰로 인한 부정적 해양정서가 유통되고 있는 실정하에서 서해 도서지역민의 높은 목소리를 대변하거나 반영하거나 하지 못하고 있다. 따라서 다음과 같은 접근이 필요하다고 할 수 있다. 왜냐하면 다각적인 문화정보의 필수요소는 문화정책의 자료를 제시하는 근간이 되기 때문이다. 현지조사 시 서해 도서지역민이 제시하는 문화정책 자료의 항목을 정리하면 다음과 같다.

서해권에서 위도의 경우, 조기파시, 산다이, 민요, 설화 등을 조사하는데, 핵폐기장 관련 논의 후 주민화합의 묘책을 제기한다. 선유도·무녀도·장자도의 경우, 당제, 산다이, 민요, 설화 등을 조사할 때, 건설 중인 방파제의 문제를 제기한다. 황도의 경우, 붕기풍어제, 어업노동요(배치기)에 관심을 갖고, 주신 임경업, 배연신굿(김금화의 서사무가) 등을 조사할 때, 군 지원 행사 및 배치기 예능보유자 지정 관련 토박이와 전입자와의 갈등 등을 제기한다. 창리의 경우, 영신제, 어업노동요(배치기)에 관심을 갖고, 주신 임경업(영신당의 임경업 장군도)을 조사할 때 군 지원 행사와의 관련 등을 제기한다.

한편 이러한 다각적인 문화정보의 필수요소는 칠산 중심의 서해권에서 보았던 것처럼 서남해권에서도 볼 수 있다. 법성포의 경우, 조기의 굴비화, 칠산바다 관련 어업노동요를 조사하는데, 굴비의 전국 유통화를 제기한다. 목포의 경우, 조기잡이, 속담(민요, 설화 등은 없음) 등을 조사하는 과정에서 선주와 선원과의 계약 파기를 제시한다. 추자도의 경우, 멸치잡이와 조기잡이 등을 조사하는 과정에서 조기수산업법의 입법에 따른 그물코의 제한을 제시한다.

따라서 도서·해양문화전문가와 서해 도서지역민과 문화정책 입안자 등 삼자가 '현장의 현재적 상황'인 현단계 구비전승물을 통해 본 어장의 부정적 해양정서를 인식한 바탕 위에서 직접적으로 정책자료를 제시하거나, 또는 간접적으로 구비전승물을 유통시켜야 한다. 왜냐하면 해양활동을 중시하는 정부나 국민성[13]은 문화정책상 고려해야 할 주요 요소이기 때문이다. 구비전승물은 긍정적 정서를 유통시키는 미적 전유물이다. 그러므로 문화정책은 정책자료의 제시와 구비전승물을 통한 해양정서의 선양에 의해야 한다. 그럼에도 불구하고 그렇게 되지 않는다면 그 원인을 분석하고 그 대책을 마련해야 할 것이다.

3. 해양정서의 활성화를 위한 시대·지역·상황의 요소

끝으로 해양정서의 긍정적 활성화를 위해, 시대·지역·상황면에서 필수요소를 살피기로 한다. 서해 도서지역민에 의해 구비전승물에 전유되는 해양정서를 긍정적으로 활성화해 나가야 하는데, 이를 위한 요소를 살펴보는 것이다. 그 전에 접근방법부터 살펴보기로 한다. 자연·생태문화적 측면의 접근, 지리·인문문화적 측면의 접근, 고고·역사문화적 측면의 접근, 민속·사회문화적 측면의 접근, 언어·문학문화적 측면의 접근 등이 바로 그것이다. 이 중에서 언어·문학문화적 측면의 접근을 보기로 한다.

구비전승물의 해양정서를 긍정적으로 활성화하기 위한 방법은 언어·문학문화적 측면의 접근이라는 점이다. 이것은 언어·문학문화적 측면에서 서해 도서지역의 구비전승물을 해양정서의 구현물로 본다는 것이다. 언어 그 자체와 언어 관계의 문학정보, 언어문화와 문학지도, 언어문학의 위상과 운동의 역할 등이 있다.

첫째, 언어 그 자체와 언어 관계의 문학정보에 관한 것이다. 언어는 생각이나 느낌을 음성(문자)으로 전달하는 수단과 체계이다. 토속인지어, 기억속신어, 민속구조어(수수께끼, 속담)는 바로 그것이다. 문학은 정서와 사상을 상상의 힘을 빌려 문자로 나타내는 예술 및 그 작품이다. 민요, 판소리단가, 판소리, 설화, 무가, 민속극 등 구비문학이 바로 그것이다. 서해 도서지역의 구비전승물에는 언어 그 자체와 언어관계의 문학정보를 함유하고 있다.

둘째, 언어문화적 문학지도에 관한 것이다. 서해 도서지역의 구비전승물에는 위의 정보에 따라 제작된 언어문화적 문학지도가 들어 있다.

셋째, 언어·문학이라는 '운동의 요소'에 관한 것이다. 서해 도서지역의 구비전승물에는 언어·문학이라는 '운동의 요소'에 근거한다는 것이다. 서해 도서지역이 존재하는 조건은 [해양·도서·연안]의 언어·문학 등이다. 따라서 서해 도서지역의 구비전승물은 지역성이 언어·문학의 '입체의 요소'에 근거하여 발현된다고 할 수 있다.

그렇다면 구비전승물의 해양정서를 긍정적으로 활성화하기 위한 필수요소는 무엇인가. 자연·생태의 문화자원적 요소, 지리·인문의 문화자원적 요소, 고고·역사의 문화자원적 요소, 민속·사회의 문화자원적 요소, 언어·문학의 문화자원적 요소 등이 바로 그것이다. 이 중에서 언어·문학의 문화자원적 요소를 보기로 한다.

구비전승물의 해양정서를 긍정적으로 활성화하기 위한 필수요소는 서해 도서지역의 언어·문학문화자원이다. 이것은 '지역주민의 삶의 질 향상'을 위해 언어·문학문화요소를 활성화시킨다는 것이다.

언어·문학문화요소에는 구비전승물을 통해 민중의식을 해양정서로 표현한 서해 도서지역민이 있다. 여기서 민중의식은 후술하는 도서·해양문화의 생태적 생명성, 자연적 적응성, 개방적 다양성, 진취적 의식성 등과 관련된다. 따라서 서해 도서지역민의 언어·문학문화정보에 따라 언어문화적 문학지도를 제작할 수 있다. 즉 민속문화장치의 맥락에서 구비전승물 속의 언어·문학문화자원을 개발하여 언어문화적 문학지도로 제작하는 것이다. 그리하여 서해 도서지역민의 민중의식이 구비문학의 민중의식으로서 설화인물과 역사영웅의 민속문화요소가 되게 하는 것이다.

이렇게 하는데 필요한 일은 '콘텐츠의 문화산업화'이다. 서해 도서지역의 구비전승물은 언어·문학문화자원의 문화원형이다. 민요를 중심으로 한 설화, 언어는 서해 도서지역민이 삶의 터인 도서[섬] 중심의 마을공동체를 토대로 바다과 연안을, 지리적 연계가 있는 들, 산 등을 오가면서, 자신의 사물에 대한 태도·지식·기술 등을 문화양식에 따라 표현한 것이다. 여기서 설화는 서사무가를 포함하고, 언어는 토속인지어, 기억속신어, 민속구조어 등을 포함한다.

따라서 서해 도서지역민의 구비전승물을 문화산업상 콘텐츠로 만들기 위해서는 이를 오감적으로 활용해야 한다. 즉 표면의 갈래형상, 이면의 주제인식, 소리의 언어문화라는 관점에서, 구비전승물에 대한 상승적 접근을 하는 동시에 각각 시가무詩歌舞(악가무樂歌舞),14) 문사철文史哲, 시서화詩書畵(신언서판身言書判)로 전진시켜야 한다. 이를 위해서 서해 도서지역 구비전승물은 문화기획력에 따라 바다, 섬, 연안의 특성에 맞도록 개발되어야 한다. 또한 시가무가 융합된 이야기의 노래는 디지털방식에 의해 기록·영상화되는 동시에 연행론적 공연방법에 의해 '현장의 현재적 상황'이 조성되는 방향에서 활용되어야 한다.15)

이상에서 살펴본 바와 같이 구비전승물의 형성과 해양정서의 유통은 '현장의 현재적 상황'인 현단계 구비전승물을 통해 본 어장의 해양정서에서 구현된다. 그러나 시대·지역·상황면에서 형성유통의 구비전승을 위한 문화장치가 되어 있지 않다. 따라서 서해 도서지역민에 의해 구비전승물에 전유되는 해양정서를 긍정적으로 활성화시키기 위해 '현장의 현재적 상황'을 인식하는 도서정신의 구현과 해양문화의 소통장치를 구축할 필요가 있겠다.

Ⅲ. 칠산 조기잡이 구비전승물의 해양정서적 실상

1. 칠산 조기잡이 구비전승물의 해양정서적 양상

구비전승물의 형성과 해양정서의 유통면에서 볼 때 칠산 중심의 서해 도서지역민들은 생각대로, 구비전승물을 형성하고, 이 구비전승물은 해양정서를 유통시키는 그릇의 역할을 한다고 할 수 있다. 즉 그릇을 만든 서해 도서지역민들과 그 그릇인 구비전승물 그리고 그 그릇에 의해서 전해지는 해양정서가 있는 것이다. 다시 말하면 도서 지역민들은 서해를 대상으로 인식한 내용을 구비전승물에 담고 그 정서를 표현하는 것이다.

그러나 구비전승물의 해양정서가 어떠한가 하는 것이다. 대상을 인식한 내용이 바로 의식인데, 의식은 바로 정서와 가까운 개념이다. 즉 대상을 인식하고 실천하는 과정에서 인식한 내용인 의식을 실천적으로 표현할 때에는 정서로 나타나는 것이다. 좀더 구체적으로 말하면 의식이란 사회적 또는 역사적인 환경의 영향을 받아서 형성되는 감정·견해·사상·이론 따위이다. 그런데 의식은 바로 대상을 인식한 내용이고, 여기에는 역사의식, 사회의식, 지역의식 등이 있다. 한편 상황의식이라고 하지 않고 상황인식이라고 하는 용례도 볼 수 있다. 이런 점에서 의식은 환경이나 상황을 인식한 내용이라고 할 수 있겠다. 따라서 해양정서는 해양을 인식한 서해 도서지역민이 문화소통체계를 통해서 의식을 표현한 것이다. 이것은 문화정책의 기조基調가 될 수 있겠다. 왜냐하면 문화소통체계상 구비전승물은 서해 도서지역민의 기본적 사상이 그려진 것이기 때문이다.

한편 구비전승물은 대상에 대한 인식의 내용을 근간으로 한 의식을 정서화시킨 것이다. 이 인식은 내재화되면 정신이 된다. 그러나 외향적으로 표현되면 정서가 된다. 따라서 서해 도서민들은 섬에서 배를 타고 바다와 연안을 오가면서 살아간다. 서해 도서민들은 섬주위의 환경에 대하여 인식하고, 이 인식의 내용인 의식이 형성되고, 이 의식이 외향적으로 표현했을 때 바로 정서적 표출이 이루어지는 것이다. 만약 서해 도서민들이 환경에 대하여 정서를 드러내고 싶다면 이에 조응되는 구비전승물을 창조할 것이다. 그렇게 해서 생긴 것이 바로 언어와 문화인 것이다. 특히 언어의 문학, 예술, 문화 등을 주목할 수 있겠다.

1) 지역별 칠산 조기잡이 구비전승물의 해양정서적 양상

하나는 지역별 칠산 조기잡이의 구비전승물과 해양정서적 양상을 살피는 것이다. 서해 도서지역민이 형성한 구비전승물은 해양정서와 함께 지역별로 유통되고 있다. 그러나 조기잡이의 망쇠亡衰로 인해 구비전승자원이 상실되고 있고, 부정적 해양정서가 유통되고 있다. 따라서 양상면에서 고기잡이의 흥성으로 인한 긍정적 구비전승물을 형성시키는 방안을 마련해야 한다.

지역면에서 서남해권, 서해권, 남해 및 제주권, 동해권 등으로 구분할 때, 서해권에는 우선 칠산어장의 구비전승물이 있다. 법성포·위도 등의 현지조사 자료인데, 여기에 추자도, 목포 위판장, 법성포 등의 현지조사 자료를 포함하기로 한다. 다음은 죽도어장의 구비전승물이 있다. 선유도·무녀도·장자도와 안면도 등의 현지조사 자료가 바로 그것이다. 끝으로 연평어장의 구비전승물이 있다. 연평도의 현지조사 자료, 백령도의 문헌조사 자료를 참조하기로 한다. 현지조사에서 얻은 서해 도서지역 구비전승물의 자료를 항목별로 제시하여 정리하면 다음과 같다.

서해권에서 위도의 경우 조기파시, 산다이, 민요, 설화 등을 조사했다. 선유도, 무녀도, 장자도의 경우 당제, 산다이, 민요, 설화 등을 조사했다. 황도의 경우 붕기풍어제, 어업노동요(배치기)에 관심을 갖고, 주신 임경업, 배연신굿(김금화의 서사무가) 등을 조사했다. 창리의 경우 영신제, 어업노동요(배치기)에 관심을 갖고, 주신 임경업(영신당의 임경업 장군도)을 조사했다. 이에 관한 내용은 후술하기로 한다.

서남해권에서 법성포의 경우 조기의 굴비화, 칠산바다 관련 어업노동요를 조사했다. 목포의 경우 조기잡이, 속담(민요, 설화 등은 없음) 등을 조사했다. 추자도의 경우 멸치잡이와 조기잡이 등을 조사했다. 이에 관한 내용은 후술하기로 한다.

2) 주제별 칠산 조기잡이 구비전승물의 해양정서적 양상

다른 하나는 주제별 칠산 조기잡이의 구비전승물과 해양정서적 양상을 살피는 것이다. 서해 도서지역민이 형성한 구비전승물은 해양정서와 함께 주제별로 유통되고 있다. 그러나 조기잡이의 망쇠亡衰로 인해 구비전승자원이 상실되고 있고, 부정적 해양정서가 유통되고 있다. 따라서 양상면에서 고기잡이의 흥성으로 인한 긍정적 구비전승물을 형성시키는 방안을 마련해야 한다.

서해 도서지역의 구비전승물과 해양정서를 연구대상으로 할 때 연구내용은 첫째 민속공동체(생애담)의 경우, 구비연행자와 조기잡이 어부생애담과 조기 선별·경매 등이다. 둘째 구비문학의 경우, 어촌 속담과 인지어·속신어, 서해 도서지역 설화·무속무가(임경업 장군당 관련), 어업노동요 등이다. 특히 태안군 안면읍 황도리 붕기풍어굿과 임경업 설화 그리고 배치기 및 서산시 부석면 창리 영신제와 임경업 설화 그리고 배치기 등이다. 구비전승물은 구술상 민속공동체, 구비연행자, 생애담과 함께, 민요를 중심으로 설화(무속신화), 지역용어인 인지어, 금기어인 속신어, 수수께끼·속담인 구조어 등을 볼 수 있다.

서해 도서지역의 구비전승물을 구체적으로 말하면 구비연행자가 민요를 구연한다. 자기가 살아온 이야기를 하면서 민요를 구연하는 것이다. 그뿐만 아니라 생애담을 하되, 토속의 인지어와 기억하는 금기어 그리고 속담을 구사하면서 민요를 구연한다. 이러한 것들은 관용어에 해당한다. 이 관용어는 개인이 지어낸 것이 아니라 마을공동체에서 약속하고 사용하는 것이다. 구비연행자가 생애담을 하고, 민요 및 설화(무속신화 포함)를 할 때 토속인지어를 통해 태도·지식·기술 등을 구술하고, 기억속신어를 통해 민속공동체의 질서를 구술하며, 민속구조어인 속담, 수수께끼 등을 통해 문학적 상상과 지역적 논리를 구술한다. 즉 언어를 구사하여 자연생태, 인문지리, 고고역사, 민속사회 등을 문학화하는 문화소통체계를 보여주는 것이다. 따라서 생애담을 말하는 구비연행자는 민요를 하고, 그 사연을 드러내며, 자연물과 인물에 관해 이야기할 뿐만 아니라 생애담 속에서 인지어와 금기어와 구조어를 사용하면서 자기의 정서를 나타내는 것이다.

그렇다면 구비전승물은 어떻게 유형화할 수 있겠는가. 이를 세 가지로 구분할 수 있겠다. 내가 나를 노래하고, 나의 배경을 이야기하고, 그리고 나와 관련된 자연물과 인물을 이야기하는 것이 바로 그것이다. 그런데 나와 관련되지 않은, 즉 내가 존재하기 이전의 것 모두를 말하는 것은 내가 말하는 것이 아니고 무속인들이 말하는 것이다. 그것도 무속신화를 통해서 말하는 것이다. 그렇다면 나는 이러한 무속신화를 듣고, 무속신화를 감상하면서, 또한 세계에 대한 인식을 하는 것이다. 여기에서도 또 하나의 정서가 나타난다고 할 수 있다. 이렇게 본다면 나 자신을 노래하는 것, 자기와 관련된 것을 이야기하는 것, 나와 무관하지만, 세계에 대한 이야기를 감상하는 것 등으로 현시된다고 할 수 있다.

그런데 나를 노래하거나, 나를 이야기하거나, 나와 관련된 것을 이야기하는 것은 직접 대상을 인식하고 표현하는 것과 관련된다. 그런데 나와 무관하게 만들어진 것을 보거나 듣는 것은 감상의 태도에 달려있다. 즉 마을 및 민속공동체에서 살아가는 서해 도서지역민들은 이중적 모습을 띠고 있는 것이다. 내가 언어문화의 창조에 참여하기도 하고, 이미 만들어진 언어문화를 수용하기도 하는 것이다. 그러면서 내가 만들어내고 남이 만들어낸 것을, 또는 만들어진 남의 것을 구연할 때 감상행위를 통해서 주체와 객체, 즉 자신과 마을의 과거를 왕래하고, 미래를 전망하며, 현재를 전유해 나가는 것이다.

한편 이러한 행위가 미적 전유이고, 이것이 현장의 현재적 상황에 밀착되어 있다면 이것은 인문학의 실용행위, 문화론적 지역활성화행위, 그리고 연행론적 공연행위에서 벗어나 있지 않을 것이다. 서해 도서지역민들은 구비전승물을 통해서 자신을, 자기와 관계된 것을 인식하고 표현할 뿐만 아니라 이미 인식 표현된 것을 수용하는 미적 전유행위를 창조해 온 것이다. 이렇게 본다면 구비전승물은 서해 도서민들의 '총체적 거울'이라고 추정할 수 있겠다.

이를 항목화하면 ① 음악의 원형으로서 노래문화에는 민요, 어업 노동요 등이 있다. 서해권에서 안면도 배치기가, 서남해권에서 조도 조기잡이 닻배, 임자도 전장포 새우잡이 노래 등이, 남해 및 제주권에서 거제도 멸치잡이, 추자도 멸치(조기)잡이, 광양 진월 선소리 전어잡이 등이, 동해권에서 명태잡이가 있다. 여기서 경제적 생업, 힘듦, 소리 등을 하는 노동면을 보면 정치적 생업, 꿈의 좌절, 노래함 등을 하는 양상과는 다른 구비전승물의 해양정서를 살필 수 있다.

② 문학의 원형으로서 이야기문화에는 설화(자연물, 인물), 무속신화(서사무가인 무속신화) 등이 있다. 서해권에서 임경업(조기잡이 지킴이), 서남해권에서 도깨비(고기잡이 지킴이), 남해 및 제주권에서 최영(고기잡이 지킴이) 등이 있다. 여기서 서해 도서지역민이 지킴이를 통해 안녕과 풍요를 추구하는 신앙면과 의례면을 보면 구비전승물의 해양정서를 살필 수 있다.

③ 언어의 원형으로서 구술문화에는 인지어, 속신어, 구조어(속담 포함) 등이 있다. 서해권에서 임자도 하우리의 속신어(금기어), 서남해권에서 '물반 고기반', 남해 및 제주권에서 추자도의 '(바닷)물반 고기반' 또는 '재수 없네', '재수 좋다. 재수 나쁘다' 등이 있다. 생애담을 구술할 때의 어휘구사 등 놀이면을 보면 구비전승물의 해양정서를 살필 수 있다.

④ 미술의 원형으로서 민속공동체문화에는 산다이와 같은 노래공동체문화가 있다. 서해권에서 위도, 옥도(선유도·무녀도·장자도) 등이, 서남해권에서 법성포, 목포, 진도의 당당패 등이, 남해 및 제주권에서 추자도가 있다. 민속(노래)공동체를 보면 서해 도서지역민과 문화정책을 살필 수 있다. 또한 구비전승물의 해양정서를 연관시킬 수 있다.

⑤ 연극의 원형으로서 연행문화는 구비연행자 및 구조어(수수께 끼 포함) 등이 있다. 구비연행자연구를 보면 서해 도서지역민과 문화정책을 살필 수 있다. 또한 구비전승물의 해양정서를 연관시킬 수 있다.

2. 칠산 조기잡이 구비전승물의 해양정서적 의미

구비전승물에서 해양정서를 볼 때 무엇보다도 중요한 것은 구비전승물은 미적 전유물이므로, 사실기록문을 제작하는 시각이 아니라 인식과 형상의 복합체로서 문학을 이해하는 안목을 중심적으로 가지고 있어야 한다는 점이다. 여기에 관련해서 언어, 음악, 무용, 즉 문학의 신명 표출 방식인 시가무를 지향하고 있고, 이러한 시가무[악가무]의 표현체를 통해서 문사철을 이면에 확장시켜 나가고, 그뿐만 아니라 이러한 시가무, 문사철을 융합하는 시서화[신언서판]의 생산교육 활동을 하고 있다고 할 수 있다.

다만 다른 것은 서해 도서지역민들이 '현장의 현재적 상황'인 삶의 한복판에서 미적 전유를 했다면, 즉 서해 도서지역민들은 섬에서 배를 타고 바다와 연안을 오가면서 주체의 객체에 대한 미적 전유를 꾸준히 해 왔다면 상대적으로 육지 사람들은 들에서 마을을 형성하고 살아가면서 강과 산을 오가면서 자신과 자기와 관련된, 또는 이미 형성되고 유통되는 구비전승물을 통해 육지의 정서를 표출했다고 할 수 있다. 따라서 해양인과 육지인과의 관계는, 또는 해양문화와 육지문화의 관계는 개별성과 일반성을 동시에 지닌다고 하겠다.

그렇다면 육지문화와 해양문화의 개별성과 일반성은 무엇인가,

특히 도서문화는 육지문화와는 달리 어떻게 특성화되었는가. 이 것은 바로 구비전승물을 통해서 해양정서로 표출된 것이다. 즉 해양정서를 살피면서 개별성과 일반성을 표출할 수 있겠다. 바로 이러한 작업은 민속학의 관점에서, 그리고 긍정적인 해양정서를 유통시킨다는 문제의식을 가지고 육지문화와 해양문화를 학제간으로 비교할 때 해답이 나올 것이다. 그렇다면 해양정서로 내세울 수 있는 네 가지는 무엇인가.

1) 생명성을 기본으로 한 금력적 생태성과 권력적 생태성

해양정서로 내세울 수 있는 첫 번째는 생명성을 기본으로 한 금력적 생태성과 권력적 생태성과의 관계에서 추출하는 의미망이다. 들과 섬에서 생명을 지닌다는 일반성이 있다. 그러나 이 생명을 기본으로 한 생태성의 유무에서 차별성이 나타난다. 금력적 생태성과 권력적 생태성이 바로 그것이다. '민속과 관련된' 지역민의 생명성을 기본으로 한 문화적 생태성을, 둘인 '생명성을 기본으로 한 금력적 생태성과 권력적 생태성'으로 구분한 것이다. '민속의 생태적 생명성'16)에 관한 것이므로, 생명성은 일반성이고, 생태성은 개별성이다. 서해 도서지역민들은 구비전승물에서 섬의 생명성에 기본을 두고 바다와 연안을 오가는 생태적 삶을 잘 보여주기 때문이다. 섬의 경우 권력이 아니라 금력에 생명의 축을 두고 생태적 신앙의 관계를 형성해 나가는 것이다. 한 마리의 황금 물고기(참조기, 노랑조기, 황금조기)에서 '생명의 바다'가 던져주는 '생태의 의미'를 알아차리게 하는 것이다.

구비전승물과 관련시켜 보면 육지인들은 위를 꿰뚫어 보려고 하고, 해양인들은 앞을 꿰뚫어 보려고 한다. 그래서 육지인들은

수직적 질서를 추구하고, 해양인들은 수평적 질서를 추구하려고
한다. 생명을 지닌 살아있는 사람이 물리력이 있는 위로 향하느냐
아니면 돈이 있는 앞으로 향하느냐를 주목해 볼 만하다고 하겠다.
즉 위로 올라가는 것은 권력에 대한 욕심으로 나타나고, 앞으로
나아가는 것은 무사입항에 대한 욕심으로 나타나는 것이다. 권력
에 대한 욕심은 지금보다 더 많이 갖고자 하는 욕심이라고 할 수
있고, 앞으로 나아가고자 하는 것은 그것이 아니라 목숨을 보전한
채 원점으로 돌아오는 것이다. 그러나 위로 올라가는 것은 목숨을
보전하면서 더 많이 가지겠다는 것이다. 즉 생명이 있는 사람이
수직적인 관계에서 더 많은 권력을 얻느냐 아니면 수평적인 관계
에서 돈 중심으로 원점으로 돌아오느냐 하는 것이다. 이 점은 현
지조사 자료를 보면 분명해진다. 문학상 임경업 장군(최영 장군)의
구비전승물에 대한 민중의 생명적 지역인식과 생태의 해양정서적
표현이 바로 그것이다.

【최영장군 사당은 언제부터 만들어졌어요?】 지금 적어진 바에 의하
여 무슨 난 때, 제주도로 가는 도중에 여기에 머물러서 우리 주민들한테
고기 잡는 방법 가르쳐주고, 살 수 있게 만들어줬다는 공을 기리기 위해
서 세워진 겁니다. 【언제?】 거기 가면 써 있습니다. 【70년대에 새로 만들
어졌다고 하는 것 같던데】 그 전에 있었는데, 70년대에 보수. 당은 해방
이후에 지었지. 이전에는 나무나 짚으로 금줄 달아서 했는데, 사당은 새
로. 당제가 일제 이전부터 있었으니까.17)

【여기 당이 임경업 당이라고 신문에 기사가 났던데 임경업 신을 모시
게 된 시기는 언제부터인가요?】 언제부터 당이 생겼는지 자세히는 잘 모
르구요. 지금 모셔져 있는 그림은 진짜 그림이 아니고 태워졌는지 없어졌
는지 모르겠지만 옛날 이전 갑옷 입고 있는 그림이 진짜 그림이여. 옛날
부터 당이라 그래서 고사 모신다 그렇게만 알았지 누구를 모신다 그런 것
을 불분명했는데 지금 그림을 그린 사람이 임경업 장군이다 그래서 그런
지 알고 있지요. 임경업 장군이 조기를 잡은 효시라고 그렇지. 임경업 장
군의 실물을 그린 것인지 어쩐 것인지 모르겠어. 우리 어렸을 때 당제를

지낼 때 쫓아 다녔거든. 왜냐면 평상시 못 먹는 음식을 배터지게 먹으니까. 그런데 그때는 갑옷 입은 그림이었는데 지금은 아니여. 지금하고 틀리지. 그때는 그것이 임경업 장군의 그림인지 몰랐지. 그때는 장군 당 이런 것은 없었고 사당이라는 말을 줄여서 그냥 당이라고 했는지 몰라. 임경업 장군 당이라 이런 것은 없었지요. 당이 해변가에 있고 그러니까 임경업 장군을 모신 당이 아니었을까 추측할 뿐이지.[18]

위의 인용문은 신앙의 상상을 통한, 임경업 장군과 조기잡이의 논리적 신격화를 보여주는 예시문이다. 앞의 것은 전형성典型性을 지닌 최영 장군과 임경업 장군에 관한 이야기이다. 무장적 반대급부로 출현한 두 장군의 이야기가 남이, 유충렬, 양장군, 홍장군, 마장군, 조장군, 김유신 등처럼 제의, 노래, 낭송시 등에서 언제나 다시 반복[19]되기 때문이다. 최영 장군은 민중의 신화적 상상력에 의해 신의 반열에 오른 후 멸치잡이를 돕는 신으로 논리화되고, 임경업 장군은 조기잡이를 돕는 신으로 논리화되는 것이다. 신앙면에서 서해(서남해) 도서지역의 임경업 장군(위도자료)과 최영 장군(추자도자료)과 관련된 민속문화정보로서 조기잡이(멸치잡이)의 어로문화를 자리매김하는 것이다. 이러한 양상은 다른 자료에서도 확인된다. 언어상, 남해 및 제주권의 추자도에 '재수가 좋다, 재수가 나쁘다'는 말이 있다.

또 재수라 하는 것은, 어장을 600m 간격으로 놓는데, 고기가 이동할 때는 어장이 떠요. 이놈이 떠서 가다가 수온에 맞지 않는 물을 만났을 때는 급 하강을 하거든요 그래서 이 배는 안 걸렸는데, 다음 배가 많이 걸려요. 왜냐면 적정수온에 가다가 물이 차니까 급 하강을 한단 말이예요 그래서 잘 잡힌다고 그런 형태를 재수가 좋다, 재수가 나쁘다. 그때는 천 마리를 동이라 하는데 놈은 닷 동 잡았다 한디, 나는 한 동도 못 잡어. 그럴 때를 재수가 있다, 없다.[20]

위의 인용문은 '재수가 좋다, 재수가 나쁘다'의 언어적 진술을 통해 민속문화정보를 밝히는 대목이다. 이처럼 위의 인용문들은 들과 섬에서 생명을 지닌다는 일반성이 있다. 서해 도서지역민은 구비전승물을 통해 권력적 생태성이 아니라 금력적 생태성을 표현한다. 섬의 생명성에 기본을 두고 바다와 연안을 오가는 생태적 삶을 잘 보여주고 있는 것이다. 여기에서 언어문학상 신앙의 상상을 통해서 임경업 장군과 조기잡이의 논리적 신격화를 볼 수 있다. 생명생태면에서 임경업 장군과 최영 장군, '재수가 좋다, 재수가 나쁘다'는 서해 도서지역민의 해양정서를 살펴보는데 중요한 구비전승물이 되기 때문이다.

따라서 생명성을 기본으로 한 금력적 생태성과 권력적 생태성은 구비전승물을 형성하고, 해양정서를 표출하는 데에 의미망을 생성해 내는 것이다. 서해 도서지역민들의 구비전승물에서 생태적 생명성이라는 의미를 포착할 수 있는 것이다.

2) 적응성을 바탕으로 한 정적 자연성과 비정적 자연성

해양정서로 내세울 수 있는 두 번째는 적응성을 바탕으로 한 정적 자연성과 비정적 자연성과의 관계에서 추출하는 의미망이다. 들과 섬에서 생명체가 환경에 적응한다는 일반성이 있다. 그러나 적응성을 바탕으로 한 자연성의 유무에서 차별성이 나타난다. 정적 자연성과 비정적 자연성이 바로 그것이다. '민속과 관련된' 지역민의 적응성을 바탕으로 한 문화적 자연성을, 둘인 '적응성을 바탕으로 한 정적 자연성과 비정적 자연성'으로 구분한 것이다. '민속의 자연적 적응성'[21)에 관한 것이므로, 생명성은 일반성이고, 생태성은 개별성이다. 서해 도서지역민들은 구비전승물에서 섬의 적응성에 바탕을 두고 바다와 연안을 오가는 자연적 삶을 잘 보여주기 때문이다. 섬의 비정非情이 아니라 정情에 적응의 축을 두고 자연적 의례의 관계를 형성해 나가는 것이다. 한 마리의 황금조기에서 '적응의 바다'가 던져주는 '자연의 의미'를 알아차리게 하는 것이다.

구비전승물과 관련시켜 보면 살아있는 사람이 도서[섬]환경에 적응하느냐 하는 것이다. 적응이 목적이라면, 즉 살아남기 위한 적응은 방법이다. 그러면 방법에 있어서 어떤 차이가 있느냐 하는 것이다. 육지의 경우 적응의 방법은 부하, 회(당)원 등 아랫사람을 거느리면서 권력을 행사하는 쪽으로 나타난다면 섬에서는 도서민 간의 인적 네트워크를 형성하여 고기잡이하는 어장의 점유형태로 나타난다. 즉 출항 후 무사입항이 목적이라면 그 과정에서의 방법은 인적 네트워크를 통한 협력인 것이다.

또한 이러한 결속력이 더욱 강화되는 이유는 육지인의 경우 수직적인 권력지향을 위해 욕심껏 내외적 관계의 힘을 키우는 적응을 하기 때문이다. 반면에 도서민의 경우 수평적인 대인관계를 위해 입출항하는 과정에서 상호 연대하는 방법으로 적응을 하기 때문이다. 그렇기 때문에 섬사람들은 수직의 비정적 관계와는 달리, 수평의 정적 관계를 보인다고 할 수 있다. 이 점은 현지조사 자료를 보면 분명해진다. 문학상, 어장운세의 구비전승물에 대한 도서민의 적응적 지역인식과 자연의 해양정서적 표현이 바로 그것이다.

【조기를 잘 잡게 해준 도깨비라든지, 조기잡이가 잘 되었다는 전해오는 이야기가 없을까요?】도깨비라는 이야기는 없고 우리말로는 어장이라고 그러는데, 대개 운세예요. 운세가 아니면 어장이 형성이 될 수가 없어요 【조기는 재물이기 때문에 사람 힘으로는 안 되고, 운이라는 말씀이시죠?】그래서 배를 고사 모신다고도 하고, 치송한다고도 해요. 배가 출어할 때 치송을 해요. 고사를 하고, 또 어장을 푸고, 달을 때에는 꼭 기를 세워요. 어망을 싣고 우리말로는 어장을 하는 데에는 꿈도 많이 작용을 했어

요. 꿈을 꾸고 고기를 잡았다는 사람도 있어요. 【어떤 꿈이예요?】 자기에 대한 꿈이죠. 한 예로 서귀포에서 고기잡이를 하는데. 한 40마리를 말아서 어망을 칠라고 하는데 선원이 자고 일어나서 하는 말이, 내가 꿈을 푸랭이서 나무를 한짐 했다고 하거든. 푸랭이는 청도란 말이거든. 서귀포에서는 그렇게 나무가 울창한 섬이 석섬이예요. 서귀포 바로 앞에 있는 섬이 석섬이란 말이야. 그래서 내가 석섬에다 놨더니 고등어가 많이 잡혀요. 거기는 이제까지 어장이 안 놨던 덴디, 꿈을 꾸고 잘 된 거야.[22]

위의 인용문은 뱃고사 등 의례의 꿈을 통한, 선장과 어장일의 논리적 인격화를 보여주는 예시문이다. 의례면에서 서해(서남해) 도서지역의 어장운세(추자도자료)와 관련된 민속문화정보로서 조기잡이의 어로문화를 자리매김하는 것이다. 이러한 양상은 다른 자료에서도 확인된다. 언어상 남해 및 제주권의 추자도에 '고기는 돈'이라는 말이 있다.

【꿈을 꿔서 주로 재수가 있어요?】 그렇죠. 그렇게 안 할 때는 꿈도 없어요. 【꿈이 재수를 불러서 재물을 더 많이 갖게 해주는 거죠?】 그렇죠. 고기는 돈을 건지는 것이거든요. 재수가 없으면 똑같은 장소에서 많이 잡을 수가 없어요. 그래서 내가 하는 것은 선장을 하면서 했던 꿈 이야기. 한번은 선장 임명을 할 때이고, 두 번째는 어장을 할 때, 그리고, 세 번째가 다 어장하면서 재수 있었던 꿈이라니까요.[23]

위의 인용문은 '고기는 돈'이라는 언어적 진술을 통해 민속문화정보를 밝히는 대목이다. 이처럼 위의 인용문들은 들과 섬에서 생명체가 환경에 적응한다는 일반성이 있다. 서해 도서지역민은 구비전승물을 통해 비정적 자연성이 아니라 정적 자연성을 표현하는 것이다. 섬의 적응성에 바탕을 두고 바다와 연안을 오가는 자연적 삶을 잘 보여주고 있는 것이다. 여기에서 언어문학상 의례의 꿈을 통해서 선장과 어장일의 논리적 인격화를 볼 수 있다. 적응자연면에서 어장운세, '고기는 돈'은 서해 도서지역민의 해양정서를 살펴보는데 중요한 구비전승물이 되기 때문이다.

따라서 적응성을 바탕으로 한 정적 자연성과 비정적 자연성은 구비전승물을 형성하고, 해양정서를 표출하는 데에 의미망을 생성해 내는 것이다. 서해 도서지역민들의 구비전승물에서 자연적 적응성이라는 의미를 포착할 수 있는 것이다.

3) 다양성을 토대로 한 완전 개방성과 불완전 개방성

해양정서로 내세울 수 있는 세 번째는 다양성을 토대로 한 완전 개방성과 불완전 개방성과의 관계에서 추출하는 의미망이다. 들과 섬에서 생명체가 적응하면서 다양성을 중시한다는 일반성이 있다. 그러나 다양성을 토대로 한 개방성의 여부에서 차별성이 나타난다. 완전 개방성과 불완전 개방성이 바로 그것이다. '민속과 관련된' 지역민의 다양성을 토대로 한 문화적 개방성을, 둘인 '다양성을 토대로 한 완전 개방성과 불완전 개방성'으로 구분한 것이다. '민속의 개방적 다양성'24)에 관한 것이므로, 다양성은 일반성이고, 개방성은 개별성이다. 서해 도서지역민들은 구비전승물에서 섬의 다양성에 토대를 두고 바다와 연안을 오가는 개방적 삶을 잘 보여주기 때문이다. 섬의 불완전이 아니라 완전에 다양의 축을 두고 개방적 놀이의 관계를 형성해 나가는 것이다. 한 마리의 황금조기에서 '다양의 바다'가 던져주는 '개방의 의미'를 알아차리게 하는 것이다.

구비전승물과 관련시켜 보면 산자가 수직적인 관계에서 권력을 추구하기 때문에 권력 획득에 있어서 이의 도움이를 질서화하고 대접한다. 하지만 또한 최대한 경계를 하기 마련이다. 권력획득의 구조에서 육지인의 문화는 폐쇄성이 나타낸다. 반면에 도서민들

은 수평적인 관계에서 입출항이 목적이고, 그 과정에서 인적 네트
워크망의 구축을 통한 수단을 강구한다. 그렇기 때문에 이합집산
離合集散으로 떨어졌다 합쳐졌다 모였다 흩어졌다 하는 형태를 보
인다. 재미있는 것은 이합집산이 권력을 문제삼는 세계에서는 부
정적이지만, 수평적 질서를 중요시하는 세계에서는 긍정적인 용
어라는 점이다. 그러다 보면 육지인들은 폐쇄성을 띠게 되고, 반
면에 해양인들은 환경적인 영향 하에서 더욱더 개방적인 성격을
띠게 된다. 즉 육지문화는 수직적 관계에서 사회적 맥락을 잃지
않으려고 하지만, 서해 도서민들은 수평적 관계에서 자연과의 합
일을 끊임없이 꾀하는 것이다. 그러다보면 섬에서 살아가는 사람
은 자연을 인지하면서 자연과 합일을 이루며 살게 된다. 그렇기
때문에 자연에 대한 인지는 태도와 지식과 기술로 쌓여지고 토착
화되는 것이다.

이러한 경향이 강화되는 이유는 육지문화가 사회 속의 인간관
계를 통해서 상승하고자 하지만 해양문화는 자연과의 합일을 통
해서, 자연에의 적응을 통해서 개방적 태도·지식·기술을 갖추
어 가기 때문이다. 이 점은 민요를 중심으로 설화(무속신화) 등의 현
지조사 자료를 보면 분명해진다. 문학상, 영광군 법성포·진도군
의신면의 칠산어장놀이(법성자료)와 띠뱃놀이(위도자료)의 구비전승물
에 대한 도서민의 다양한 지역인식과 개방의 해양정서적 표현이
바로 그것이다.

【지금 알고 싶은 게요. 이 법성포, 요 주변에 불교가 유서가 깊은데.
불교 이야기도 좋고, 고기잡는 이야기도 좋고, 옛날부터 내려오는 전설】
근데, 요 칠산 바다는요. 저 진도 가면은, 진도 의신면 가면은 칠산 억양
말을 하고 있어요. 지금도 하고 있어요. 원래는 여 칠산 바다가 진도 사람
들이 고기를 잡고, 여기 사람들이 고기를 장사를 했단 말이요. 진도 가믄

칠산어장놀이라 해갖고 지금도 하고 있어.【칠산어장놀이요? 의신면에 가면?】지금 허고 있는 데가 의신면이예요. 주로 칠산바다는 진도 사람들이 고기를 잡았어요. 닷배라 해가지고, 그렇게 해가지고 잡았고. 여기 사람들은 그걸 가공해서 판매하는 쪽으로 했고.25)

【대리에 그 띠뱃놀이 하죠? 지금도 하구요?】띠뱃놀이 잘 허제, 응. 띠뱃놀이 굿 보러 다닐 사람들이 얼마나 많다고. 치두쇠 너메 김말소에다. 띠뱃놀이 굿 보러.26)

위의 인용문은 놀이의 언어를 통한, 조기잡는 사람과 조기파는 사람의 교류 확대를 보여주는 예시문이다. 놀이면에서 서해(서남해) 도서지역의 영광군 법성포・진도군 의신면의 칠산어장놀이(법성자료) 및 띠뱃놀이(부안군 위도자료)와 관련된 민속문화정보로서 조기잡이의 어로문화를 자리개김하는 것이다. 이러한 양상은 언어(인지어, 속신어, 구조어) 등의 다른 자료에서도 확인된다. 언어상, 서남해권의 영광군에 '법성포 굴비'라는 말이 있다.

옛날에는 여름【그니까 실제 고기가 막 차면. 신이 날 것 같아요. 그럴 때 소리 하는 것 하고, 꾸며서 하는 것 하고 좀 차이가 있을 것 같아요 왜 조기가 이렇게 유명하죠? 법성포는 여러 가지 수산물, 해산물이 있지만, 굴비가 유명한 거?】다른 데는 가공하는 데가 없어. 가공하는 데가 없고, 보통 볕으로만 가공을 해서.【근데 왜 이 법성포에서만 가공할 수가 있죠?】옛날에는 냉동실이나 이런 게 없잖아요. 염장을 해야 되니까, 딴데 가믄 썩어브러. 움직이믄 썩어블고 얼음 그런 것이 없으니까. 여기서는 바로 염장을 해야 하고, 성한 놈을 잡아서 바로 염장을 하니까. 딴데 가믄 부패가 되고, 부패가 되기 전에 여기서 염장을 했고. 그러게 이 굴비의 맛이나 모든 좋은 여건이 첫째 해풍, 해풍이 건조를 하고 둘째는 고기의 선도가 좋고【고기의 습도요?】고기 선도. 여 가까운 데서 잡으니까 고기가 썩지 않고, 선도가 좋다 그 말이여. 생생하다고【신선도요?】응, 신선도가 좋다 그 말이에요【세 번째는요?】세 번째는 소금. 소금이 간수가 빠진 소금을 2년이나 3년 씩 놔둬노믄 소금이 생겨. 소금에 절여. 비법이, 가공하는 비법이 다른 지역 사람들 하고 틀려. 그래서 맛있다는 것이여.27)

위의 인용문은 '굴비의 맛이 좋은 여건'이라는 언어적 진술을 통해 민속문화정보를 밝히는 대목이다. 이처럼 위의 인용문들은 들과 섬에서 생명체가 적응하면서 다양성을 중시한다는 일반성이 있다. 서해 도서지역민은 구비전승물을 통해 불완전 개방성이 아니라 완전 개방성을 표현하는 것이다. 섬의 다양성에 토대를 두고 바다와 연안을 오가는 개방적 삶을 잘 보여주고 있는 것이다. 여기에서 놀이의 언어를 통해서 조기 잡는 사람과 조기 파는 사람의 교류 확대를 볼 수 있다. 다양개방면에서 영광군 법성포·진도군 의신면의 칠산어장놀이(법성자료)와 띠뱃놀이(위도자료), '법성포 굴비(법성자료)'는 서해 도서지역민의 해양정서를 살펴보는 데 중요한 구비전승물이 되기 때문이다.

따라서 다양성을 토대로 한 완전 개방성과 불완전 개방성은 구비전승물을 형성하고, 해양정서를 표출하는 데에 의미망을 생성해 내는 것이다. 서해 도서지역민들의 구비전승물에서 개방적 다양성이라는 의미를 포착할 수 있는 것이다.

4) 의식성을 기초로 한 전진적 진취성과 후진적 진취성[28]

해양정서로 내세울 수 있는 네 번째는 의식성을 기초로 한 전진적 진취성과 후진적 진취성과의 관계에서 추출하는 의미망이다. 들과 섬에서 생명체가 적응하면서 다양성을 중시하되 의식물을 추구한다는 일반성이 있다. 그러나 의식성을 기초로 한 진취성의 여부에서 차별성이 나타난다. 전진적 진취성과 후진적 진취성이 바로 그것이다. '민속과 관련된' 지역민의 의식성을 기초로 한 문화적 진취성을, 둘인 '의식성을 기초로 한 전진적 진취성과 후진적 진취성'으로 구분한 것이다. '도서지역 민속의 진취적 의식성'[29]에 관한 것이므로, 의식성은 일반성이고, 진취성은 개별성이다. 서해 도서지역민들은 구비전승물에서 섬의 의식성에 기초를 두고 바다와 연안을 오가는 진취적 삶을 잘 보여주기 때문이다. 섬의 후진이 아니라 전진에 의식의 축을 두고 진취적 노동의 관계를 형성해 나가는 것이다. 한 마리의 황금조기에서 '의식의 바다'가 던져주는 '진취의 의미'를 알아차리게 하는 것이다.

구비전승물과 관련시켜 보면 이것은 역사경험으로 비추어 볼 때 해양을 중시한 시대와 지역은 흥기했음은 15~16세기 대항해시대를 열었던 유럽의 사례를 통해 확인[30]할 수 있다. 이 점은 민요를 중심으로 설화(무속신화) 등의 현지조사 자료를 보면 분명해진다. 문학상, 황도붕기풍어제 배치기와 조도의 닻배노래[조기잡이노래]의 구비전승물에 대한 도서민의 의식적 지역인식과 진취의 해정서적 표현이 바로 그것이다.

어기야 (어기야)
어기야 디야 (어기야)
앞산은 (어기야)
가까지고 (어기야)
뒷산은 (어기야)
멀어진다 (어기야)
어기야디야 (어기야)
어기야디야 (어기야)

어하 술비야 (어하 술비야)
술비로구나 (어하 술비야)
이 술배가 (어하 술비야)
어디를 갔다가 (어하 술비야)
때를 찾고 (어하 술비야)
철을 찾아 (어하 술비야)
또 다시 왔구나 (어하 술비야)

돈실러 가자 돈실러 가자 영광 법성으로 돈실러 가자
(허어 허어 허허요 어허 허으어 어허 하하 허어 허어요)

> … …
> 칠산바닥에 들오는 조구는 우리네 망자로 다 들어온다
> (허어 허어 허허요 어허 허으어 어허 하하 허어 허어요)
> … …
> 돈 실러가자 돈 실러가자 연평바다로 돈 실러가자
> (허어 허어 허허요 어허 허으어 어허 하하 허어 허어요)

위의 인용문은 노동의 소리를 통한, 서남해권 조도와 서해권 안면도의 문화적 확대를 보여주는 예시문이다. 메기고 (받는) <진도닻배소리>[31]이다. 앞의 <놋소리>는 노를 저으면서 부르는 노래이다. 가운데의 <술비소리>는 출항하기 전 배에 그물을 실으면서 부르거나 어장에서 그물을 당기면서 부르는 노래이다. 그리고 뒤의 <풍장소리>는 출항할 때나 어장에서 고기를 많이 잡았을 때 포구에 들어오면서 풍장을 치면서 부르는 노래이다. 이 <풍장소리>의 선율구조는 서도지역 음악어업과 같다. 노동면에서 서해(서남해) 도서지역의 황도붕기풍어제 배치기(태안군 안면도자료)와 조도의 닻배노래[조기잡이노래](진도군 조도자료)와 관련된 민속문화정보로서 조기잡이의 어로문화를 자리매김하는 것이다.

이러한 양상은 언어(인지어, 속신어, 구조어) 등의 다른 자료에서도 확인된다. 언어상, 서남해권에서 '물반 고기반', 남해 및 제주권에서 추자도의 '물반 고기반'이라는 말이 있다. '물반 고기반'이니 고기를 잡는 것이 그만큼 쉽다는 것이다. 충남 태안군 녹도에 전해오는 '물 한 말에 고기가 석 섬'이라는 속담[32]은 이것의 다른 표현이다. 즉 '물반 고기반' 등 언어적 진술을 통해 민속문화정보를 밝히는 대목이다.

이처럼 위의 인용문들은 들과 섬에서 생명체가 적응하면서 다양성을 중시하되 의식물을 추구한다는 일반성이 있다. 서해 도서

지역민은 구비전승물을 통해 후진적 진취성이 아니라 전진적 진취성을 표현하는 것이다. 섬의 의식성에 기초를 두고 바다와 연안을 오가는 진취적 삶을 잘 보여주고 있는 것이다. 여기에서 노동의 소리를 통해서 서남해권 조도와 서해권 안면도의 문화적 확대를 볼 수 있다. 의식진취면에서 황도붕기풍어제 배치기와 조도의 닻배노래[조기잡이노래], '물반 고기반'은 서해 도서지역민의 해양정서를 살펴보는데 중요한 구비전승물이 되기 때문이다.

따라서 의식성을 기초로 한 전진적 진취성과 후진적 진취성은 구비전승물을 형성하고, 그리고 해양정서를 표출하는 데에 의미망을 생성해 내는 것이다. 서해 도서지역민들의 구비전승물에서 진취적 의식성이라는 의미를 포착할 수 있는 것이다.

요컨대 생명생태면에서 임경업 장군(위도자료)과 최영 장군(추자도자료), '재수가 좋다, 재수가 나쁘다(추자도자료)'는 신앙의 상상을 통한, 임경업 장군과 조기잡이의 논리적 신격화를 보여준다. 적응자연면에서 어장운세(추자도자료), '고기는 돈(추자도자료)'은 의례의 꿈을 통한, 선장과 어장일의 논리적 인격화를 보여준다. 다양개방면에서 영광군 법성포·진도군 의신면의 칠산어장놀이(법성자료) 및 띠뱃놀이(부안군 위도자료), '법성포 굴비(법성자료)'는 놀이의 언어를 통한, 조기잡는 사람과 조기파는 사람의 교차적 교류를 보여준다. 의식진취면에서 황도붕기풍어제 배치기(태안군 안면도자료)와 조도의 닻배노래[조기잡이노래](진도군 조도자료), '물반 고기반(서남해권, 남해 및 제주권)'과 '물 한 말에 고기가 석 섬(서해권)'은 노동의 소리를 통한, 서남해권 조도와 서해권 안면도의 문화적 확대를 보여준다.

Ⅳ. 칠산 조기잡이 구비전승물의
해양문화사적 의의

여기서 칠산 조기잡이 구비전승물의 해양문화사적 의의를 표현하겠다. Ⅲ장에서 구비전승물에 표출되는 해양정서의 일반성과 개별성을 논의하다 보면 무슨 말을 하려고 하느냐 되묻게 된다. 필자는 해양문화가 육지문화보다, 또는 육지문화가 해양문화보다 비교우위에 있다고 말하고자 하는 것이 아니다. 그렇다기보다는 디지털시대가 양자의 결합을 요구한다는 것을 인식하고, 육지문화와 해양문화의 합일을 강화해야 한다는 것이다. 그럴 때 국가 해양력을 강화하는 효과를 기대할 수 있는 것이다. 그러려면 도서·해양문화의 속성을 더 잘 알아야 하는 것이다.

한편 서해 도서지역민의 '현장의 현재적 상황'이 구비전승물에 전유되고, 그 지배원리는 해양정서를 생성한다. 그러나 조기잡이의 망쇠로 인한 부정적 해양정서가 유통되고 있다. 따라서 고기잡이의 흥성으로 인한 긍정적 구비전승물을 형성시켜야 긍정적 해양정서가 유통된다. 그렇게 되면 구비전승물과 해양정서는 서해 도서지역민의 건강한 삶을 회복시킬 것이다. 이것이 바로 문화론적 지역활성화이다.

첫째, 시대면에서 섬에 살면서(또는 가서) 바다와 연안을 오가는 시대이다. 들에 살면서 강과 산을 오가는 동시에 섬에 가서 바다와 연안을 오가고자 하는 것이다. 둘째, 지역면에서 중앙에 대한 지방이 아니라 세계에 대한 지역이 강조된다. 자치시대는 지역을 닫힌 중앙에서 열린 세계로 안내하는 것이다. 셋째, 상황면에서

'아주 새로운 과거'의 사고와 '오래된 미래'의 표현을 융합해 나가는 문제의식과 '지역에서 세계로'라는 관점, 그리고 문화원형찾기라는 방법 등을 총화하면서 이러한 본질적 사고 전략에 따라 현상적 표현 전술을 추구하고 있다. 정보화는 삶터로서 들과 섬을 연대케 하고, 무형문화자원 속의 현재적 과거를 기억으로 자원화시키며, 학제 간의 공동연구를 통해 사회·민속 및 자연·역사를 제휴케 하는 것이다.

이상에서 살펴본 바와 같이 칠산 조기잡이 구비전승물은 해양문화사적 가치를 지닌다고 할 수 있다. 구비전승물에서 해양정서가 구현되기 때문이다. 또한 구비전승물은 소통을 위한 문화장치, 즉 문화소통체계의 구축을 전제로 하기 때문이다. 그리고 구비전승물은 도서[섬]의 마을공동체에서 바다와 연안을 오가는 문화장치와 들[평야]의 마을공동체에서 강과 산을 오가는 문화장치와의 동시적 작동을 통해, 강을 통한 두 세계의 협력과 교류를 가능케 할 것이기 때문이다.

Ⅴ. 맺음말

이러한 사실을 종합해 볼 때, 민속의 관점에서 도서·해양문화의 개별성과 일반성을 가설로 내세워, 구비전승물의 생태적 생명성, 자연적 적응성, 개방적 다양성, 진취적 의식성 등에 주목했다. 그리고 칠산 중심의 서해 도서지역민이 바다와 연안에서 조기잡이를 하면서 지니게 되는 해양정서를 살폈다. 그 결과 긍정적인 해양정서는 무엇이며, 부정적인 해양정서는 무엇인가를 찾아내서 해양정서의 긍정적 선양방법을 제시하는 동시에 이를 하나의 지향점으로 삼는 계기로 만들고자 하였다. 이를 요약하여 기술하면 다음과 같다.

첫 번째 논의한 '구비전승물과 해양정서, 그리고 문화정책(Ⅱ장)'에서, 구비전승물과 해양정서와 문화정책과의 상관성, 문화정책의 자료제시를 위한 필수요소, 해양정서의 활성화를 위한 시대·지역·상황의 요소 등으로 구분하여 살폈다. 그 결과에 의하면, 구비전승물의 형성과 해양정서의 유통은 '현장의 현재적 상황'인 현단계 구비전승물을 통해 본 어장의 해양정서에서 구현된다. 그러나 시대·지역·상황면에서 형성유통의 구비전승을 위한 문화소통장치가 되어 있지 않다. 따라서 서해 도서지역민에 의해 구비전승물에 전유되는 해양정서를 긍정적으로 활성화해 나가기 위해 '현장의 현재적 상황'을 인식하는 도서정신의 구현과 해양문화장치의 구축이 필요하다고 할 수 있다.

두 번째 논의한 '칠산 조기잡이 구비전승물의 해양정서적 실상(Ⅲ장)'에서, 양상면은 지역별과 주제별로, 의미면은 '생명성을 기본으로 한 금력적 생태성과 권력적 생태성', '적응성을 바탕으로 한 정적 자연성과 비정적 자연성', '다양성을 토대로 한 완전 개방성과 불완전 개방성', '의식성을 기초로 한 전진적 진취성과 후진적 진취성' 등으로 구분하여 살폈다. 그 결과에 의하면, 생명생태면에서 임경업 장군(위도자료)과 최영 장군(추자도자료), '재수가 좋다, 재수가 나쁘다(추자도자료)'는 신앙의 상상을 통한, 임경업 장군과 조기잡이의 논리적 신격화를 보여준다고 할 수 있다. 적응자연면에서 어장운세(추자도자료), '고기는 돈(추자도자료)'은 의례의 꿈을 통한, 선장과 어장일의 논리적 인격화를 보여준다고 할 수 있다. 다양개방면에서 영광군 법성포·진도군 의신면의 칠산어장놀이(법성자료) 및 띠뱃놀이(부안군 위도자료), '법성포 굴비(법성자료)'는 놀이의 언어를 통한, 조기잡는 사람과 조기파는 사람의 교차적 교류를 보여준다고 할 수 있다. 의식진취면에서 황도붕기풍어제 배치기(태안군 안면도자료)와 조도의 닻배노래[조기잡이노래](진도군 조도자료), '물반고기반'(서남해권, 남해 및 제주권)과 '물 한 말에 고기가 석 섬'(서해권)은 노동의 소리를 통한, 서남해권 조도와 서해권 안면도의 문화적 확대를 보여준다고 할 수 있다.

세 번째 논의한 것은 '칠산 조기잡이 구비전승물의 해양문화사적 의의'(Ⅳ장)이다. 그 결과에 의하면, 칠산 조기잡이 구비전승물은 해양문화사적 가치를 지닌다고 할 수 있다. 구비전승물에서 해양정서를 구현되기 때문이다. 또한 구비전승물은 소통을 위한 문화장치, 즉 문화소통체계의 구축을 전제로 하기 때문이다. 그리고 도서[섬]의 마을공동체에서 바다와 연안을 오가는 문화장치와 들[평야]의 마을공동체에서 강과 산을 오가는 문화장치와의 동시적 작동을 통해, 강을 통한 두 세계의 협력과 교류를 가능케할 것이기 때문이다.

이처럼 Ⅱ장에서 구비전승물과 해양정서, 그리고 문화정책을 인식하고, Ⅲ장에서 칠산 조기잡이 구비전승물의 해양정서적 실상을 검토하며, Ⅳ장에서 칠산 조기잡이 구비전승물의 해양문화사적 의의를 고찰함으로써, '대상－본질의 사고전략－인식－의식－현상의 표현전술－실천－정서'와 관련된 민속문화장치에서 보듯이, 도서의식의 해양정서화는 도서적 인식과 해양적 실천을 매개로 하지 않으면 안 됨을 알 수 있다. 그러나 있었었던 조기를 기본으로 하되, 기록된 조기를 기억의 조기로 살려내는 작업은 계속 진행하지 않을 수 없다. 특히 구술상 문화장치면에서 민요를 중심으로 설화(무속신화), 언어(인지어, 속신어, 구조어), 해양정서, 그리고 문화정책과의 관계를 살피고, 공동체, 구비연행자, 생애담 자체, 학, 비교학, 미학, 운동과 연관시키는 조사연구가 가속화되어야 할 것이다.

1) 이문재, 주제서평 「오래된 미래, 아주 새로운 과거」, 계간 『환경과 생명』, 사단법인 환경과 생명, 2002.06, 252~260쪽.

2) 해양력은 바다를 다스리는 힘으로서, 해운력, 통상력, 해군력, 해양과학력, 해양개발력, 해양보전력을 망라하여 국가의 이익을 위해 '바다를 이용할 수 있는 총능력'이다.
   이동근·한철환·엄선희, 「역사와 해양의식―해양의식의 체계적 함양 방안 연구―」, 한국해양수산개발원, 2003, 19~21쪽 참조.

3) 지역활성화를 위한 문화적 측면의 접근 방법론으로서, 문화자원의 개발과 활용을 통해 '지역주민의 삶의 질 향상'을 추구하는 것이다.
   1999년 중점연구소 지원 사업 신청서, 「서남해 도서·연안지역 무형문화자원의 개발과 활용 방안 연구」, 『서남해 도서·연안지역 문화자원 개발과 지역 활성화 방안 연구』, 목포대 도서문화연구소, 1999 ; 홍순일, 「≪도서지역 민요≫와 문화관광―<신안민요>·<완도민요>·<진도민요>를 중심으로―」, 『한국민요학』 17, 한국민요학회, 2005.12, 311~355쪽 참조.

4) 21세기 국제해양환경의 변화라는 시대상황 속에서 가꾸어야 할 해양의식은 해양자원의 개발과 보전의 중요성이고, 지식정보화 사회의 도래라는 시대상황 속에서는 다양성, 진취성, 도전정신, 벤처정신, 정보화 지식지향성 등이고, 국제화와 세계화의 심화라는 시대상황 속에서는 포용성, 개방성, 대담성, 주체성 등이고, 국내의 갈등과 대립 해소라는 시대상황 속에서 가꾸어야 할 해양의식은 광대무변성, 웅대하고 활달한 기상 등이다.
   이동근·한철환·엄선희, 앞의 보고서, 24~25쪽.

5) 이 글은 '홍순일, 「서해 도서지역의 구비전승물과 해양정서―조기를 중심으로―」, 『도서문화』 28, 목포대 도서문화연구소, 2006.12, 519~567쪽'에 게재한 내용을 보완한 것임.

6) 『2005년 중점연구소 지원사업 지원서』, 목포대 도서문화연구소, 2005.10과 7인, 조기와 관련된, 『2005년 중점연구소 1단계 1차년도 연차보고서 (2세부)』, 목포대 도서문화연구소, 2006.09 ; 『중점연구소 제2세부과제 논저목록집』, 목포대 도서문화연구소, 2005.12 ; 2세부 자료집 『조기』, 목포대 도서문화연구소, 2006.03 등을 참조했다.

7) 필자의 현지조사지역은 서해권의 경우 전북 부안군 위도면, 전북 군산시 옥도면 선유도·무녀도·장자도, 충남 태안군 안면읍 황도리, 충남 서산시 부석면 창리 ; 서남해권의 경우 전남 목포시, 전남 영광군 법성면 ;

남해 및 제주권의 경우 제주특별자치도 북제주군 추자도 ; 동해권의 경우 부산시 기장군 일광면 등이다.

8) 이에 대해서는 다음의 자료가 시사적이다. "서남해역 해양민요를 수집한 결과, 서편인 서해안과 동편인 남해안의 차이가 뚜렷이 나타난다. 서해안에는 조기잡이노래 외에는 크게 부각된 노래가 발견되지 않는다. 그 이유는 서편인 서해안 대부분이 갯벌지대로 어살어업에 주력했기 때문으로 판단된다. 그 유명한 칠산 조기잡이 어장의 주력부대들은 서해안 연안의 주민들이 아니라 진도 조도, 완도 청산도, 남해, 삼천포, 추자도 사람들이다. 칠산 어장 연안의 어민들은 갯벌의 어살어업만으로도 자급자족에 충분했기 때문으로 판단된다"(「요약보고서」, 『한국의 해양문화』, 해양수산부, 2002, 24쪽).

9) 사전적 의미에서 '의식'이란 '사회적, 문화적, 또는 역사적 영향을 받아서 형성되는 감정, 견해, 사상, 이론 따위를 이르는 말'을 뜻하고, '해양의식'이란 '바다를 중심으로 한 사회, 문화, 및 역사를 통해 형성되는 사상이나 이론'으로 볼 수 있다(이동근·한철환·엄선희, 앞의 보고서, 4쪽)고 한 내용과 견주어 볼 수 있겠다.

10) M.S.까간 지음·진중권 옮김, 『미학강의』 Ⅰ·Ⅱ, 새길, 1989·1991 참조.

11) 조동일, 「문학사 이해의 새로운 관점」, 『한국문학통사』 지식산업사, 1989 (제2판), 15~17쪽 참조.

12) 이동근·한철환·엄선희, 앞의 보고서, 2003.12, 21~23쪽 참조.

13) 미국의 해군장교이자 군사전략가인 알프레드 마한은 해양력을 구성하는 요소로, 이외에 바다에 집중할 수 있는 지리적 위치, 국민들의 해양진출을 자극할 자연조건, 해안선, 항구 등 친해양성 국토와 이를 활용할 해양인력 등을 꼽았다.
이동근·한철환·엄선희, 앞의 보고서, 21~23쪽 참조.

14) 홍순일, 『판소리창본의 희극정신과 극적 아이러니』, 박이정, 2003 참조.

15) 홍순일, 앞의 논문, 339~347쪽.

16) 홍순일, 앞의 발표논문, 2006.08.17~18, 106~107쪽 참조.

17) 조사자 홍순일, 제보자 이강선(남, 78)·김홍태(남, 56)·주명선(남, 76), 앞의 현지조사내용, 2006.11.4.

18) 조사자 홍순일·김헌주·김해미, 제보자 서대석(남, 56)·박종한(남, 미상)·신일망(남, 미상), 앞의 현지조사내용, 2006.06.02(금) 21:00.

19) 주강현, 앞의 책, 192·194쪽 참조.

20) 조사자 홍순일, 제보자 원종대(남, 69), 현지조사내용 <조기잡이>, 제주특별자치도 북제주군 추자면 대서리, 2006.11.4.

21) 홍순일, 앞의 발표논문, 2006.08.17~18, 106쪽 참조.

22) 조사자 홍순일, 제보자 원종대(남, 69), 앞의 현지조사내용, 2006.11.4.

23) 조사자 홍순일, 제보자 원종대(남, 69), 앞의 현지조사내용, 2006.11.4.

24) 홍순일, 앞의 발표논문, 2006.8.17~18, 108쪽 참조.

25) 조사자 홍순일·김헌주·최유미, 제보자 박동필(남, 68)·이기철(남, 78), 현지조사내용 <백제불교최초도래지, 칠산어장놀이>, 전남 영광군 법성면 진내리, 2006.6.1.

26) 조사자 홍순일·최유미, 제보자 백연기(여, 95), 현지조사내용 <띠뱃놀이>, 부안군 위도면 대리, 2006.6.3.

27) 조사자 홍순일·김헌주·최유미, 제보자 박동필(남, 68)·이기철(남, 78), 앞의 현지조사내용, 2006.6.1.

28) 이에 관한 필자의 논의는 다음과 같다. ① 우선 "관광지로서 도서지역을 부각시키는 동시에 이것의 특성, 즉 진취성·개방성·다양성을 맞추는, 민요관광의 문화기획력을 제고해야 한다"고 주장했다(「≪도서지역 민요≫와 문화관광─<신안민요>·<완도민요>·<진도민요>를 중심으로─」, 『한국민요학』 17, 한국민요학회, 2005.12, 311~355쪽 중 340~341쪽, 4장2절1항 '도서지역의 특성에 맞는 민요관광의 문화기획력 제고'에서) ; ② 다음으로 민속의 자연적 적응성, 민속의 생태적 생명성, 민속의 진취적 의식성, 민속의 개방적 다양성 등으로 구분하여 살폈다(「≪도서지역 민요≫와 민속문화정보」, 『한국민요학』 19, 한국민요학회, 2006.12, 275~313쪽 중 289~300쪽, 3장2절 '주제별 민속공동체에 나타난 ≪도서지역 민요≫의 구술문화정보'에서) ; ③ 그 다음으로 1항 생명성을 기본으로 한 금력적 생태성과 권력적 생태성, 2항 적응성을 바탕으로 한 정적 자연성과 비정적 자연성, 3항 다양성을 토대로 한 완전적 개방성과 불완전적 개방성, 4항 의식성을 기초로 한 선진적 진취성과 후퇴적 진취성 등으로 구분하여 고찰했다(「서해 도서지역의 구비전승물과 해양정서─조기를 중심으로─」, 『도서문화』 28, 목포대 도서문화연구소, 2006.12, 519~567쪽 중 541~556쪽, 3장2절 '서해 도서지역 구비전승물의 해양정서적 의미'에서) ; ④ 한편 지역민의 생명성을 기본으로 한 문화적 생태성, 지역민의 적응성을 바탕으로 한 문화적 자연성, 지역민의 다양성을 토대로 한 문화적 개방성, 지역민의 의식성을 기초로 한 문화적 진취성 등으로 각각 표현하여 살폈다(「≪신안민요≫의 언어문학적 접근과 소리문화적 활용─<지도민요>·<증도민요>·<임자도민요>를 중심으로─」, 『남도민속연구』 14, 남도민속학회, 2007.06, 321~366쪽 중 336~346쪽, 3장2절 '≪신안민요≫의 언어문학적 접근방식'에서) ; ⑤ 끝으로 '지역민의 의식성을 기초로 한 진취성'을, 둘인 '의식성을 기초로 한 전

진적 진취성과 후진적 진취성'으로 구분했다. 이전의 '선진적 진취성과 후퇴적 진취성'을 버린 것이다(「서해바다 황금갯벌의 구비전승물과 해양정서」, 『도서문화』 30, 목포대 도서문화연구소, 2007.12, 287~335쪽 중 312~317쪽, 3장4절 '의식성을 기초로 한 진취성'에서). 여기에서는 이를 인용한 「도서·연안지역 민요공동체의 성격과 민요의 연행양상」, 『한국민요학』 22, 한국민요학회, 2008.04, 377~409쪽 중 377~383쪽, 1장 '머리말'에서를 재인용함.

29) 홍순일, 앞의 발표논문, 2006.8.17~18, 107쪽 참조.

30) 제2세부과제 연구계획서, 앞의 신청서, 2005.10, 63쪽.

31) 문화방송, 앞소리 김주근(남, 1926), <진도 닻배소리>, 전남 진도군 조도면 소마도, 1989.9.29를 채록한 CD·15-13 <진도 닻배소리(놋소리/술비소리)>, 「전라남도 민요해설집」, 『한국민요대전』 2, 문화방송, 1993, 570~575쪽을 인용함.

32) 주강현, 「10장 물 한 말에 고기가 석섬—사슴섬 현지조사 노트—」, 앞의 책, 145쪽.

제6장
조기잡이 닻배노래

이 윤 선

Ⅰ. 서 론

　본고는 어로요에 나타난 인터랙션(상호작용성)의[1] 분화와 연행방식을 문화원형적 관점에서 고찰하기 위해 마련되었다. 이즈음 화두가 되고 있는 스토리텔링의 연행방식 중 가장 중요한 기술로 인식되고 있는 인터랙션에 대해 일정한 시사점을 제공해줄 수 있다는 생각 때문이었다. 따라서 본고가 스토리텔링 자체를 목적으로 하지는 않지만, 그간 여러 방향에서 논의되어 온 문화원형의 맥락을[2] 민요학의 범주에서도 다룰 필요성을 제기하는 소정의 역할을 담당하게 되는 셈이다. 여기서의 스토리텔링은 확장 서사로서의 말하기와 그 컨텍스트를 전제한 개념이다. 확장서사는 기왕의 서사구조에서 게임서사로 승계 혹은 창조된 이야기하기 방식의 흐름을 말한다. 전통적인 전기수 등의 이야기하기 양식이 서사적 스토리텔링이라면, 인터랙티브 스토리텔링은 다수의 주체적 스토리텔러가 하나의 놀이 혹은 콘텐츠 속에서 소통하는 쌍방향성 이야기하기 방식을 말한다. 사건 진술의 형식을 담화라 할 때, 스토리, 담화, 이야기가 담화로 변화하는 과정을 포함하는[3] 즉, 메커니즘으로서의 컨텍스트를 포괄하는 형식을 말한다. 이는 현재의 스토리텔링 담론이 기왕의 서사학적 승계가 아니라고 주장하는 게임학자들에 의해 새롭게 대두되고 있는 학문방법론이기도 하다.[4] 이는 확장 서사학 혹은 게임 서사학이라고도 불리며 주로 영화, 애니메이션, 캐릭터, 광고, 문화기획 등 문화콘텐츠 관련 분과학을 통해 접근되고 있다. 일반적으로 스토리텔링으로 약칭된다. 구술문화시대와 문자시대를 거쳐 새로 대두된 디지털적 소통 양식이라고 말해지기도 한다.

그러나 쌍방 혹은 다중에 의해 상호 매개되는 변개성을 인터랙션의 가장 중요한 전거로 삼고 있는 경향 속에서, 기왕의 구비전승이 가진 문화원형성을 검토하지 않는 것은 전통문화를 연구하는 자로서의 직무유기라는 생각을 하게 되었다. 이 전거들이, 구비 전승된 모든 형태와 양식의 범주를 포괄하는 개념으로 설정될 수 있기 때문이다. 특히 리듬과 선율을 전제로 메기고 받는, 그래서 끊임없이 변화되는 민요 일반의 전형성을 염두에 두면, 서사민요뿐만이 아닌 민요 전반으로 이 논의를 확장시킬 수 있다는 생각을 하게 되었던 것이다. 문화기호학에서 내러티브 스토리텔링과 비주얼 스토리텔링 등으로 구분하여 접근하고 있는 점에[5] 견주어 보아도 이를 이해할 수 있다. 전자가 서사 도식 등의 스토리를 전제한 개념이라면, 후자는 이미지 자체에 이야기의 성격을 부여한 개념인 까닭인데, 스토리가 스토리 자체에 국한되지 않고 이미지,

영상, 사운드로[6] 확장되어 나가고 있음을 말해주는 사례로 인용될 수 있기 때문이다. 즉, 선율이 있는 비주얼스토리텔링으로서 민요의 몇 측면들을 대입해 볼 수 있으며 특히 기법 및 기술로서의 문화원형성을 논의해볼 수 있다는 뜻이다. 스토리의 노출뿐만이 아닌 은닉이나 함유의 스토리텔링들이 본격적으로 연구되고 또 문화콘텐츠업계에 적용되는 사례들은 무수하다. 거의 대부분의 광고 및 문화경영 등에서는 필수적인 요소가 되어 있으며 이같은 트렌드는 리듬과 선율을 전제로 하는 뮤지컬 등에서도 예외이지 않다. 나아가 대부분의 학문 분과에서도 스토리텔링에 대한 심도 있는 접근을 시도하고 있는 것이다. 이런 경향들은 인터랙션을 기술사적 접근보다는 시대적 패러다임으로 받아들이고 있는[7] 증거라고 말해도 과언이 아니라고 생각한다. 디지털시대의 기술사적 조응을 사실상 구술시대의 인터랙션에 기반한 확장서사의 맥락으로 접근할 필요가 있음을 역설적으로 말해준다고 생각하는 까닭이다.

따라서 본고는 민요학의 범주에서도 이러한 스토리텔링의 원형성이 논의될 필요가 있다는 점에 착안한 것이다. 교환창, 선후창, 돌림노래 등 메기고 받는 전형성을 가진 민요가 확장서사의 맥락에서 보면 소박한 의미에서의 스토리를 지니고 있는 것이며, 사실상 인터랙션의 문화원형성을 지니고 있다고 생각한다는 뜻이다. 물론 본고는 서사민요가 아닌 노동요 중의 어로요를 대상으로 하는 것이기 때문에, 서사 자체를 고찰의 대상으로 삼는 것은 아니다. 이미지 혹은 사운드라는 확장서사적 관점에서, 노동요 중에서도 가장 원초적인 동작기능을 매개한다고 판단되는 <놋소리>를 비롯해, 노동동작과는 별개의 유희기능을 가진 <풍장소리> 등을 통해 인터랙션의 문화원형성을 드러내보고자 할 따름인 까닭이다. 즉, 노동 동작의 원형성과 분화의 관계를 리듬 분석을 통해 드러내 보는 것, 이들 컨텍스트가 어떤 상호작용 속에서 한 틀거리의 노래로 구성되는지, 나아가 이것이 유희적 단계에서는 어떤 인터랙션으로 드러나게 되는지 등이 고찰 대상이 될 것이다. 이 고찰은 향후 서사민요로 확대될 필요가 있다고 생각한다. 단계적으로 스토리텔링 담론의 현장에서 민요를 확장 거론할 필요가 있기 때문이다. 특히 본고는 이미 논의되었던 「닻배노래의 교섭양상과 공연화에 나타난 변화양상」과 「연행방식을 통해서 본 남도소리의 축제적 성격」의 논의를 확장하는 맥락에서 준비된 것이기 때문에, 이를 전제로 한 논의들을 보완해보고자 한다.8)

Ⅱ. 닻배노래의 연행환경과 각편소리

닻배노래의 사설구성과 조업의 배경에 대해서는 기왕의 논고를 통해 살펴본 바 있다.9) 이외 공연화의 맥락에서 닻배노래의 현장과 무대를 살피기도 하였다.10) 닻배노래 자체를 다룬 것은 아니지만, 서해안의 배치기소리의 전파와 문화적 수용이라는 맥락을 거론한 논의와,11) 닻배조업의 컨텍스트를 분석한 논의도 있다.12) 따라서 닻배조업에 대한 기왕의 고찰을 수용하고, 그 후속작업을 담당한다는 측면에서 본고의 논의를 전개할 필요가 있다. 즉, 기왕의 논고가 노래사설과 조업배경을 중심으로 한 고찰이었다면 본고는 컨텍스트에 의한 리듬 패턴의 맥락을 드러내는 작업이라고 할 수 있겠다.

닻배노래가 조기잡이 어업과 직접적인 연관을 지니고 있음은 주지하는 바와 같다. 특히 진도군 조도군도의 어민들이 1950년대까지 행하던 조기잡이 어업과 관련되어 있다. 다만 닻배노래가 조기잡이의 모든 상황에서 불렸던 것인지는 확실하지 않지만[13] 본고에서 그 일단의 실마리를 풀어보게 될 것이다.

먼저 닻배의 형태를 전제하고 논의를 풀어가는 것이, 조업과 관련된 행동반경과 조업 리듬을 파악하는 데 도움을 줄 수 있을 것

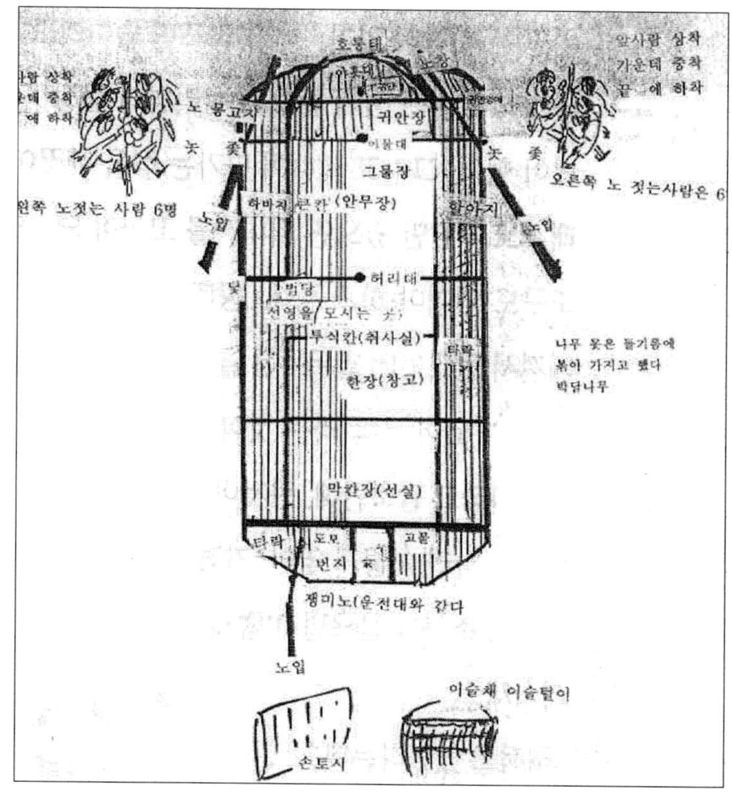

〈그림 1〉 박종민씨가 탔던 닻배 평면도(조오환 그림)

이다. 특히 <놋소리>의 경우에는 노를 젓는 위치와 방식이 중요하다고 본다. <그림 1>에서 볼 수 있듯이 닻배의 이물 양편에 노두 대가 있고, 여기에 4인 내지 6인의 뱃동무들이 쌍을 이루어 노를 젓는다. 고물에는 치(키)와 '쟁이노'가 있는데, 이것은 닻배의 방향을 결정하는 운전대와도 같다. 일반적인 운행에서는 물론 돛이쓰인다. 그러나 바람이 없는 때나 긴박한 상황에서는 노젓기를 통해 운행을 하고, 이때 방향전환은 고물 가운에 있는 치를 이용해한다. 쟁이노는 특별한 경우에만 사용하는데, 그물을 놓거나 올릴때 배가 돌아가는 것을 방지하기 위해 사용한다. 또 수심이 얕은곳에 들어가기 위해서는 치를 사용할 수 없으므로 쟁이노를 사용하게 된다.

<그림 2>에서 볼 수 있듯이, 이물 가운데 설치되어 있는 호롱대는 닻을 놓기 위해 사용하는 큰 바퀴인 셈이다. 돛을 올리고 내리는 일 외에는 사용하지 않는다. 닻그물을 내리고 올리는 작업은

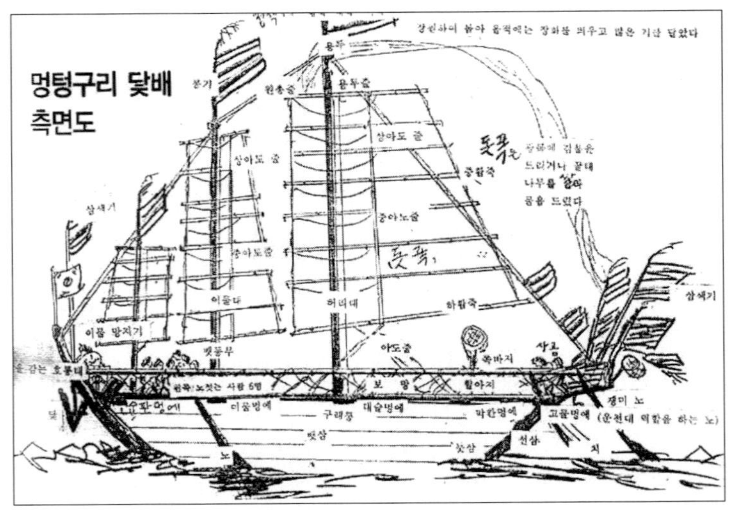

〈그림 2〉 멍텅구리 닻배 측면도(조오환 그림)

배의 측면을 통해서 이루어진다. <그림 1>의 양 측면을 참고하고
<그림 2>를 보면 호롱대가 설치된 이물쪽에서 닻그물의 아랫배
리(아래꾸시)편을, 치와 쟁이노가 설치되어 있는 고물쪽에서 닻그물
의 윗배리(우꾸시)편을 놓거나 올리게 된다. 가장 큰 돛인 허릿대 부
분에서는 그물을 손보거나 접힌 부분을 펴는 작업을 하게 된다.
그물을 올릴 때의 상황을 <그림 1>에서 설명하면, 물길의 방향이
좌측에서 우측으로 흐른다고 전제했을 때, 그물 또한 좌측에서 고
물과 이물까지 펼쳐서 그물을 끌어올리게 된다. 그물의 윗배리는
톱(참나무로 만든 부유체)이 있고, 아랫배리에는 일정한 위치마다 돌
및 닻이 매달려 있어서 그물을 놓거나 올릴 때 신중하게 작업을
해야 한다. 이때 물살에 의해 꽂힌 조기가 밑으로 빠져나갈 경우
는 닻배의 우측에서 한 두 사람 정도가 방어(조도지방에서는 쪽바지라
고 함)를 가지고 물살에 의해 흐르는 조기를 걷어 올리게 된다.

주지하듯이 조기잡이는 풍선시절부터 제주도 연해에서부터 황
해도에 이르기까지 서해안을 관통하는 주된 어업이었다. 그러나
닻배라고 하는 정선망 어업은 조도사람들이 행한 지역적 범주로
제한되기 때문에, 주로 진도군 조도지역을 거론해왔던 것이다. 물
론 조도의 풍장소리는 서해안을 관통하는 배치기소리와 매우 밀
접한 관련을 맺고 있으며, 이는 조업자들의 물길과 계절에 따른
이동경로 및 파시의 이동, 그리고 조업특성에 이르기까지 관련성
을 내포하고 있기도 하다.[14)]

본고에서 대상으로 삼은 닻배노래는 조오환이 현지 조사한 녹
음자료와 구술자료를 바탕으로 한다.[15)] 제보자들은 김주근(조도면
소마도), 박준대(진도 상조도 맹성리), 김연호(하조도 창유리), 박종민(진도 의
신면 접도리), 박윤중(목포시 연동), 박장돌(상조도 여미리), 장진오(조도 진목

도), 최희병(조도 관매도), 박종준(진도 지산면 가학리), 고 박병천(진도 지산면 인지리) 등이다. 이들 대분은 실제 풍선 닻배를 타고 조업했던 경험을 가지고 있으나, 박병천, 박윤중 등은 노래사설만을 보유한 제보자들이다. 따라서 본고의 대상이 되는 닻배노래는 이미 공연화 과정을 거친 소리들을 포함하고 있기 때문에 현장에서의 닻배소리를 재구하기에는 제한점을 가지고 있는 것이 사실이다. 그럼에도 불구하고 본고의 자료들이 의미를 가질 수 있는 것은 결국, 각편의 소리들이 노동의 현장과 유희 혹은 놀이의 현장에서 불려질 때의 분화와 과정 등을 대상으로 삼고 있기 때문이다.

〈표 1〉 닻배노래 각편소리와 제보자

중분류-->중중분류		소분류	제보자	거주지(출신지)
놋소리 (노를 저을 때)	어기야소리	어기야디야소리	김주근	조도면 소마도
		어야디야소리	박종민	의신면 접도리
		어야디어차소리	박종준	지산면 가학리
	엉처소리	엉차소리	박준대	하도조 창유리
			김연호	하조도 창유리
			박윤중	목포시 연동
			박장돌	조도면 여미리
		엉처소리	장진오	조도면 진목도리
			최희병	조도면 관매도리
		엉차소리/자진놋소리	박병천	지산면 인지리
술비소리 (그물을 올리거나 내릴 때)	술비소리	어이야술비소리	김주근	조도면 소마도리
			김연호	하조도 창유리
			박종민	의신면 접도리
			박장돌	상도조 여미리
			장진오	조도면 진목도리
			이상수/이규원	조도면 관매도리
			박병천	지산면 인지리
방어소리 (쪽바지로 떠 올릴 때)	방어소리	어이야 방어소리	김연호	하조도 창유리
			최희병	조도면 관매도리
			이상수/이규원	조도면 관매도리
		어리여루 방어소리	박장돌	상조도 여미리
		어기여디여소리	박준대	상조도 맹성리

풍장소리	기화자소리	기화자소리	김연호	하조도 창유리
		기화자소리	이규원	조도면 관매도리
(만선 유희를 할 때)	어허요소리	어허어허소리	김주근	조도면 소마도리
			박종민	의신면 접도리
		어하어하좋아요소리	박종준	지산면 가학리
		어허와소리	박병천	지산면 인지리

표에서 볼 수 있듯이, 닻배노래는 크게 <놋소리> 혹은 <노젓는소리>, 그물 올리는 <술비소리>, <방어소리> 및 <어기야소리> 그리고 <풍장소리>로 나누어진다. 소분류로 나누어 놓은 소리들은 각각 제보자들이 부르는 후렴구 앞머리를 제목 삼은 경우이기 때문에 중분류 내의 소리들 간에는 선율이나 리듬면에서는 크게 차이가 나지 않는다고 할 수 있다. 물론 더 세부적인 중분류로는 <느진놋소리>, <자진놋소리>, <느진술비소리>, <자진술비소리>, <그물내리는소리>, <그물올리는소리>, <풍장소리>, <톱질하는소리>, <배내리는소리>, <줄꼬는소리>,16) <방애소리> 등을 거론할 수 있다. 이외에 표에서 볼 수 있듯이 각편 소리 내에서도 지역과 사람에 따라, 혹은 노동 동작에 따라 달리 부르는 경향들이 나타난다. 예를 들어 <놋소리>를 <엉처소리>로 부르거나, <어기야소리>로 부르기도 하고, 풍장소리를 <어화요>로 부르기도 하고, <기화자좋네>로 부르기도 한다. 결국 닻배노래는 크게 <노젓는소리>, <술비소리>, <풍장소리>의 세 개 구성으로 나누어지는 셈이다.

따라서 본고에서 채보를 통해 분석할 소리는 <놋소리>의 <엉처소리>와 <어기야소리>, 그물을 올리면서 부르는 <술비소리>, 만선이나 유희시에 부르는 <풍장소리> 중의 <기화자소리>와 <어화요소리>에 한정한다. 방어소리는 조도지방에서 <쪽바지소리>라는 노래가 조사되지 않은 것으로 보아17) <방애소리>나

<가래소리>로 통용되는 것으로, 타 지방의 <방어소리>를 후대에 차용했을 가능성이 큰 것으로 보았기 때문에 의미를 부여하지 않았다. <배치기소리>의 서해안 분포나 전파 현상을 전제한 후, 조도지방의 풍장소리가 원래 <지화자소리>였다가 점차 서해안의 <배치기소리>와 교섭하면서 <어화요소리>로 변화되었을 것으로 추정한 바 있다. <어기야소리>가 본래는 그물 올리는 소리로 불려 지기도 하지만, 본고에서는 김주근 등을 통해 <노젓는소리>로 불려짐을 확인하게 된다.

어쨌든 배치기소리의 전파에서 드러나듯이 닻배노래의 <풍장소리>가 황해도의 <배치기소리>부터 경남 울산의 <봉기타령>까지 서남해안 전역에 걸쳐 분포하고 있는 점,[18] <풍장소리> 선율구조가 서도지역 음악어법과 같다는 점[19] 등을 근거로 각편의 노래들이 다각적으로 교섭했음을 밝힌 바 있다.[20] 이들 각편의 노래들이 산발적으로 불려지다가 1976년 남도문화제를 계기로 묶음노래로 재편성되었고,[21] 이후 몇 번의 변화 과정을 거쳐 오늘날의 닻배노래로 정착하게 되었다고 보았던 것이다.

Ⅲ. 닻배노래의 리듬 분화와 인터랙션

<놋소리> 중의 <엉처소리>는 박준대, 김연호, 박윤중, 박장돌, 장진오, 최희병, 박병천 등이 제보한 자료다. <악보 1>은 김연호의 창을 대상으로 한 것이지만, 다른 제보자들의 창도 시김새와 키, 느리고 빠른 정도의 차이가 있을 뿐이지 리듬 패턴이나 선

닻배노래 놋소리(엉처 소리)

채보/ 이윤선

〈악보 1〉 닻배노래 놋소리(엉처소리)

닻배노래(어기야소리)

채보/ 이윤선

〈악보 2〉 닻배노래 놋소리(어기야소리)

법은 거의 유사하다고 할 수 있다. <그림 1>에서 볼 수 있듯이, 한쪽의 노에 6인 내지 4인이 각각 3인 내지 2인씩 서로 마주보며 노를 잡게 된다. 노는 한 번에 밀거나 당기는 것이 아니고, 가슴 위치에서 한번 꺾어서 밀었다가 잡아당기면서도 가슴 위치에서 한번 꺾게 된다. 꺾는 것은 물살을 가르는 동작 및 물살을 밀어내는 동작과 관련되어 있다. 이때 한 번 꺾어서 밀거나 잡아당길 때마다 <엉처소리> 혹은 <어기야소리>의 메김소리와 받음소리를 주고받게 된다.

<놋소리> 중의 <어기야소리>는 김주근, 박종민, 박종준 등이 제보한 것이다. <악보 2>는 김주근의 창을 대상으로 한 것이다. <엉처소리> 보다 <어기야소리>가 템포가 훨씬 느릴 뿐만 아니라, <엉처소리>과 활력 있음에 비해 음색이 처량하게 들리는 특징이 나타난다. 아쉬운 것은 필자의 채보력에 한계가 있어 이들 음색과 시김새를 적절하게 표현하지 못한다는 점이다.

전술하였듯이 노 젓는 동작은 방향을 전환하는 등의 부가적 기능은 약하며, 대부분 전진하는 기능만을 담당한다. <그림 2>의 고물에 있는 칫사공이 치(키)를 조절하여 방향을 정하기 때문에 노 젓기에서의 부가적 기능이 필요 없는 셈이다. 그렇다고 이물사공이나 칫사공이 노랫소리에 끼어들어 노젓는 속도를 조절하거나 그물을 펴게 하는 등의 지시말을 하는 것으로 보이지도 않는다. 대체로 이것은 닻배노래 전반에 걸쳐 일어나는 현상으로 보인다. 현재는 묶음노래 형태여서 주된 메김소리꾼이 따로 존재하지만, 본래 닻배노래는 누구나 메김소리를 할 수 있는 즉, 돌림노래를 지향했다고 말할 수 있다. 선창자를 따로 두지 않았기 때문인데, 노래 능력이 있는 사람들이라면 누구라도 교환창, 선후창 등으로

자유롭게 불렀다는 것이다. "뱃동무들이면 누구나 앞소리에 참여할 수도 있고, 뒷소리에 참여할 수도 있었다"는[22] 진술을 주목할 필요가 여기에 있다. 다시 말하면 노동 상황이나 동작 자체를 제어하는, 그래서 권한이 집중된 역할 모델이 발견되지 않는다는 것이다. 이것은 노동력의 분배와 노래구현방식이 상당한 등가적 관계로 이루어져 있음을 확인할 수 있는 대목이기도 하다. 이는 노젓는 동작이 가지는 특성, 예를 들면 단순한 리듬에 의한 협업 시스템 등의 특성에 기인할 수도 있다. 따라서 지시나 응답의 말하기 기능이 매우 약화되어 나타난다고 볼 수 있기 때문에 주로 동작과 관련된 리듬패턴과 자유스런 사설구현이 <노젓는소리>의 주요 특징이라고 말할 수 있겠다.

<엉처소리>와 <어기야소리>가 모두 6/8박자로 되어있다는 점에서도 이 특징은 드러난다. 리듬이 단순하고 선율 또한 단순선율로 구성되어 있기 때문이다. 모두 노를 한 번 밀었다가 한 번 끌어당기는 노동 동작에 초점이 맞춰져 있음을 알 수 있다. 출현음은 미에서 레까지 한 옥타브를 넘어가지 않는다. 소박한 의미에서의 헤테로포니가 발생될 수 있는 지점도 발견되는데, <악보 1>의 6마디 및 <악보 2>의 4, 8, 12, 16, 20 마디 등이 여기에 해당된다고 하겠다. 이것은 음악적인 기량이 풍부하거나 실제 닻배경험이 없이, 노래만으로 닻배노래를 접한 경우에 더 강화되어 나타나는 경향을 보인다. <악보 1>에서 표현되지는 않았지만, 씻김굿의 예능보유자였던 고 박병천 등의 창에서는 메김소리 다음 마디를 거의 대부분 길게 빼서 흔드는 경향이 발견된다. 따라서 창자에 따라서는 메김 앞 소절(메김소리가 대부분 두 마디의 세트로 이루어지기 때문에)이 받음소리와 헤테로포니 관계를 이룬다고 할 수 있다. 물론

메기는 소리가 길게 늘어진 매우 단순한 경우에 해당되는 것이어서 의미를 부여하긴 힘들지만 단순동작에 의한 단순리듬 속에서 생길 수 있는 변화형의 흔적을 확인할 수는 있다고 본다.

<악보 2>의 김주근의 놋소리는 메기고 받는 형식이라기보다는 정서표출적 혹은 정서환기적 기능이 강화된 독창식 뱃소리처럼 들린다. 곡 자체가 매우 느리고 시김새 및 음색이 매우 처량하게 들리는 것도 이런 판단의 근거가 된다. 물론 이런 사례들을 더 찾아서 비교분석해봐야 하겠지만 현장의 소리가 없어져버린 현 단계에서 이를 고구할 특별한 방법을 찾기가 쉽지 않아 보인다.

<술비소리>는 다른 노래들과 달리 소분류에서까지 동일한 후렴으로 맡는 즉, 거의 유사한 형태로 나타난다. <술비소리>의 제보자는 김주근, 김연호, 박종민, 박장돌, 장진오, 이상수, 이규원, 박병천 등인데, 이 중 김연호의 제보를 채보의 대상으로 삼았다. <술비소리>는 그물을 만들어 출항 전 닻배에 올릴 때나, 조업시 그물을 놓을 때 혹은 그물을 올릴 때 부르는 소리라고 알려져 있다. 그러나 대부분의 제보자가 증언하듯이 실제 조업의 현장에서는 <술비소리>가 <놋소리>처럼 동작과 일치되게 불려진 것은 아니었다고 볼 수 있다. 어떤 경우에는 그물을 걷어 올리면서 <술비소리>대신 <방어소리>의 후렴만을 반복했다고 말하기도 한다. 그러나 실제 방어질을 하는 현장을 염두에 두면, 쪽바지를 걷어 올리는 동작과 관련되어 있는 까닭에, 뱃동무들이 <방어소리>를 전원 합창하였을 가능성은 매우 낮아 보인다.

<술비소리>가 연행되는 상황을 좀 더 살펴보자. 조기그물을 걷어 올릴 때는 닻그물의 윗배리(우꾸시)를 약 4인이 잡고, 아랫배리(아리꾸시)를 약 4인이 잡아서, 왼손 오른손을 바꿔가면서 그물을

올리게 된다. 수심이 깊은 곳에서는 한 번에 한 뼘 정도의 길이만을 끌어 올릴 수 있기 때문에 매우 고된 작업이고, 또 그물코에 조기가 꽂혀 있다가 떨어져 나가기도 하기 때문에 긴장을 요하는 작업인 셈이다. 현재 우리가 확인할 수 있는 것 같은 무대에서 벌어지는 연행판으로서의 풍성한 닻배소리가 구현될 수 있는 현장은 아니라는 것이다.

허릿대 부근에서 그물의 가운데 편 그물코를 당기거나 손보는 사람을 갈쿠질 하는 사람이라고 한다. 윗배리와 아랫배리의 각 4인을 포함하면 약 10인 이상이 그물을 올리는 셈이다. 이때 윗배리를 너무 급하게 잡아당기거나 반대로 아랫배리를 급하게 잡아당기면 배가 한쪽으로 회전하여 기울게 되고, 그물코에 꽂혔던 조기들이 닻배의 반대편으로 떨어져 나가게 되는데, 한 사람이 닻그물 올리는 반대편에서 방어그물로 조기를 걸어 올리는 것이다.[23] 따라서 방어질은 그물 올리는 작업과 동일한 조업 중에 불리는 노래이므로 때때로 술비소리와 같이 불려졌거나, 아예 불려지지 않았다고 볼 수 있다. 고되고 바쁘면 노래할 겨를이 없었다는 진술도[24] 염두에 둘 필요가 있다.

어쨌든 <술비소리>는 <놋소리>보다 노동 동작과의 일치성이 떨어진다고 봐야 한다. <놋소리>가 전적으로 노를 밀고 당기는 노동력에 근거한 소리임에 비해 그물 당기는 노동력에 전적으로 근거하지는 않는다는 뜻이다. 만약 그물 올리는 동작에 전적으로 근거한다면 <놋소리>처럼 단순리듬의 노래를 부르는 것이 유효하다고 할 수 있기 때문이다. <악보 3>의 <술비소리>는 18/8박자로 되어 있는데서 이를 확인할 수 있다. 템포의 차이는 있지만, <엉처소리>나 <어기야소리>가 6/8박자인 점에 비교해 리듬이

닻배노래(술비소리)

채보/ 이윤선

〈악보 3〉 닻배노래(술비소리)

3배로 길어진 셈이다. 음폭의 변화는 크게 드러나지 않는다. 대개 미에서 레까지 한 옥타브 내에서 소화되고 있으며 이는 <늣소리>와 <술비소리> 모두 음폭이 크지 않음을 알 수 있다. 대신 <악보 3>의 6마디 및 10마디 등에서는 길게 뻗는 메김소리를 대부분 흔들어 기교를 내는 까닭에 한 옥타브를 넘어 흔드는 음들이 출현하기도 한다. 물론 이것은 음악적 기량이 뛰어난 제보자들의 경우에 해당되고, 흔드는 음폭에 비례해 헤테로포니가 일어날 가능성도 높아진다.

결국, 동작과 크게 일치하지 않는 노래로 <술비소리>가 불려지기 때문에, 중간 중간 삽입되는 아니리와 사설이 많아질 수밖에 없다. 특히 바람이 있는 날은 닻그물의 윗배리(우꾸시)와 아랫배리(아래꾸시)의 잡아당기는 속도와 풍향, 조류에 의한 하중에 따라 닻배가 불필요한 회전을 하기 때문에, 이 회전을 막기 위해서 윗배리와 아랫배리의 끌어올리는 힘을 조절해야만 하고, 이때 서로 지시하는 말이 노랫소리에 삽입될 수 있다. 이를 정리해보면, <술비소리>는 노동동작을 추동하는 힘이 약화되어 나타나기 때문에 노동현장의 정서를 환기하는 정도로 기능한다고 말할 수 있다. 따라서 <술비소리>는 노동동작을 견인하는, 일종의 그물 끌어올리는 '바라지소리'라고 정리해 볼 수 있겠다.

여기서 노동 동작의 불일치와 소리하는 사람들의 노래 템포 및 선율의 불일치 특히 중간 중간 삽입되는 지시어들이 마치 추임새처럼 삽입되어 일종의 헤테로포니를 이루게 된다. 그러나 구술과 독창을 중심으로 하는 녹음자료로는 이를 재현하기가 매우 어렵다는 점을 토로하지 않을 수 없다. 제보자의 구술을 통해 이를 확인할 수 있을 뿐이다. 그럼에도 불구하고 제보자들의 구술을 종합해 보면, 창과 아니리가 적절하게 섞여 헤테로포니를 이루는 소리가 바로 <술비소리>에서 구현된다고 말할 수 있다.

한편, 한식사리 어간에 출어하게 되면 2~3개월 동안 서해안을 거슬러 올라가면서 닻배조업을 하게 된다. 대개 초사리에는 '소구'에서 조업을 하며 '푸냉이'를 거쳐 북상하고, 입하 및 소만살에는 위도 부근까지 올라가 조업을 한다.[25] 풍선시절에는 연평도까지 올라가는 것이 매우 힘든 일이었으나, 이후 유자망 및 기계선이 들어오면서 황해도까지 자유스럽게 조업을 하게 된다. 시기별로 다르긴 하지만 이처럼 제주도에서 연평도 이북까지 조업권역이 걸쳐 있었으므로 자연스럽게 민요의 지역적 습합도 일어나게 되었다. 그 대표적인 것이 <배치기소리>로 조도권역에서 말하는 <풍장소리>다. 이 중 <기화자좋네소리>는 김연호, 이규원 등이, <어화요소리>는 김주근, 박종민, 박종준, 박병천 등이 제보하였다. <기화자소리>의 채보는 김연호의 제보를, <어화요소리>는 박병천의 제보를 대상으로 하였다.

<풍장소리>에서 가장 큰 특징은 메김소리 리듬이 36/8박자로 늘어난 점에 있다. 즉, 받음소리와 메김소리의 리듬이 각각 36/8박자와 24/8박자로 다르다는 점이 특징이랄 수 있다. 받음소리는 템포의 차이는 있지만 <놋소리>와 <술비소리>에 비하면 각각 6배와 3배로 늘어난 셈이고, 메김소리와 사물장단으로 받는 소리는 각각 4배와 2배로 늘어난 셈이다. 온전히 사물장단만으로 후렴구를 받는 형식도 특징적이다. 이것은 메김소리와 받음소리, 사물장단이 각각 주고받는 역할이 분담되었음을 나타내는 것이다. 달리 말하면 각각의 기능에 충실한 형태로 노래가 분화 혹은 변화되었음을 시사해준다.

이처럼 <놋소리> 등의 단순리듬과 비교해 볼 때, <풍장소리>는 리듬이 훨씬 길어지고 복잡해졌을 뿐만 아니라 동일 소리 내에서도 혼소박리듬의 형태를 취하고 있다. 특히 메김소리와 받음소리가 혼소박리듬을 취하고 있는 것은 각각의 소리가 이입 혹은 습합되었을 가능성을 내포한다. <배치기소리>의 서해안 분포나 전파 현상을 전제한 후, 조도지방의 풍장소리가 원래 <지화자소리>였다가 점차 서해안의 <배치기소리>와 교섭하면서 <어화요소리>로 변화되었을 것으로 추정한 점을 전제하면,26) <풍장소리>가 지역 간의 소리들이 습합되면서 구성되었을 가능성을 엿볼 수 있기 때문이다. 장단으로 설명해보면, 메김소리나 사물장단소리는 모두 굿거리의 형태를 취하고 있으며 물리지 않는 겹장단으로 되어 있다.27) 대신 받음소리는 <기화자좋네소리>와 <어화요소리> 모두 굿거리 세 개의 홑장단으로 구성되어 있다. 겹장단으로 치면 반 장단이 삽입되어 있는 형태다. 달리 말하면 <엉처소리>나 <술비소리> 등의 리듬이나 사설이 쌍으로 구성된 것에 비해 <풍장소리>는 혼소박리듬으로 음악적 변화를 꾀한 노래라고 할 수 있다. 노동의 기능이 배제된 기교적 노래를 지향하고 있다는 뜻이다. 실제로 <풍장소리>는 만선의 기쁨을 노래하는 유희적 기능을 담당하는 곡으로 알려져 있다는 점에서 현장에서의 기능도 이와 크게 다르지 않았음을 확인해 볼 수 있다.

다만 유희요적 기능만을 전제하게 되면 <둥당애타령> 등의 유희요도 단순리듬은 물론 음폭이 크지 않다는 점과 비교하여 설명할 수 있어야 한다. 이들 여성유희요들의 리듬을 보면 역설적이게도 노동 기능이 강화되어 있는 <놋소리>에 가까우면서 훨씬 역동적인 상황을 연출해내는 기능을 담당하고 있기 때문이다. 특히

닻배노래(기화자좋네소리)

채보/ 이윤선

〈악보 4〉 닻배노래(기화자좋네소리)

닻배노래(어화요소리)

채보/ 이윤선

〈악보 5〉 닻배노래(어화요소리)

혼소박리듬이 의례적 기능을 가지고 있다는 점을 전제하게 되면, <풍장소리>가 의례요적 기능을 한 것으로 논의를 확대할 가능성도 생겨 문제가 보다 복잡해지게 된다. 결국 본고의 한계상 이 문제를 푸는 단서는 지역 간의 노래 양식들이 습합되는 과정에서 생긴 혼소박 리듬의 차용으로 보는 것이 현 단계로서의 해법이 아닌가 생각한다.

출현음도 <놋소리>와 <술비소리>가 한 옥타브를 소화하고 있는데 비해 두 옥타브, 경우에 따라서는 세 옥타브까지 확장되었음을 확인할 수 있다. 이는 <놋소리>의 노동기능에 비해 <풍장소리>가 음악적 기교에 충실한 노래임을 말해준다. 마찬가지로 <기화자좋네소리>의 메김소리가 음폭이 크지 않은데 비해 <어화요소리>는 음폭이 확장되어 있는 데서, 후자의 소리가 음악적 기량이 출중한 사람에 의해 불려졌음을 알 수 있다. 물론 이 <어화요소리>는 고 박병천을 대상으로 채록한 것이지만 이외의 제보자들도 정도의 차이가 있을 뿐이지 대강의 음역은 이와 비슷한 맥락에서 소화하고 있는 것으로 나타난다.

결국 음폭의 확장과 시김새의 기교 등을 통해서 볼 때, 독창적 기교는 발달해 있지만, 메김소리와 받음소리가 비교적 명확하게 갈라져 있기 때문에, 선후창간의 헤테로포니가 발생할 여지는 그만큼 줄어들었다. 이는 메김소리나 받음소리 간의 교접현상이 줄어들었음을 말해주는 것으로, 확실한 창자의 역할이 존재함을 나타낸다. 나아가 사물장단만으로 후렴구를 받는 형태까지 취하고 있기 때문에, 3개의 파트가 <풍장소리>라는 하나의 소리를 총화시키는 역할을 취하고 있는 셈이 된다. 이는 <놋소리>나 <술비소리>가 일정한 창자 없이 돌림노래 형식을 취하고 있는 것과 비교된다.

이처럼 노동 기능이 음악적 기능으로 분화될 때는 노동성 혹은 현장성이 부분적으로 거세되기 때문에, 보다 복잡한 선율과 세분화된 리듬으로 재무장할 수밖에 없다. 다만 노동 현장에서 의사전달의 가장 중요한 매개였던 인터랙션은 선율적 인터랙션으로 확장 변화되거나 잔존하는 형태를 띠게 된다고 본다. 다시 말하면 말하기와 대답하기 등의 이야기하기 기능의 원형성을 가지고 있던 단순리듬의 각편소리가 노동 자체의 기능을 점점 상실하면서 선율과 리듬의 인터랙션이라는 변화를 꾀하게 되었다는 것이다. 선후창에서 후창의 기능이 받음소리로만 제한되는 것도 이런 분화 과정 중의 하나로 볼 수 있다. 예를 들어 강등학이 나눈 바에 의하면,28) <놋소리>는 실무기능을, <술비소리>는 정서표출기능을, <풍장소리>는 놀이기능을 드러내고 있다고 말할 수 있다.

이상을 종합해보면, <풍장소리>의 메김소리는 노동행위보다는 선율적 유희성이 강조되어 나타나고 있으며, 리듬 등이 복잡하고 정교해졌다고 볼 수 있다. 받음소리 또한 노동기능 보다는 선율적 유희기능, 특히 노동력에서의 협업적 겨루기가 유희적 선율의 겨루기 형태로 드러남을 살펴볼 수 있다.

Ⅳ. 결 론

본고는 사실상 두 가지 전제를 두고 출발한 셈이다. 하나는 닻배노래가 어떤 본래적 형태로부터 분화되거나 이입되었다는 가설이며, 다른 하나는 스토리를 가장 효율적으로 전달하기 위한 수단이 리듬과 선율에 있다는 점 등이다. 전자는 본고에서 몇 개의 단서를 들어 증명해 보고자한 내용에 해당된다. 본래적 형태를 문화원형성이라고 표현할 수 있다고 보았고, 따라서 본고의 논의를 확장서사로서의 스토리텔링에 대한 문화원형성 추출에 두었던 것이다. 닻배노래가 어로요라는 맥락을 전제하면 이에 가장 근접한 노래는 <놋소리>라고 할 수 있다고 보았다. 후자는 무가 등을 통해서 이미 선험적으로 증명이 되어 있다고 판단하기 때문에 본고에서 굳이 리뷰하지는 않았다. 다만 주로 신화를 토대로 스토리텔링이 논의되는 현재의 담론 경향 속에서, 명시적인 이야기뿐만 아니라 이미지나 사운드 등의 비이야기적 장르로 스토리텔링이 확장되어 나가는 경향을 주목하고자 했다. 즉, 리듬과 선율의 스토리텔링으로서 민요의 논의를 확장시키자는 맥락에서 본고가 준비되었다는 것이다. 이 중 가장 중요한 논점은 인터랙션으로 표현되는 상호작용성이었다. 이것은 사실상 용어 활용의 맥락이 달랐을 뿐, 민요학에서 주로 논의되어 온 돌림노래, 선후창, 리듬과 선율의 대칭구조, 포뮬라 이론 등에 해당될 수 있다고 보았다.

따라서 본고는 인문학 기반의 콘텐츠관련 논의들이 주로 스토리텔링에 주목하고 있는 경향을 감안하여 민요학으로의 관심사를 유도하는 효과를 꾀할 수 있다고 생각한다. 민요의 노래하기와 말하기의 기능에서 볼 수 있듯이, 구비전승의 가장 효율적인 시스템이 선율과 리듬이 있는 스토리텔링임을 전제할 필요가 있기 때문이다. 특히 웹2.0시대에 주목하고 있는 확장서사적 인터랙티브 스토리텔링에 대해 보다 원형적인 맥락들을 고찰하기 위해서는 스토리텔링에서 스토리씽잉으로 변화되는 맥락의 논의들을 고려할 시점에 이르렀다고 생각한다. 실제로 갖가지 스토리를 노래하는 서사민요로 확장시켜 논의할 필요성은 재론의 여지가 없이 당연한 것이라 하겠다.

본고에서 거론한 세 가지 형태의 소리들은 모두 주고받기 즉, 인터랙션의 문화원성을 간직하고 있다. 다만 <놋소리>가 노동 동작의 리듬과 말하기의 인터랙션을 갖고 있다면 <풍장소리>는 리듬과 선율의 유희적 인터랙션을 가지고 있다. <술비소리>는 마치 아니리와 창이 교접하듯이, 이 둘을 합친 컨버전스적 경향을 보여준다. 이처럼 메기고 받는 형식은 독창곡에서는 발견되지 않는다. 겨룸의 형태를 가시화시키지 않은 곡이기 때문이다. 즉, 독창곡이 겨루기의 형태를 취하지 않는 것은 노동 동작의 주고받음이든 선율의 주고받음이든 주고받는 형식을 취하지 않기 때문이다. 서로의 호흡을 맞출 이유가 없다는 뜻이다.[29] 대신 협업을 요하는 노동에서는 겨루기의 형태가 기본적으로 드러나게 마련이고 이것이 메김소리와 받음소리의 형태로 구성되었다고 말할 수 있다. 물론 이 겨루기는 경쟁적 겨루기와 화합적 겨루기 등으로 세분시킬 수 있지만 이 양자가 이분법적으로 구분될 수 있는 것은 아니라고 본다. 흔히 겨루기 요소가 극적으로 표현되는 줄다리기나 고싸움 등의 대동놀이도 사실은 화합적 에네르기를 총화시키는 메커니즘 속에서 구현되고 있기 때문이다. 강강술래도 손잡음을 통해서 총화를 도모하지만, 메기고 받는 양식이나 부대놀이를 통해서 구현되는 양상을 보면 겨루기의 형태가 매우 강화되어 나타남을 알 수 있다. 이들 모두 협업의 기본적 메커니즘 속에서 구현되는 것들이다.

이를 정리해보면, 가장 원초적인, 그래서 노동요의 문화원형성을 가지고 있다고 말할 수 있는 노래는 동작을 추동하는 힘이 있어야 한다. 이 노래가 분화되거나 변화되어 정서환기 기능이 강화되면 시김새가 강조되고 음폭이 확장되며 리듬 또한 혼소박 리듬 등의 복잡성을 띠게 된다.[30] 우리가 흔히 장단이라고 부르는 고유한 인식체계는 이런 점들을 반영한 음악적 결과물인 셈이다. 의례나 종교적 기능이 강화된 음악들이 혼소박 리듬 등을 활용해 복잡해지는 것도 이런 경향을 반증해 준다. 따라서 하나의 틀거리로 인식되는 리듬이 확장되었다거나 음폭이 확장되어 선율의 활용성이 높아진 경우는 그만큼 미묘하거나 복잡한 노동을 추동하거나 아니면 노동의 매개단위를 이미 벗어났다고 말할 수 있다. 곧 밀고당기기의 노동형태가 선율과 리듬의 복잡화 속에서는 가시화되지 않고, 노래 양식 속에 은닉되거나 함축되어 나타난다는 것이다.

이를 노동요적 기능이 약화되어 나간 순서로 보면 <늣소리>→<술비소리>→<풍장소리>가 되고 역으로 노동요적 기능이 강화되고 정서환기적 기능이 약화된 순서로 보면 <풍장소리>→<술비소리>→<늣소리>의 순서가 된다. <술비소리>는 중간 지점에 위치해 있는데, 이는 소박한 의미에서의 헤테로포니 현상이 발생되는 지점이라고 할 만하다. 아마도 이론적으로는 이 리듬과 선율이 보다 정교해지고 교접되면서 보다 다양한 화음으로서의 헤테로포니를 추동하고, 리듬의 헤미올라 현상까지 견인하게 되면서 시나위 등의 컨버전스형 음악으로 진전되었을 것으로 생각해볼 수 있다. 대신 음악적 기교가 더 향상된 것으로 드러난 <풍장소리>는 메김소리꾼과 받음소리꾼, 악기연주꾼이 확실하게 배분된 음악이라고 할 수 있으므로 창자 중심의 선율적 기교가 발달한 음악으로 진전되었다고 볼 수 있겠으며 이는 상호 교접하는 인터랙션보다는 전달과 감상 위주의 예술음악으로의 단계를 밟아 나왔을 것으로 추정해볼 수 있다. 문제는 이를 노동요에서 유희요가 파생되었다거나 유희 및 의례요에서 노동요가 파생되었다는 등으로 단순 도식하는 것은 경계해야 한다는 점이다. 본고에서 이야기하고자 하는 것은 이들 각편소리들이 서로 영향관계에 있음을 드러내보고자 했을 따름이다. 이를 도식해보면 <그림 3>과 같이 나타낼 수 있다.

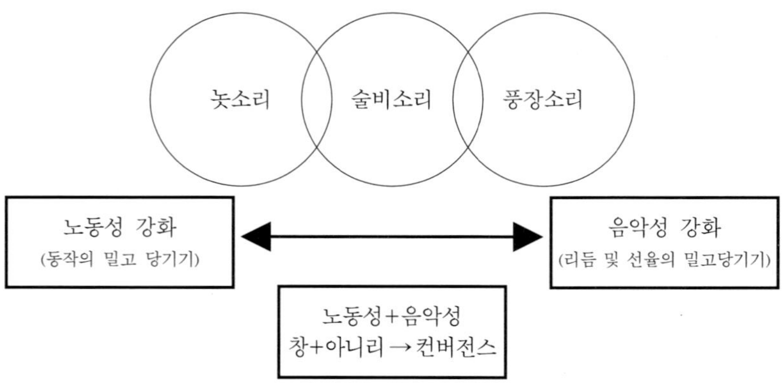

이상에서 볼 수 있는 것처럼 인터랙션의 원형성이라고 할 수 있는 것들은 리듬이든 선율이든 주로 대구형식을 이루는 것이고 이를 효율적으로 이행시키는 기제로 포뮬라 등의 기법이 활용되었음을 확인할 수 있다. 사설에서의 주고받기나 민요 일반의 메기고 받기는 물론이고, 선율에서의 대구형식도 사실 이 논의에서 크게 벗어나지 않는다고 본다. 노동 동작의 밀고 당기기 형태나 선율 및 리듬을 통한 노래 겨룸의 형태가 사실은 밀고 당기기라는 인터랙션에 기반 해 있다고 생각하는 까닭이다.

그러나 본고가 가지는 가장 큰 한계는 닻배노래라는 묶음노래

를 통해서 추출된 원리들을 어로요 일반의 분화 양상으로 확대하
는 데 제한적이라는 점이다. 대부분의 제보자들이 닻배 조업의 현
장경험이 풍부함에도 불구하고 부분적으로는 무대화 및 양식화의
과정을 거친 소리들을 보유하고 있다는 점에서도 그렇다. 이들을
보다 명료하게 구분하게 되면 본고의 한계를 넘어설 수 있는 이론
을 도출할 수 있을 것으로 본다. 그럼에도 불구하고 이를 시도해
보는 것은 이 논고로 필자의 논의를 마무리 짓는 것이 아닌 까닭
이다. 환원주의적 오류에 빠질 위험은 있지만 대개의 어로노동요
들이 가지고 있는 이런 속성들을 사례별로 분류시킨다면 노동요
와 유희요, 혹은 의례요의 상관성을 일정정도 들춰볼 수 있는 단
서가 될 수 있다고 생각한다. 이점은 노동요를 전제한 민요의 형
성이나 노동요에서 파생한 유희요의 파생 루트 등을 살펴보는데
매우 유익한 고찰이 될 수 있다고 생각한다. 다시 말하면 확장서
사로서의 스토리를 노동을 통해 인터랙션하는 것과, 리듬 및 선율
적 유희를 통해서 인터랙션하는 원형성들을 살펴보는데 하나의
시사점을 제공하게 될 것이다. 결국, 보다 정치한 일련의 작업들
을 약속하는 것으로 본고를 마무리 지음으로써, 여기까지의 불충
분한 논의를 따라 읽은 독자들에 대한 송구함을 조금이나마 덜 수
있을 것이라고 생각한다.

1) 인터랙션interaction이라는 외래어를 굳이 사용하는 것은 이것이 단순한 상호작용성의 의미만을 지닌 것이 아니라, 학문방법론의 의미를 포함하는 개념용어로 사용되고 있기 때문이다.

2) 문화원형에 대한 논의는 필자도 그간 수차례에 걸쳐 인용하거나 주장한 바 있으므로, 본고에서 재차 리뷰하는 것은 불필요하다고 생각한다.

3) 이인화, 「디지털스토리텔링 창작론」, 『디지털스토리텔링』, 황금가지, 2003, 13쪽.

4) 한혜원, 『디지털게임스토리텔링』, 살림, 2005, 전반적인 내용 참고.

5) 전자는 콘텐츠 유저가 스토리를 중심으로 콘텐츠를 향유하도록 조종하고 유도하는 장치를 말한다. 후자는 콘텐츠 유저의 연상 작용을 자극하는 그래픽 디자인 등의 시각기호를 총칭한다. 기존 서사물의 분석뿐만이 아닌 아주 짧은 단편 광고, 나아가 스토리가 은닉되었을 것으로 추정되는 이미지까지 스토리텔링의 범주로 접근하고 있음을 알 수 있다.

6) 사운드와 관련된 스토리텔링의 대표적 장르로는 판소리와 창극을 들 수 있겠는데, 현재의 공연문화 장르로는 단연 뮤지컬을 들 수 있다.

7) 이윤선, 『민속문화 기반의 문화콘텐츠 기획론』, 민속원, 2006, 전반적인 내용 참고.

8) 전제하는 논고는 아래와 같다.
이윤선, 「닻배노래의 교섭양상과 공연화에 나타난 변화 고찰」, 『한국민요학』 16, 한국민요학회, 2005, 263~294쪽 ; 「연행방식을 통해서 본 남도소리의 축제적 성격」, 『구비문학연구』 24, 한국구비문학회, 2007, 59~87쪽.

9) 이윤선, 「닻배노래에 나타난 어민 생활사―진도군 조도군도를 중심으로―」, 『민요논집』 7, 민속원, 2003, 231~266쪽. 이 글은 아래의 석사학위논문의 일부를 발췌한 것이다.
이윤선, 「조기잡이 어로민요와 닻배의 민속지적 고찰」, 목포대 석사학위논문, 2002.

10) 이윤선, 「닻배노래의 교섭양상과 공연화에 나타난 변화 고찰」, 『한국민요학』 16, 한국민속학회, 2005, 263~294쪽.

11) 이경엽, 「서해안의 배치기소리와 조기잡이의 상관성」, 『한국민요학』 15, 한국민요학회, 2004, 215~248쪽.

12) 나승만, 「조기잡이 닻배어로의 번영과 쇠퇴」, 『비교민속학』 27, 비교민속학회, 2004, 263~291쪽.

13) 이윤선, 「닻배노래의 교섭양상과 공연화에 나타난 변화 고찰」, 『한국민

요학』 16, 한국민요학회, 2005, 264쪽.

14) 이경엽, 「서해안의 배치기소리와 조기잡이의 상관성」, 『한국민요학』 15, 2004, 215~248쪽, 전반적인 내용 참고.

15) 조오환(2006년 전남도지정 무형문화재 예능보유자 지정)은 필자와 함께 1980년대 후반부터 닻배노래보존회를 설립하여 현장을 답사하고 녹음한 바 있다. 이 자료를 포함하여 이후 나승만(목포대 교수)과 함께 조사한 자료를 바탕으로 필자의 석사논문을 집필하였던 까닭에, 이번 고찰에서는 그 이후 조사된 조오환의 녹음 자료만을 대상으로 삼기로 한다. 귀한 자료를 제공해 준 조오환 예능보유자에게 감사의 말씀을 드린다. 이 자료는 아래의 책에 갈무리되어 있다.
조오환 채록, 김정호 감수, 「진도닻배노래」, 진도문화원, 2004.

16) 진도군, 『진도군지』, 진도군지편찬위원회, 2007, 703~704쪽 참고.

17) 조도지역에서는 방어그물을 '쪽바지'라고 부르기 때문이다.

18) 이경엽, 「서해안의 배치기소리와 조기잡이의 상관성」, 『한국민요학』 15, 한국민요학회, 2004, 241쪽,

19) 문화방송, 『MBC 민요대전 2』－전라남도편, 문화방송, 1993, 575쪽.

20) 보다 구체적인 내용은 아래의 논고를 참고하면 도움이 된다.
이윤선, 「닻배노래의 교섭양상과 공연화에 나타난 변화 고찰」, 『한국민요학』 16, 한국민요학회, 2005, 288~289쪽 및 주 39) 참고.
여기서 서해안의 <배치기소리> 받음소리와 <허와요소리>의 받음소리는 받음소리 채록의 오차를 감안하여 비슷한 형태로 보았다.
  • 당진배치기 받음소리: 에헤헤 헤에에요허 에에헤에에 에헤에야
  • 태안배치기 받음소리: 에에 에 에에 어 어어어 어 어에 어어어 어어 어 어어어요
  • 부안배치기 받음소리: 에 에헤 에헤야 에 에헤 에헤야 에 에헤 에헤야
문화방송, 『MBC 민요대전』－충청남도편, MBC, 1995, 135~480쪽.
문화방송, 『MBC 민요대전』－전라북도편, MBC, 1995, 460~502쪽.

21) 필자는 이렇게 여러 각편의 소리가 세트화되어 닻배노래라는 이름으로 불려진 것을 '묶음노래'라고 표현한 바 있다.

22) 한영춘 외(2001년 제보, 상조도 라배도 거주).

23) 김연호(2008년 제보, 닻배노래 예능보유자, 조도면 창유리 거주).

24) 박윤중(2001년 제보, 목포시 산정동, 상도조 여미리 출신).

25) '소구'는 조도 바깥쪽의 연해를 말하며, '푸냉이'는 목포와 신안 근처 연근해를 말한다. 한식이 들어 있는 사릿때를 초사리라고 하는데, 이때는 조기가 조도, 목포 인근의 서남해지역을 회유하는 시기이므로, 닻배가 멀리 나가지 않고, 주로 이곳 연근해에서 조업했다.

26) 이윤선, 「닻배노래의 교섭양상과 공연화에 나타난 변화 고찰」, 『한국민
    요학』 16, 한국민속학회, 2005, 288~289쪽.
27) 일반적인 굿거리 한 장단은 홑장단이라고 해서 물리는 장단이라고 말한
    다. 한 쌍을 이루는 겹장단이어야 온전한 한 장단을 이룬다는 뜻이다. 따
    라서 본고에서는 겹을 이루지 않는 장단을 홑장단, 한 쌍을 이루는 장단
    을 겹장단으로 표현한다.
28) 강등학, 「노래문학의 성격과 민요의 장르양상」, 『한국시가연구』, 한국시
    가학회, 1997, 93쪽.
29) 가장 유형적인 독창곡으로 <홍그레타령>을 들 수 있는데, 이는 박자,
    선율 등을 자기 호흡 가는대로 마음대로 부를 수 있는 노래다.
30) 논농사 소리도 사실은 이런 맥락에서 다시 정리될 필요가 있다고 본다.
    벼를 심는 동작과 관련된 노동요는 제한적일 것이기 때문에 그렇다.

참고문헌

제2부

김　준, 「생태환경의 변화와 파시촌 어민의 적응」, 『도서문화』 18, 목포
　　대 도서문화연구소, 2001.

나승만, 「조기잡이 닻배어로의 번영과 쇠퇴」, 『비교민속학』 27, 비교민
　　속학회, 2003.

나승만 외, 「어부가·표해록·어로요에 나타난 해양인식 태도」, 『섬과
　　바다―어촌생활과 어민』, 경인문화사, 2005.

이해준 편, 『지도군총쇄록』, 도서문화연구소자료총서 2, 1990.

조경만, 「흑산사람들의 삶과 민간신앙」, 『도서문화』 6, 목포대 도서문화
　　연구소, 1988.

조경만, 고철환 편, 「갯벌보존과 지역발전을 함께 하는 길」, 『한국의 갯
　　벌』, 서울대학교 출판부, 2001.

주강현, 『조기에 관한 명상』, 한겨레신문사, 1998.

해양수산부, 『한국의 해양문화―서남해역』 하, 해양수산부, 2002.

秋道智彌, 이선애 역, 『해양인류학』, 민속원, 2005.

Bennett, J. W., *The Ecological Transition: Cultural Anthropology and Human
　　Adaptation*, Oxford: Pergamon Press, 1976.

Brunk, C. & Dunham, S., Ecosystem Justice in Canadian Fisheries in *Just
　　Fish*, Coward, H., Ommer, R. & Pitcher, T. eds., St. Johns: ISER,
　　2000.

Hardin, G., *Science*, 162:1243-1248, 1968.

Turnbull, C. M., 이상원 역, 『숲 사람들*The Forest People*』, 황소자리, 2007.

제3부

제1장(나승만)

1. 면담자료

김연호(남, 71세), 전남 진도군 조도면 창유리, 2008년 5월 18일, 나승만 면담.
김주근(남, 82세), 전남 진도군 조도면 소마도, 2008년 5월 19일, 나승만 면담.
박계용(남, 92세), 전남 진도군 상조도 여미리, 2001년 3월 16일, 나승만, 이윤
　　　선 면담.
한양배(남, 73세), 전남 진도군 조도면 라배도, 2001년 3월 15일, 나승만, 이윤
　　　선 면담.
허효석(남, 81세), 전남 진도군 상조도 여미리, 2001년 3월 16일, 나승만, 이윤
　　　선 면담.

2. 자료집

農商工部水産局,『韓國水産誌』1, 민속원, 2001.
朝鮮總督府水産試驗場,『漁船調査報告』第二冊.

3. 단행본

강봉룡,『바다에 새겨진 한국사』, 한얼미디어, 2005.
국립해양유물전시관,『傳統韓船과 漁撈民俗』－영광 낙월도 멍텅구리배,
　　　신안 가거도배, 제주도 떼배－, 국립해양유물전시관 학술총서 2,
　　　1997.
김경옥,『朝鮮後期 島嶼研究』, 도서출판 혜안, 2004.
나승만 외 7인,『다도해 사람들－사회와 민속－』, 경인문화사, 2004.
박구병,『한국어업사』, 정음사, 1975.
박윤중,『닻배노리 닻배소리』필사본, 1997.
조오환 채록, 김정호 감수,『진도 닻배노래』, 진도문화원, 2004.

4. 논　문

김　준, 「해양생태의 변화와 파시촌 어민의 적응」, 『다도해 사람들 ─ 사
　　　회와 민속 ─』, 경인문화사, 2004.

나승만, 「임자도 새우잡이 젓중선의 어로민속지」, 『島嶼文化』 24, 목포
　　　대학교 도서문화연구소, 2004.

나승만, 「中國 舟山群島의 大黃魚잡이와 黃魚文化」, 『島嶼文化』 26, 목
　　　포대학교 도서문화연구소, 2005.

나승만, 「생애담을 통해 본 하치도 어민의 환경인지와 어로활동」, 『島嶼
　　　文化』 29, 목포대학교 도서문화연구소, 2007.

나승만, 「대풍선 시대 발해 장도현 타기도 어민들의 조기잡이에 대한 현
　　　지작업」, 『중국 발해만의 해양민속』, 민속원, 2005.

나승만, 「가거도 멸치잡이 뱃노래의 민속지」, 『한국민요학』 22, 한국민
　　　요학회, 2008.

이윤선, 「조기잡이 어로민요와 닻배의 민속지적 고찰」, 목포대 석사학위
　　　논문, 2002.

이윤선, 「닻배노래에 나타난 어민생활사 ─ 진도군 조도군도를 중심으로 ─」,
　　　『민요론집』 7, 민요학회, 2003.

이윤선, 「닻그물 어로의 소멸에 나타난 도서민속사적 의미 ─ 진도군 조도
　　　군도를 중심으로 ─」, 『도서해양민속과 문화콘텐츠』, 민속원, 2006.

이윤선, 「닻배노래를 통해 본 어로요의 리듬 분화와 인터랙션」, 『한국민
　　　요학』 22, 한국민요학회, 2008.

조성국, 「중국 주산군도 승사현의 역사와 문화전통」, 『島嶼文化』 26, 목
　　　포대학교 도서문화연구소, 2005.

제2장(고광민)

『世宗實錄地理志』

『慶尙道續撰地理志』

『林園經濟志』(徐有榘)

朝鮮總督府 農工商部, 『韓國水産誌』 권1·3, 1910.

金日基, 「곰소灣의 漁業과 漁村硏究」, 『地理學論叢』 別號5, 서울대 社會 科學大學 地理學科 論文集, 1988.

柳廷坤·姜炳武, 「韓國 漁箭漁業의 漁業史的 硏究」, 『水産業史研究』 2, 水産業史研究所, 1995.

國立水産振興院, 『韓國漁具圖鑑』 2, 1967.

한국정신문화연구원, 『한국민족문화대백과사전』, 1992.

吉田敬市, 『朝鮮水産開發史』, 朝水會, 1954.

제3장(이경엽)

공주대박물관, 『황도 붕기풍어제』, 1996.

나경수, 『광주·전남의 민속연구』, 민속원, 1998.

농상공부 수산국, 『한국수산지』 권1, 1908.

문화방송, 『한국민요대전(충청남도편)』, 1995.

박종익, 「충남 당진군 고대리 안섬 당제의 실상과 활로 모색」, 『한국민속 학』 39, 한국민속학회, 2004.

이경엽, 「서해안의 배치기소리와 조기잡이의 상관성」, 『한국민요학』 15, 한국민요학회, 2004.

이경엽, 「경기어로요의 존재양상」, 『경기향토민요』, 경기도 국악당, 2007.

이용범, 『화성의 무속』, 화성문화원, 2005.

이윤선, 「조기잡이 어로민요와 닻배의 민속지적 고찰」, 목포대 석사학위 논문, 2002.

주강현, 「서해안 조기잡이와 어업생산풍습」, 『역사민속학』 창간호, 한국 역사민속학회, 1991.

해양수산부, 『한국의 해양문화』-서해해역 편, 2003.

홍태한, 「서해안 풍어굿의 양상과 특징」, 『도서문화』 28, 목포대 도서문 화연구소, 2006.

제4장(김 준)

『세종실록지리지』, 『신동국여지승람』, 『자산어보』, 『지도군총쇄록』.

고광민, 「조기의 어법과 민속－주벅·살·낚시를 중심으로－」, 『도서문화』 30, 목포대 도서문화연구소, 2007.

국립해양유물전시관, 『우리배·고기잡이』, 2002.

김승·김연수, 「조선시대 전통의 파시와 어업근거지 파시의 비교연구」, 『수산연구』 22, 2005.

김　준, 「생태환경의 변화와 파시촌 어민의 적응」, 『도서문화』 19, 목포대 도서문화연구소, 2001.

김　준, 『생태환경의 변화와 어촌사회』, 민속원, 2004.

김　준, 「파시의 어업기술사적 고찰」, 『민속학연구』 17, 국립민속박물관, 2005.

김수관·김민영·김태웅, 『근대 서해안지역 수산업연구』, 선인, 2006.

김수관·이광남, 「서해 지역의 파시에 관한 조사연구」 (1), 『수산업사연구』 1, 수산업사연구소, 1994.

김영희, 『섬으로 흐르는 역사』, 동문선, 1999.

김일기, 『곰소만의 어업과 어촌 연구』, 서울대 박사학위논문, 1988.

김재원 외, 『한국서해도서조사보고』, 을유문화사, 1957.

김정호, 『섬, 섬사람들』, 학연문화사, 1991.

나승만, 「조기잡이 닻배 어로의 번영과 쇠퇴」, 『비교민속학』 27, 비교민속학회, 2004.

나승만, 「중국주산군도의 조기잡이와 전통어업권」, 『중국 주산군도의 해양민속』 학술대회자료집, 목포대학교 도서문화연구소, 2005.

농상공수산국, 『한국수산지』 1·3, 조선총독부농상공부, 1910.

박구병, 『한국어업사』, 정음사, 1977.

서종원, 「서해지역의 임경업 신앙연구」, 『동아시아고대학회』 14, 2006.

서종원, 「위도 조기파시의 민속학적 고찰」, 고려대 석사학위논문, 2004.

수산업사연구소, 『수산업사연구』 2, 1995.

이경엽, 「서해안의 배치기소리와 조기잡이의 상관성」, 『한국민요학』 15,

한국민요학회, 2004.
이경엽, 「충남 녹도의 조기잡이와 어로신앙」, 『도서문화』 30, 목포대 도서문화연구소, 2007.
이기복, 「어민들의 시간관념, '물때'」, 『해양과 문화』, 해양문화재단, 2003.
이인화, 『충청남도 내포지역 마을제당에 관한 연구』, 동국대 박사학위논문, 2005.
이태원, 『현산어보를 찾아서』 3, 청어람미디어, 2002.
인천광역시립박물관, 『서해도서 종합학술조사보고서』, 2003.
인하대박물관, 『서해도서민속학』, 1985.
임재해, 「조기잡이를 통해서 본 어업체계」, 『민속문화의 지역성과 보편성』, 집문당, 2000.
주강현, 『조기에 관한 명상』, 한겨레신문사, 1988.
주강현, 「서해안 조기잡이와 어업생산풍습」, 『역사민속학』 창간호, 한국역사민속학회, 1991.
주강현, 「민어잡이와 타리파시의 생활사」, 『해양과 문화』 6, 해양문화재단, 2001.
최길성 옮김, 『일본민속학자가 본 1930년대 서해도서 민속』, 민속원, 2004.
해양수산부, 『한국의 해양문화』-서해해역편, 서남해역편, 2002.
アチックミーユゼアム編, 『朝鮮多島海旅行覺書』, アチックミーユゼアム, 1963.
吉田敬市a, 「波市坪考-朝鮮に於ける移動漁村集落」, 『人文地理』 4-5通卷17, 京都大學, 1954.
吉田敬市b, 『朝鮮水産開發史』, 朝水會, 1954.

제5장(홍순일)

1. 자 료

1) 문헌조사

문화방송, 「전라남도 민요해설집」, 『한국민요대전』 2, 문화방송, 1993.

이동근·한철환·엄선희, 「역사와 해양의식-해양의식의 체계적 함양방안 연구-」, 해양수산개발원, 2003.12.

주강현, 「서해안 도서지역 민족종합조사」, 경희대민속학연구소, 1984~1985.

주강현, 「서해안 천수만 일대 대동굿」, 굿패 비나리 회보 2호, 1985.

주강현, 「임경업 장군님 모셔놓고-서해안 풍어굿의 총체적 이해-」, 민족굿회 주관 제1차 민족굿학교, 그림마당 민, 1987.4.29.

주강현, 「굿현장 르포-임경업 장군님 모셔놓고 연평바다로 노 저어간다」, 『삶의 문학』 8, 동녘, 1988.

중점연구소 지원사업 신청서·제2세부과제 논저목록집·2세부 자료집, 『조기』·2세부 1단계 1차년도 연차보고서, 목포대 도서문화연구소, 2005.10·2005.12·2006.3·2006.9.

해양수산부, 『한국의 해양문화』 1/2 서남해역(하) / 서해해역(하), 해양수산부, 2002.

홍순일·이옥희·이명진, 「≪조사보고서 전남 진도군≫ <민요>」, 『남도민속연구』 12, 남도민속학회, 2006.

홍순일 외 공저(9인), 『수산노동요연구』, 한국민요학회 학술총서 1, 민속원, 2006.

홍순일, 「지도/증도/임자도의 설화와 민요」, 『도서문화유적 지료조사 및 자원화 연구 6·7·8』-지도/증도/임자면 편, 도서문화연구자료총서 17·18·19, 목포대학교 도서문화연구소·신안군, 2006.

2) 현지조사

번호	일시	지역	조사자	제보자	제보내용	비고
1	2005.10.01 ~02	부산광역시 기장군 일광면 일광해수욕장	이경엽, 김혜정, 홍순일, 송기태, 김헌주	김유선(여, 미상) 외	동해안 오구굿	현지조사
2	2006.01.30 ~31.	태안군 안면읍 황도리와 서산시 부석면 창리	홍순일, 송기태, 한은선, 양나영, 이혜숙	홍길용(남, 70) 김금화(여, 미상) 외 주민, 무녀들	황도붕기풍어제, 창리영신제	현지조사
3	2006.03.28 ~29.	목포시 유자망 수협, 수협 위판장	홍순일, 송기태, 김헌주	이지배(남, 49), 선장, 선원들	조기 관련	현지조사

4	2006.06.01.	영광군 법성면	홍순일, 김헌주, 최유미	윤애덕(여, 78) 외 7명	민요, 칠산어장 놀이, 목넹기 파시, 조기	현지 조사
5	2006.06.02.	부안군 위도면	홍순일, 김헌주, 김해미	서병진(남, 84) 서대석(남, 56) 외 6명	구비전승, 산다이, 위도파시(파장금), 조기울음	현지 조사
6	2006.06.03.	부안군 위도면 진리, 대리	홍순일, 최유미	신갑균(남, 84) 외 4명	돌인형, 나무, 조기잡이, 배 이야기, 산다이, 파장금, 민요, 산 이야기	현지 조사
7	2006.07.19 ~20.	군산시 옥도면 선유도리 3구	홍순일, 김헌주, 최유미	정풍녀(여, 77) 외 2명	설화, 당제, 산다이, 민요, 지명, 해태	현지 조사
8	2006.07.20.	군산시 옥도면 선유도리 1구, 3구	홍순일, 김헌주, 김해미	송미자(여, 52) 조기환(남, 56)	설화, 당제, 초분, 장승, 술, 김, 갯벌	현지 조사
9	2006.07.20.	군산시 옥도면 무녀도리 1구, 2구	홍순일, 김헌주, 김해미	아무개(여, 71) 이창길(남, 85)	생업, 초분, 지명, 조기	현지 조사
10	2006.07.21.	군산시 옥도면 선유도리 1구, 1구(통개)	홍순일, 김헌주, 최유미	신신엽(여, 70) 임도수(남, 73)	산다이, 어장일, 전설, 당제, 삼섬, 지명	현지 조사
11	2006.11.03.	북제주군 추자면 대서리	홍순일	지승일(남, 41) 고재희(남, 44) 문재원(남, 37) 김종우(남, 45)	조기, 풍어제, 최영장군사당제, 설화	현지 조사
12	2006.11.04.	북제주군 추자면 대서리	홍순일	박종일(남, 미상) 이강선(남, 78) 김홍태(남, 56) 주명선(남, 76) 원종대(남, 69)	조기, 멸치잡이, 조기잡이	현지 조사

2. 저 서

권상문, 『동해안 어촌의 민속학적 이해』, 민속원, 2001.

아키미치토모야 저/이선애 역, 『해양인류학: 해양의 박물학자들』, 민속원, 2005.

이태원, 『현산어보를 찾아서』 3, 청어람미디어, 2003.

주강현, 『조기에 관한 명상』, 한겨레신문사, 1998.

주강현, 『관해기 남쪽바다/서쪽바다/동쪽바다: 일상과 역사를 가로지르는 우리 바다 읽기』, 웅진지식하우스, 2006.

에틱박물관 엮음/최길성 옮겨 엮음,『일본 민속학자가 본 1930년대 서해 도서 민속』, 민속원, 2004.

황루시,「배연신굿 한판에 조기 그물이 출렁」,『웅진배연신굿』, 열화당, 1986.

홍순일,『판소리창본의 희극정신과 극적 아이러니』, 박이정, 2003.

3. 논 문

강현모,「임경업 장군의 조기잡이」,『장수설화의 구조와 의미』, 역락, 2004.

국립해양유물전시관, <조기관련 자료> 발췌,『우리배・고기잡이』 3, 36~47, 67~71, 102~107쪽 발췌.

권삼문,「명태와 조기잡이를 통해본 어업체계의 지역성」,『민속문화의 지역성과 보편성』, 집문당, 1999.

金善用,「西海 조기 漁場調査 및 漁撈指導」,『水産經營』 17, 1968.

김순갑,「우리나라 대중가요에 나타난 해양정서」,『해양문화연구』 4, 1998.12.

김혜정,「波市의 여성생존서사와 여성성」,『開新語文研究』 21, 開新語文 學會, 2004.

나승만,「대풍선시대 발해 장도현 타기현 어민들의 조기잡이에 대한 현 지작업」,『도서문화』 23, 목포대 도서문화연구소, 2004.

나승만,「조기잡이 닻배 어로의 번영과 쇠퇴」,『비교민속학』 27, 비교민 속학회, 2004.

나승만・이윤선,「자은도 어로문화 조사노트」,『島嶼文化』 21, 목포대 도서문화연구소, 2003.

農業銀行調査部,「延坪島 조기잡이 7,927M/T」,『농업은행조사월보』 28, 농업은행조사부, 1960.

박승국・윤익병, <Ⅲ. 우리바다의 어류-조기류> 발췌,『조선의 바다』, 한국문화사, 1956.

백철인・이충일・최광호・김동선,「동중국해와 황해에서의 참조기 어장의 어황」, 『한국수산학회지』 38, 한국수산학회, 2005.

백철인 외, 「한국연근해 참조기 어장의 해황 특성」, 『한국수산학회지』 37, 한국수산학회, 2004.

水産廳 編, 「1968年度 西海조기 海況 및 漁況에 대하여」, 『水産經營』 16, 水産廳, 1968.

신상택, 「황해 및 동지나해의 참조기 자원량 해석」, 『한국수산학회지』 8, 한국수산학회, 1975.

楊城基, 「황해·동지나해의 참조기 어장 분포와 해황과의 관계」, 부산수산대 석사학위논문, 1982.

양성기·조규대, 「동지나해·황해의 참조기 어장분포와 해황과의 관계」, 『한국수산학지』 15, 한국수산학회, 1982.

원종오, 「법성포의 영광굴비에 관한 연구」, 교원대 석사학위논문, 1997.

元鍾午, 「法聖浦의 영광굴비에 관한 연구」, 교원대 석사학위논문, 1997.

이경엽, 「서해안의 배치기 소리와 조기잡이의 상관성」, 『한국민요학』 15, 한국민요학회, 2004.

이광정, 「조기 명칭의 문헌적 고찰 및 방언 조사」, 『국어문법연구』 2, 역락, 2003.

이문재, 주제서평 「오래된 미래, 아주 새로운 과거」, 계간 『환경과 생명』, 사단법인 환경과 생명, 2002.6.

이윤선, 「닻배노래에 나타난 어민 생활사 : 진도군 조도군도를 중심으로」, 『民謠論集』 7, 민요학회, 2003.

이윤선, 「조기잡이 닻배와 어로민요 닻배 연구」, 목포대 석사학위논문, 2002.

임재해, 「조기잡이를 통해 본 어업체계의 지역성」, 『민속문화의 지역성과 보편성』, 집문당, 2000.

정상철, 「한국 서해산 참조기의 연령과 성장」, 『한국수산학회지』 3, 한국수산학회, 1970.

주강현, 「서해안 조기잡이와 어업 생산 풍습―어업생산력과 임경업 신격화 문제를 중심으로―」, 『역사민속학』 1, 한국역사민속학회, 1991.

한인수, 「한말의 정평도 근해 조기어업 소고」, 『지리학연구』 3, 국토지리학회, 1977.

홍순일, 「≪도서지역 민요≫와 문화관광-<신안민요>·<완도민요>·
     <진도민요>를 중심으로-」, 『한국민요학』 17, 한국민요학회, 2005.12.

홍순일, 「≪도서지역 민요≫와 민속문화정보」, 『한국민요학』 19, 한국민
     요학회, 2006.12.

홍순일, 「서해 도서지역의 구비전승물과 해양정서-조기를 중심으로-」,
     『도서문화』 28, 목포대 도서문화연구소, 2006.12.

홍순일, 「≪신안민요≫의 언어문학적 접근과 소리문화적 활용-<지도
     민요>·<증도민요>·<임자도민요>를 중심으로-」, 『남도민
     속연구』 14, 남도민속학회, 2007.06.

홍순일, 「서해바다 황금갯벌의 구비전승물과 해양정서」, 『도서문화』 30,
     목포대 도서문화연구소, 2007.12.

홍순일, 「도서·연안지역 민요공동체의 성격과 민요의 연행양상」, 『한국
     민요학』 22, 한국민요학회, 2008.04.

홍철훈, 「동지나해·황해의 부세어장과 해황과의 관계」, 『한국수산학회
     지』 18, 한국수산학회, 1985.

제6장(이윤선)

1. 논   고

강등학, 「노래문학의 성격과 민요의 장르양상」, 『한국시가연구』, 한국시
     가학회, 1997.

나승만, 「조기잡이 닻배어로의 번영과 쇠퇴」, 『비교민속학』 27, 비교민
     속학회, 2004.

이경엽, 「서해안의 배치기소리와 조기잡이의 상관성」, 『한국민요학』 15,
     한국민요학회, 2004.

이윤선, 『민속문화 기반의 문화콘텐츠 기획론』, 민속원, 2006.

이윤선, 「닻배노래의 교섭양상과 공연화에 나타난 변화 고찰」, 『한국민
     요학』 16, 한국민요학회, 2005.

이윤선, 「연행방식을 통해서 본 남도소리의 축제적 성격」, 『구비문학연
　　　구』 24, 한국구비문학회, 2007.
이윤선, 「닻배노래에 나타난 어민 생활사－진도군 조도군도를 중심으
　　　로－」, 『민요논집』 7, 민속원, 2003.
이윤선, 「조기잡이 어로민요와 닻배의 민속지적 고찰」, 목포대 석사학위
　　　논문, 2002.
이인화, 「디지털스토리텔링 창작론」, 『디지털스토리텔링』, 황금가지, 2003.
한혜원, 『디지털게임스토리텔링』, 살림, 2005.

2. 자　료

문화방송, 『MBC 민요대전 2』－전라남도편, 문화방송, 1993.
문화방송, 『MBC 민요대전』－충청남도편, MBC, 1995.
문화방송, 『MBC 민요대전』－전라북도편, MBC, 1995.
조오환 채록, 김정호 감수, 「진도닻배노래」, 진도문화원, 2004.
진도군, 『진도군지』 하, 진도군지편찬위원회, 2007.

색 인

ㅈ

■ 필자 소개

나승만
목포대학교 국어국문학과 교수 민속학 전공

조경만
목포대학교 역사문화학부 교수 문화인류학 전공

고광민
제주대학교 중앙도서관 학예연구사

이경엽
목포대학교 국어국문학과 교수 민속학 전공

이윤선
목포대학교 도서문화연구소 연구교수

김 준
목포대학교 도서문화연구소 연구교수

홍순일
목포대학교 도서문화연구소 연구교수

서해와 조기

▯ 인쇄일 : 2008년 10월 24일
▯ 발행일 : 2008년 10월 31일
▯ 집필자 : 나승만 · 조경만 · 고광민 · 이경엽 · 이윤선 · 김준 · 홍순일
▯ 발행처 : 경인문화사
▯ 발행인 : 한 정 희
▯ 편 집 : 장 호 희
▯ 주 소 : 서울시 마포구 마포동 324-3
▯ 전 화 : 02-718-4831~2
▯ 팩 스 : 02-703-9711
▯ 홈페이지 : www.kyunginp.co.kr │ 한국학서적.kr
▯ 이 메 일 : kyunginp@chol.com
▯ 등록번호 : 제10-18호(1973.11.8)

   ISBN : 978-89-499-0593-8 94380
ⓒ 2008, Kyung-in Publishing Co, Printed in Korea
※ 파본 및 훼손된 책은 교환해 드립니다.
값 15,000원